U0178992

译文科学

科学有温度

DESMOND MORRIS
THE NAKED MAN:
A STUDY OF THE MALE BODY

裸男

男性身体研究

［英］德斯蒙德·莫利斯 著
李家真 译

上海译文出版社

演化历程

　　演化历程把人类男性变成了身体矫健、勇于冒险、乐于合作的专职猎手。如图所示，直至今天，我们依然可以从部落文化当中依稀瞥见往昔那个"裸男"成型时期的光景。

　　从内心来说，今天的城市男人依然是当初那个喜欢冒险的部落猎手。城市的环境缺少刺激，他兴许就会自己制造一些惊险状况，比如图中所示的低空跳伞——背着降落伞从高大建筑上往下跳，从刻意安排的危险当中找乐子。

头 发

　　未经修剪的脑颅毛发是男人身上最古怪的东西之一。演化过程中，其他地方的体毛渐渐消隐，脑袋上的头发却蓬勃发展，既像是一大丛葱茏的灌木，又像是一条甩来甩去的长长披肩，成为他跟其他所有物种之间的一个显著区别。

　　装饰用的假发曾经风靡了几个世纪，如今则只有在化装舞会当中才能见到了。

没有头发

对这名僧人来说，削发是一种谦卑的表示。到了今天，他这种谦退克己的举动很容易跟另一种行为发生混淆，因为那些比较极端的战士、摔跤手也会剃头发，用意却是炫耀阳刚之气。

　　战胜谢顶的方法之一是把脑袋彻底剃光，相当于骄傲地宣称：“光头是我自己剃的，不是因为掉头发。这是我自己的选择。”

　　两边剃光、中间头发耸如冠冕的“莫霍克头”对叛逆外向的男性有一种特殊的吸引力，好处在于可以极大地增加主人的身高。除此之外，它还可以造成一种视觉冲击，让人联想到好斗的葵花鹦鹉那个耸起的头冠。

额 头

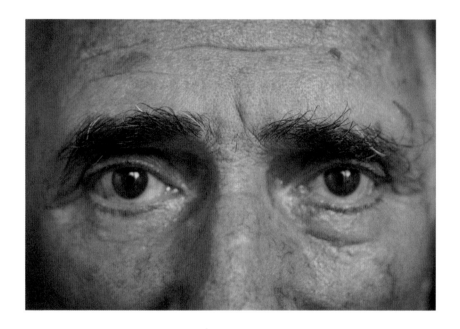

　　一般来说，男人的眉毛天生就比女人浓，男人也往往会让它保持自然的状态。上了年纪之后，男性的眉毛会变得越发浓密。有什么关系呢？由它去好了。上了年纪的男人会任由自己的眉毛从额头上往外支棱，长得再乱也不要紧，因为它明白无误地昭示着，主人是一名成熟的男性。

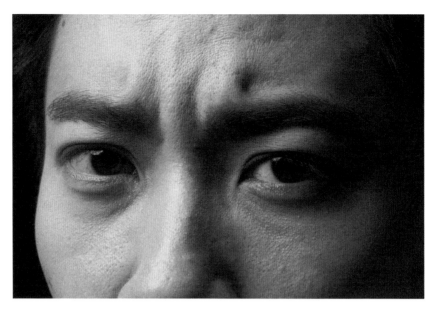

　　一字眉使鼻子的顶端出现了一块深色区域，往往会让旁人觉得这个人正在皱眉，哪怕事实并非如此。

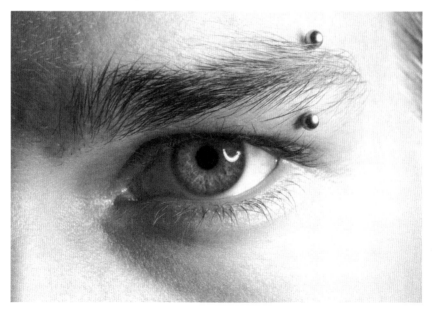

　　最近，有些男人迷上了痛楚不堪的眉部穿刺，也就是在肉乎乎的眉弓上穿一个装饰性的银环。这一类的装饰品通常都会出现在眉毛的外缘。如图所示，另一些喜欢自残的人青睐的是眉钉，而不是完整的眉环。

耳 朵

　　在伊丽莎白一世执政的时代，男人戴耳环是最时髦的做法。威廉·莎士比亚的左耳上就有一只金耳环。

　　部落社会中的男性拥有花样繁多的耳饰，既有沉重的耳塞，也有如图所示的多重穿刺饰品。我们知道，穿耳朵的做法至少有五千年的历史，由此看来，穿耳朵很有可能是人类最古老的一种身体穿刺行为。

　　图为耳部多重穿刺在现代西方的一个例子。男人佩戴耳饰的风气虽然越来越普遍，但通常还是局限在年纪比较轻、风格比较张扬的男性当中，他们中的大多数人都来自体育、音乐或者表演圈子。

眼 睛

    各种眼睛。人们总是说,大卫·鲍伊两只眼睛的颜色不太一样,不过这种说法并不符合事实。真实的情况是,因为学童时期的一次打斗,他左眼的瞳孔永久性地处在了放大的状态。

鼻子

专家们"品尝"美酒，很多时候靠的都是鼻子，而不是舌头。

尴尬的时刻，摸鼻子通常意味着做这个动作的人正在说谎，要么就是在搜肠刮肚地寻找一个得体的答案。在后一种情况之下，此人最终提供的答案可能是真相，也可能是谎言。

嘴巴

　　一般来说，硕大的唇塞或唇盘只属于部落社会之中的女性成员。不过，在南美洲的一些印第安部落当中，佩戴这些唇饰的却是男人，他们通过唇塞来显示自己的社会地位，唇塞的尺寸年年都在攀升。

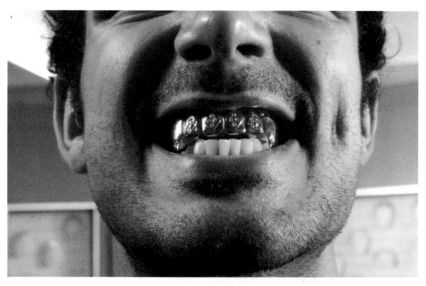

　　当今的说唱文化推崇昂贵的牙饰，正如一名说唱歌手所说："我把自己的钱摆在嘴里。"

胡 子

　　刚开始变灰的时候，老人的胡须往往会呈现出两种色调，中间的胡须白，两边胡须的颜色则比较深——我们的近亲黑猩猩也拥有这种胡须款式。

　　赶上正式的场合，古埃及的诸位法老都会戴上假胡子，以此证明自己的崇高地位。哈特谢普苏法老虽然身为女性，脸上也戴了假胡子。

　　未经修剪的长胡子是人类男性最明显的一个性别标志。史前时期，它还是一个重要的物种旗号，明明白白地告诉世界，一种全新的猿猴已经开始在大地上游荡。

　　上了岁数之后，一把长长的白胡子就成了引人注目的年资标志。

髭 须

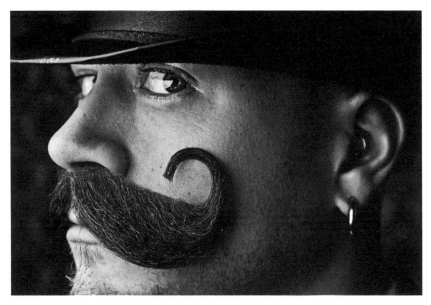

　　有些男人觉得髭须关系到自己的尊严，对它的重视甚至会达到偏执的程度。世上有许多小胡子俱乐部，俱乐部的成员会定期聚会、参与甄选最美髭须的各种国际比赛。

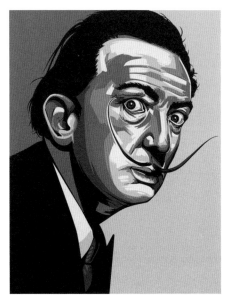

　　有人宣称：萨尔瓦多·达利那高高翘起的髭须尖梢是"一座虚假的丰碑，纪念的是一份同样虚假的男子气概"。达利本人则声称，自己髭须尖梢的用途是接收外星人发出的讯息。

脖 子

　　在西方文化中，项链一直都是一种女性饰品。不过，到了如今，源自美国嘻哈文化的"闪闪"风尚却偏偏喜欢设计大胆的招摇项链。

长期以来，非洲的部落居民都喜欢在节庆场合佩戴精工细作的颈饰，以此彰显自己的高贵地位，同时增加自身对异性的吸引力。

肩 膀

美国橄榄球运动员的硕大垫肩不光可以提供保护，更能让他们显得无比阳刚。

男性的肩膀比女性宽厚，也比女性结实，这是原始时期的狩猎生涯留下的遗迹。

胳膊

两性的胳膊力量存在很大的差别。平均说来，男性的胳膊包含百分之七十二的肌肉，女性的胳膊则只包含百分之五十九的肌肉。

手

在许多国家里，男人都可以手牵着手，一点儿不会引起同性恋的联想。大多数中东国家都是如此，美国却没有这样的传统。

人类的手可以做出千万种姿势，图中就是刻意为之的下流手势。

胸 膛

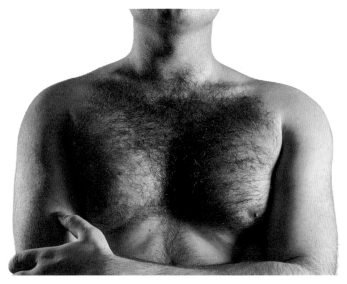

毛茸茸的胸膛曾经是让人心动的阳刚象征，如今的许多女性却已经对它不感兴趣。

肚 子

跟女人不同，中年男人一旦发福，肚子就会发生令人失望的膨胀。

脊 背

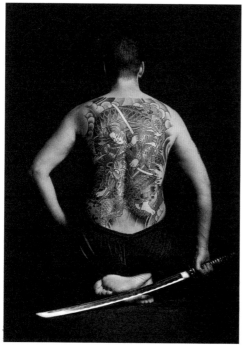

　　除了健身专家和文身迷之外，很少有男人会去关注自己的脊背，所以呢，他们的脊背往往会因桌子旁边的怠堕生活方式而遭受戕害。

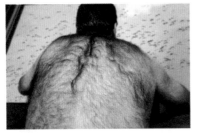

　　曾经有一段时间，人们认为背上毛多的男人对异性更有吸引力，可惜的是，如今的女人似乎都喜欢身体光洁滑溜的男人，不喜欢毛茸茸的莽汉。到这个时候，脱毛蜡就派上了用场。忠实拥趸们称去除男性体毛的做法为"美男艺术"。

阴　茎

　　兜裆布本来是一种低调的衣饰，用途是遮挡男性的外生殖器。没成想，自从问世之后，兜裆布变得越来越突出、越来越显眼。到后来，它压根儿就不再是什么低调的遮羞衣饰，反倒变成了男性特征的一则招摇广告。"cod"这个字眼儿来自古英语，意思是"口袋"或者"阴囊"。

　　在古代奥运会的赛场上，古希腊运动员全裸上阵，身上只有一根名为"基洛德斯米"的皮绳子。绳子绑在包皮的前端，作用是防止包皮被拽向后方，致使龟头暴露人前。在新几内亚，一些原住民男性至今还戴着用于仪式的阴茎套子。这种套子在西方人看来相当色情，但对新几内亚人来说却只是一个又神气又威风的标志，作用是昭告主人的成年男性身份。

腿

　　在留存至今的四千种哺乳动物当中，只有我们人类才会在整个成年时期坚持用后腿走路、用后腿奔跑。男人的双腿肌肉强健，足以在骑自行车、跳舞和踢足球之类的身体活动当中取得令人惊叹的成就。

脚

　　人类的脚拥有异常复杂的结构，包含着二十六根骨头、三十三个关节、一百一十四根韧带和二十块肌肉。达•芬奇称它为一件工程学杰作，看一看图中芭蕾舞演员的脚，想一想它得拥有多么高超的平衡绝技，我们就不能不同意达•芬奇的看法。

目 录

前　言

多年以来，人们一直在进行细致的研究和热烈的辩论，探讨女性在现代社会当中承担着怎样的角色，又在这个男性主宰的世界里得到了怎样的待遇。20世纪70年代的女权主义运动为这场辩论带来了新的焦点和新的方向，接下来的40年中，对人类女性进行了大量的研究，出版于2004年的拙著《裸女》（*The Naked Woman*）也忝列其中。至少是在西方社会当中，许多歧视女性的现象业已得到矫正，尽管如此，在世界的许多地方，女性依然被人视为财产，依然被各式各样的社会、经济和政治权力系统拒之门外。各大宗教都把男性摆在高于女性的位置，这样的情形少说也已经持续了两千年。必须回溯到很久很久以前，你才能找到那位伟大的母亲女神，找到我们的地球母亲。你还得进一步回溯，回溯到原始时代的部落社会，才能看到一幅迥异于今的场景，也就是女性占据人类社会的中心，男性则徘徊社会边缘，在外面奔波猎食。

因此，毫不奇怪，说到今日社会的两性问题，各位作者纷纷把目光集中在受尽欺凌的女性身上。很少有人著书探究我们这个物种的男性生物，探究他的强项和弱点。大家都认为他不但是怙恶不悛的社会死敌，还是一切社会问题的根源，但却忽视了他的种种特质。本书旨在为大家提供一个基本的出发点，以便重估人类男性的本性。本书首先会讲到他成功的演化历程，然后会对男性的身体进行一番从头到脚的审视，细细品评他身上的每个部位——眼睛、耳朵、胡子、胸膛，等等。本书会逐个罗列这些生物学特征，同时也会述及地方习俗和变化的社会风尚对这些特征的影响，述及它们修正、压制或助长这些特征的种种方式。本书并不是医学著作，因此不会深入身体内部，只会就体表特征进行论述。从某种意义上说，本书是关于"赤裸裸的男性"的一部自然史，也是一幅动物学性质的肖像，视"裸男"为一个引人入胜的样本，代表一个远非稀有却依然濒危的物种。

　　本书是《裸女》的天然续篇，结构也与之如出一辙，关键的不同在于结尾多了个额外的章节，谈到了性取向的问题。近些年来，性取向渐渐变成一个非常重要的问题，各色人等对此持有各执一端的种种论点。在一些国家，迫害同性恋的做法已经是法律禁止的犯罪行为，而在另一些国家，同性恋行为依旧是一宗可以论死的大罪。在我看来，关于此一方面的人类行为，迫切需要一篇冷静客观的生物学报告，所以我尽己所能，提供了一份。

　　写作本书的过程之中，我妻子拉蒙娜给了我极大的帮助。对于我其他的所有著作，她都曾参与资料搜集和文稿编辑，作出宝贵的贡献，但就本书而言，她的贡献尤其重大。依我看，这恐怕跟本书的主题不无关系。

第一章　演化历程

说到对我们这个星球的影响，哪一种生命形式也比不上人类当中的男性。探险家、发明家、建筑师、建设者、战士、林业专家等，几乎都是男性，他们使得地球的表面发生了无比巨大的变化，以至于把其他所有的物种挤到了看似无足轻重的边缘位置。若是在海洋里，他们兴许得屈居次席，把老大的位置让给筑起宏伟珊瑚礁的低等生物。但到了陆地上，人类男性就成了当仁不让的霸主，既是自然地貌的破坏者，又是人工地貌的创造者。是什么使男性跟其他任何生命形式相比，乃至跟人类女性相比，功业都截然不同？要找到答案，我们必须回到史前时期，看看早期男性面临的种种挑战，看看那些造就他们独特禀性的东西。

刚从树上下来的时候，我们的远古祖先抛弃了其他猴类猿类钟爱不已的茹素生涯，不再以水果、坚果和块根为食，转而拥抱一种打猎吃肉的新生活，由此处于相当不利的地位。这样的一个重大抉择，意味着他们不得不挑战雄狮猛豹、野狗土狼之类的强大掠食动物，跟它们直接对抗。从身体上说，他们根本不是这些专业杀手的对手。人类的躯体相对弱小，又没有利爪尖牙，要想与它们较量，人类只能另想办法。由此而来的压力，将会使人类的男性面目一新。他们指望不上自个儿的体力，只能依靠自个儿的脑子。这么着，人类的头颅开始膨胀，智力也与日俱增。

脑子变大之后，史前的人类猎手获得了用计使诈的能力，令对手望尘莫及。他们跑不过那些专业的食肉动物，但算计得过它们。除了更为发达的智力之外，他们还需要其他三方面的改进。首先，他们必须收敛自己的竞争倾向，纳入越来越多的合作态度，这样才能组建卓有成效的团队。其次，他们必须拥有更多的创意，这样才能发展前所未有的新颖技术。最后，他们必须靠后腿站立起来，这样才能让前脚从行走和跑步中解放出来，渐渐演化为一双把握一切的手臂，借以创制并改良各式各样的工具和武器。

有了上述的种种改进，成群结伙的远古部落猎手就成了大地上的一股强大势力。他们既可以赶跑那些庞大的食肉动物，吃掉它们留下的便宜肉食，也可以自个儿打猎，创制形形色色的规划部署、伏击战术和机关陷阱，甚至击败最为强大的猎物。

但这些新的技能，带来了一种新的挑战。食物突然间变得无比丰富，带头的猎手无法独自吃完。食物既然多得可以满足整个部落的需要，分享食物就成了人类社会的一个基本特色。到了今天，我们已经对这样的做法习以为常，换作树上的猿猴，却会觉得这简直匪夷所思。以吃素为主的动物从来不会跟同伴分享食物，每一头草食动物都会把自个儿找到的东西吃个精光。从古到今，吃素始终是一种自私利己的行为。反过来，赶上肉食有富余，比如说狩猎大有斩获的时候，整个部落却可以见者有份。就这样，人类的盛宴拉开了帷幕。

人类猎手的效率逐渐提高，个性也渐渐起了变化。无论是心理还是体格，他们都跟人类当中的女性越来越不一样。打猎是一件危险的活计，早期部落中的女性又肩负着无比重要的繁衍使命，自然不能去冒这样的险。这样一来，她们变成了小心翼翼、充满关爱、富有母性的个体，占据着社会的中心位置，专责料理原始聚落内部的大小事务。与此同时，相对不怕损耗的男性越来越富于冒险精神，越来越频繁地满世界追逐猎物，担起了树上那些茹素猿猴永远无法想象的风险。

步入人类演化过程的这一关键阶段，男性的大脑和身体都发生了特异的改变。从心智上说，猎手们一方面是越来越大胆，越来越狡猾，越来越富于合作精神，一方面也越来越专一，越来越执着，不光有能力筹划短期有效的战术，而且有能力制定目标长远的战略。从体格上说，男性越来越肌肉发达，越来越身手矫健，由此便不得不有所牺牲，放弃了宝贵的脂肪储备。而对于部落里的女性来说，积聚的脂肪既增添了她们的曲线美，又为她们提供了生死攸关的营养储备，使她们可以挨过不可避免的偶尔的食物短缺时期。

就这样，原始的人类男性演化成了一种效率惊人的捕猎能手，早期的人类部落人口开始倍增，分布范围迅速扩展到整个地球。这样一个典型的狩猎—采集社会持续了几十万年的时间，大约一万年前才随着农业的出现进入一个新的阶段。农业之所以问世，是因为我们的祖先着手改进自己的采集技术。那时候，早期的农学家们不再苦苦地搜寻蔬菜食物，而是开始在自个儿的聚落周围种植一些庄稼，以便招引食草动物。这一来，猎手们就可以等着猎物自投罗网，用不着再去辛苦追逐。他们还开始圈养动物，给自个儿备下随用随取的笼中之肉。现在好了，他们想开宴就可以开宴，不用管什么时候了。

圈养的猎物开始繁殖，这些个走在人类前列的农夫立刻意识到，自己不光可以控制猎物的繁育过程，还可以占有自己的牲畜。就这样，农业革命落到了我们头上。相对而言，这场变革来得实在是太过迅猛，以至于男性猎手的个性根本来不及发生演变，来不及适应变化的环境。从基因上说，他们依然是先前那些英武的猎手，从日常生活上看，他们却变成了农夫和牧人，变成了播种者和收获者。追逐猎物的惊险刺激不复存在，取而代之的是耕地种田的单调苦工。食物充裕当然是一个巨大的优势，只可惜人类为此付出了不菲的代价，失去了远古猎人队伍的冒险历程和勇敢精神。

新近变成农夫的男性，用了什么方法来应对这样的损失？应运而生的竞技狩猎可以释放捕杀猎物的冲动，却不能解决所有的问题。人类男性已经被演化历程塑造成一种坚韧不拔、擅长创造、乐于合作、勇于冒险的生物，因此就必须找到一条自我表现的途径，让自己的生物遗传本性有个出口。从事实上看，他找到的途径不是一条，而是两条——一条通往破坏，另一条通往创造。

破坏性的途径名为战争，因为战争把敌方的男性变成猎物，尽可以追猎捕杀。这样一来，渴望冒险的男性就可以获得他日夜梦想的种种危险，随着武器的日益进步，还可以获得远远超出他所有梦想的危险。竞技狩猎和战争狩猎是打猎活动的两种堕落变体，倘若人类男性光靠这两种东西来应对农业时代的精神压力，我们的这个物种，想必会深陷在一种非常凄惨的状态之中。万幸的是，他们还用了一种建设性的方法来补偿失落的捕食乐趣。在原始的追猎活动当中，对于长期目标的专注是一种不可或缺的能力。到了新石器时代，人类男性又将这种能力发扬光大，为各种意义重大的新事业服务。

刚开始的时候，发展的脚步缓慢得叫人痛苦。不过，许多个世纪过去之后，摇摇欲倒的木屋变成了恢宏的建筑，粗糙的身体涂绘变成了伟大的艺术，简单的工具应用也变成了精湛的手工。村落扩大为城镇，技术分工蓬勃发展，现代文明包孕的所有复杂细节，开始向人类发出召唤。

经过改良的人类男性面目一新，从冒险家摇身变成了发明家，永不停歇地追寻新鲜的事物。扮演这个角色的时候，他跟那个热衷破坏的男性针锋相对。尽管破坏者和创造者依然是人类男性的一体两面，但我们身处的现代社会本身就生动地证明了男性的创造性能量，在很大程度上压过了它消极的一面。

近年来，关于"多余男性"（Redundant Male）的说辞屡见不鲜，意思是有了各种新鲜出炉的人工授精技术，男人很快就会变成一种过时的东西。这种论调从 20 世纪 70 年代开始大行其道，当时的女权主义运动领袖郑重宣布，阴蒂高潮比阴道高潮美妙，所以呢，女的根本不值得跟男的去卧室里折腾。只不过，即便男人已经不再是性爱乐趣的必备条件，有一个问题还是不好解决，那就是如何制造下一代的女权主义者。为了繁衍的目的，人类终归得留下一些冠军级别的射精能手，以此确保精子样本随叫随到。

20 世纪 70 年代以来，生育科技又取得了种种进步。人们由此看到，有朝一日，在不太遥远的未来，精子也会成为没有必要的东西。到了那一天，女人就可以在实验室里给自己的卵子授精，不需要任何男性成分的参与，然后又可以把受精卵重新植入子宫，培育出下一代的女性。女同性恋可以结对组建新式的家庭，在不受男人骚扰的世界里把女孩养大成人。

根据这样的完美想象，人类社会没了男性，自然就没了战争，没了睾丸激素催发的暴力行径，没了好勇斗狠的体育运动，没了足球流氓、政治极端分子、强奸犯和宗教恐怖分子，没了男性世界里其余种种破坏性的物事。取而代之的是一个专属于人类女性的世界，这个世界充满关爱，乐于分享，更加温文尔雅，更加明白事理。追逐荣誉的野蛮争斗，将会让位于宁静安详的常识理性，人生也会变成一段温暖安全的舒心旅程，不再是一场充满焦虑的残酷考验。

该怎样处理所有这些业已存在的男人，目前还没有一个明确的答案。或许，人类可以对他们置之不理，任他们自然老去，直到这个性别慢慢消亡为止。又或许，集体屠杀也不失为一种选择。以前有过一个名为"灭绝男人协会"的激进女权组织，该组织的宣言就是这么说的。[①]

---

① "灭绝男人协会"原文为"The Society For Cutting Up Men"，缩写为 SCUM，意为"渣滓、人渣"。1968 年，美国激进女权主义分子瓦莱丽·索拉纳斯（Valerie Solanas, 1936—1988）写下了《SCUM 宣言》（*SCUM Manifesto*），号召消灭所有男性。该宣言用"SCUM"来指代掌握权力的女性先锋，但并未将这个词分解成意为"灭绝男人协会"的"The Society For Cutting Up Men"。——译者注，以下同

到最后，男人将会变成一种遥远的记忆，剩下的是一个没有睾丸激素的地球，和着女人的笑声旋转不停。

值得认真指出的是，以上的极端场景固然会为我们的世界清除男性心智的破坏性元素，但也会使所有的创造性元素销声匿迹。世上的重大发明将会比以前少得多，因为大家会觉得这种东西风险太大。专注的长远计划也会比以前少得多，因为这种东西太耗时间，跟家庭生活和日常社交的需要相抵触。

要说女人总是比男人明理的话，男人就总是比女人贪玩。然而，人类那些最了不起的成就，有许多都得归功于这种老顽童式的贪玩性格。

要是我们找一个力挺一切男性特质的拥趸，允许他向女权主义阵线发起反击，他多半会这么说：没错，世上没准儿有过一些伟大的女艺术家、女科学家、女政治家、女宗教领袖、女哲学家、女发明家、女工程师和女建筑师，可她们跟男性同侪的比例不过是百分之一，甚至可能是千分之一。看样子，铸就伟大的要素之一恰恰是一种百折不回的执拗，这样的特质主要属于男性。

经常有人争辩，说这仅仅是一个机会问题，换句话说，女人没有得到发挥自身真正潜能的机会。然而就事论事，这只能说明女人没有伟大到迫使他人承认的地步。伟大产生于实实在在的行动，绝不能光靠假想，是男人采取了实实在在的行动，在天生野心的驱使下实施了一些必不可少的重大举措，为我们辉煌显赫的文明创造了条件。

以上两种极端论调，皆有其夸大之处，这样的论调能够存在，意味着人们为所谓的两性之战虚掷了大量的精力。事情的真相是，人类的男性和女性相得益彰，组成了一个完美的演化团队。经过几十万年的演化，两性在一些重要的方面渐趋不同，催生人类部落日益完善的劳动分工，与此同时，两性同样重要，并无高下之分。不同但却平等，这就是问题的关键。男性的大脑善于拿出一心一意的决定，女性的大脑则适合多管齐下。男性的强项在于制订计划、发明创新、承担风险、解决空间方面的问题，从事要求体力的活动，女性的特长则是伶牙俐齿，听觉、嗅觉和触觉相对发达，抵抗疾病的能力也相对较强。

从性方面来说，人类男性已经与他那些猿亲猴戚大相径庭。那些亲戚通常只有一种性策略，他却有两种。第一种是堕入爱河，跟某个特定的女性结成对偶。跟有些人的说法不同，配对行为并不是一个文化浸润的结果，而是一种根深蒂固的生物本性。配对过程中的情感波动说是什么都可以，偏偏不能说是文化熏陶。这是一种深层次的生理活动，起因是男性（以及女性）身体内部的剧烈化学变化。配对的冲动乃是全球通例，有些社会试图将其他种种不合理的交配制度强加给成年人类，但依然不能阻止人们的配对行为。很多情形之下，一旦配对过程宣告开始，配上对的两个人就宁愿面对囚禁、拷打乃至死亡的厄运，也不愿放弃自个儿选定的配偶。

从演化的角度来看，人类的对偶行为的优势在于，小规模部落里的男性猎手可以均分部落里的女性。跟其他雄性猿类不同，人类男性必须合作打猎，因为落单的猎手没有猎物跑得快，也没有足够的力量制服猎物。带头的猎手需要男性同伴的积极协助，要是他把部落里所有的女性据为己有，一起出去打猎的时候就很难指望其他男性的通力合作。在部落聚居的往昔时代，对偶制度为部落的男性成员创造了较大的公平。尽管社会等级依然存在，个体的地位有高有低，但猎人队伍的顶层和底层，差别终归比先前小了许多。

千万不要错误地以为，这种新鲜出炉的合作态度是我们的一种"文雅"特质，不要以为它来自一种全新的精神意识，来自后天习得的自制和上天启发的无私。事实上，这仅仅是我们最基本的动物特性之一。道学家们似乎经常以为，人这个物种的生物天性就是自私自利、相互竞争，只有道德训诫才能带来转变，引导我们走上一条乐于助人、大公无私的利他主义道路。真相呢，所谓的利他行为深植于我们的遗传基因。如果我们没有发生遗传上的变化，没有变得更乐于守望相助，早期的人类部落压根儿就活不下来。看似悖谬的是，所谓的无私行为，恰恰是一种自私之举。

除此而外，部落里的对偶交配制度还有个重要的好处。有它就有了家庭，家庭里的孩子既认得自己的母亲，也认得自己的父亲。其他物种的幼崽无不享有母爱，人类的幼崽却比它们多得了一份父爱。突然之间，幼年子女从家长那里得到的保护翻了一倍。做了父亲的人类一旦将自个儿的新生儿抱在怀里，马上就会感受到一种强烈的舐犊之情，由此便会在未来岁月里投入大量的时间和精力，悉心养育自个儿的后代。

演化历程之所以要把人类男性转变成一位尽责的父亲，原因是我们这个物种养儿育女的担子实在是太过沉重，做母亲的一个人实在是挑不起来。相形之下，母猴子的担子就比我们轻了许多。它的孩子一生下来就懂得主动抓住它的皮毛，骑在它的背上到处跑。新生的猴崽子相当早熟，根本不需要父母来带，也不需要放在窝里。它长得很快，用不了多久就可以在母亲身边蹦蹦跳跳，要是遇上了什么危险，也知道迅速逃回母亲的怀抱。没等母亲产下又一个需要照顾的孩子，先出生的这一个就已经基本具备独立生活的能力。这样一来，做母亲的永远也不需要为一个大家庭费煞精神。

跟母猴子截然相反，做母亲的人类不得不照顾一堆幼崽。她的孩子初生时完全不能自理，头几个月需要一刻不停的关注，一两年之后还是得完全依赖母亲，尽管到那个时候，下一个孩子已经降临人世。以此类推，做母亲的最终得照顾整整一窝孩子。在这个过程当中，如果有一位呵护备至、充满关爱的父亲伸出援手，孩子存活的几率就可以大幅提高。另一方面，从男性的角度来看，自个儿的父爱越是强烈，自个儿的基因也就越有机会发扬光大。

就这个方面而言，人类的男性更像鸟类，跟猴子倒不大一样。鸟类的幼雏以鸟蛋的形式降生，同样是完全不能自理，孵化鸟蛋的家长重任，必须得雌雄双方共同承担。如果雄鸟不去分担在鸟蛋上坐着的职责，雌鸟就会饿死，等不到鸟蛋孵化的时候。要是雌鸟为免于饿死而外出觅食，雄鸟又不去接替雌鸟的工作，没有遮蔽的鸟蛋就会逐渐冷却，蛋里的小鸟难逃一死。这样一来，对偶就成了鸟类的典型交配制度，几乎在每一种鸟类当中都有发现。人类之所以选择这种制度，理由其实跟鸟类一样，也是因为孩子需要父亲的深切关怀。

前文有过交代，人类男性的性策略不是一种，而是两种。第一种我们已经看到，那就是把大量的时间和精力奉献给家庭，尽可能为自个儿的子女创造最好的存活条件。第二种策略则比较原始，那就是把握一切机会，随时随地播撒种子。一旦发现身边有一名家中伴侣之外的成年女性，他很可能就会产生一种冲动，打算跟对方来一次速战速决的露水姻缘，哪怕他再也不会遇见对方。如果对方因这段露水姻缘有了孩子，他也不会承担任何养育的责任，甚至不会知道孩子的存在。没有他的父爱，孩子存活的机会当然比不上那些得到精心呵护的家中小孩，但也不至于一点儿机会也没有。除此之外，要是偶遇的那名女性已经跟另一名男性结成一对，她那名固定的男性配偶就有可能把孩子视为己出，给孩子提供全力的保护。赶上这样的情形，孩子的存活自然是大有机会。

有鉴于此，大家必然会提出一个问题：既然已经有了一个能让自己受孕的固定配偶，配了对的人类女性为什么还会以身犯险，去跟陌生的男性交配？一旦事情败露，家庭的稳定显然会遭受巨大的破坏，尽管如此，这样的事情依然时有发生。原因似乎是人类的女性具备一种遗传天性，会用两套标准来给人类的男性打分。标准之一是他们的帮扶素质，要看他们会怎样对待她和她的后代，以及他们在社会上有多成功，品性又一有多可靠。另一个标准则是他们的体格——从身体上看，他们能不能把优良的基因传给她的后代呢？按照理想的状况，女性的固定配偶应该一方面拥有足可信赖的帮扶素质，一方面又具备令人赞叹的健美体格。这样一来，从遗传的意义上说，她不会再有出轨的理由。不过，要是配偶入选的依据主要是帮扶素质的话，她兴许就会时不时受到诱惑，去家庭之外搞一点儿危险的性活动。

在之前的一些历史时期，人们永远不可能确切地知道婚外性活动有多少。有一些社会的男性下了很大的功夫确保他们的女性配偶没有邂逅陌生男性的机会，方法则是大多数时候把配偶关在家里，就算出去也只能跟他们一起，要么就得有女伴陪着。有一些地方的社会习俗走得更远，女人要想出门，就必须把自个儿的身体捂得严严实实。除此之外，还有些地方用上了女性割礼，也就是通过手术切除年轻女子的外生殖器。这样就降低了她们获得性爱快感的几率，使她们进一步丧失对其他男人的兴趣。时至今日，这种做法在世界上不少地方仍在继续，活着的女性当中，至少有 1 000 万遭受过这样的性摧残。

今天的西方社会拥有神通广大的 DNA 鉴定技术，所以我们终于可以比较准确地判定，究竟有多少孩子是人类男性对偶策略的产物，又有多少出自他那种更为古老的广种薄收策略。这方面的统计结果，着实让人大跌眼镜。当今社会，绝大多数的已婚男人兴许认为，父亲来自家庭之外的小孩，应该属于罕见的个例。然而事实证明，情形并非如此。

DNA 血缘鉴定问世于 1995 至 1996 年间，用途是在法庭之外解决父子血缘的争议。从 1998 到 2004 年，七年当中的数据显示，在英国，每一百个接受过血缘鉴定的孩子当中，有十六个的生身父亲并不是那些养育他们如同己出的"丈夫"。北爱尔兰的同类鉴定得出了与此大致相同的结果，差别只有 0.2%。这样的一些数字，远远高于任何人的想象。

关于美国的统计数字，有人援引过一位血缘鉴定权威的说法："我们通常使用的数字是 10%。"再来看德国的情形，马克斯·普朗克协会①宣称："在'稳定的一夫一妻制婚姻'当中，从第 1 个孩子到第 4 个孩子，父子血缘不符的比例从 1/10 到 1/4 不等。"

一项覆盖九大区域（英国、美国、欧洲大陆、俄罗斯、加拿大、南非、南美、新西兰和墨西哥）的大规模调查表明，相关的估计数字从 1% 到 30% 不等。如此巨大的地区差异，意味着人们选择的调查样本可能不太合适。看样子，问题的由来是这样的一个事实：在调查人员收集的许多报告当中，估计数字的依据都是那些血缘关系已有争议、孩子的父亲是谁已经成了问题的案例。不采纳那些报告的话，相关的数字就会低得多。这项调查的结论是："后续的研究显示，父子血缘不符的平均比例是 3.7%，也就是说，略低于 1/25。"

回头来看人类男性的两种性策略，上文中的数字足可说明，即便是在性爱远比以往自由的当今社会，每 25 个孩子当中仍然有 24 个是对偶策略的产物，只有一个是广种薄收策略的结果。由此我们可以清楚地看到，尽管有大量文件证明男性有拈花惹草的强烈冲动，人类男性骨子里还是一种喜欢配对的生物。

既然如此，我们又该怎么解释人类男性那双无休止东瞟西瞟的眼睛呢？兴许他确实没有制造太多围城之外的孩子，可这并不表明他严格遵循了对偶婚配的定义，对配偶忠贞不贰。问题的答案来自一种持续已久的演化趋势，也就是说，最近一百万年左右的时间里，人这个物种越来越类似孩童。名为"幼态持续"（neoteny）的这种趋势有个好处，可以让成年许久的人类依然天真烂漫，保有孩童一般的贪玩性格和好奇心

---

① 马克斯·普朗克协会全称为马克斯·普朗克科学促进协会，因德国著名物理学家马克斯·普朗克（Max Planck，1858—1947）而得名，是德国政府赞助的一个非营利科学协会，旗下有将近 80 个科研机构。

理。这种趋势使人类越来越富于创新精神，由此才有了所有那些天才的发明，才有了无比复杂的现代科技。只不过，同样的一种趋势也使节节攀升的好奇心漫溢到生活的其他方面，漫溢到我们最基本的动物行为当中。

就饮食方面而言，这样的特质无伤大雅，结果无非是讲究美食、追逐美酒而已。放到性这个方面，这样的特质却常常弄出乱子，把我们的基本繁衍策略搞得地覆天翻。一旦一名业已配对的男性看到一名富于魅力的陌生异性，好奇心就会驱使他浮想联翩，与之上床会有怎样的享受。绝大多数时候，他可以把好奇心约束在性幻想的阶段，隔三岔五，他也可能走得更远。通常来讲，一旦好奇心得到满足，事情自然无疾而终，但也有很多时候，事情会导致原有配对的破裂，往往还会导致一个新配对的产生。这样的话，他对原有子女的关爱必然无法与从前相比，不管他如何补救。

人类男性的繁衍模式源自先前那个小小的部落社会，那样的社会不容易催生如上所述的重大家庭变故。然而，现代社会相对复杂，配对破裂的几率比先前大了许多，古老的制度由此面临越来越大的压力，离婚率也发生了大幅度的上升。见诸报道的一些数字虽然夸大到了离谱的地步，但我们似乎可以认定，以 21 世纪的美国为例，已婚人士当中有34%将会尝到离婚的苦果。英国的数字是 36%，与美国相去无几。这样看来，大约 1/3 的现代配对将会以破裂收场，那些专业制造恐慌的人士便是以此为口实，声称我们的社会已经堕落。可是，换个角度来看的话，这样的局面却告诉我们，尽管当今社会风气堕落，性爱自由，还是有 2/3 的夫妻成功地维持住了已有的配对。鉴于人类原本是一种部落聚居的动物，如今却不得不奋力适应结构极不自然的城市社会，这一事实算得上一份有力的证词，证明了配对性策略的顽强韧性。

有些时候，我们会听到这样一种质疑，既然配对是人这个物种如此基本的一个特征，为什么留有破绽？既然它对早期的部落群体如此重要，演化历程为什么没把它固化为一个永久性的特征？世上有一些关于鸟类的传说，说有些鸟儿终生配对，忠贞不渝，即便一方死去，另一方也不会另寻佳偶。既然有鸟儿的榜样，演化历程为什么不把同样的极端机制赋予人类，为什么不借此避免婚姻破裂导致的痛苦和低效？

看样子，问题的答案得追溯到远古时代，追溯到这种新型性策略在狩猎—采集部落里萌芽的时候。当时的人类男性面临着追猎活动带来的巨大危险，女性则面临着直立行走新姿势带来的难产问题，配对双方都很有可能夭亡，要是配对机制太过死板的话，剩下的一方免不了从此陷入繁衍的困境。反过来，如果剩下的年轻成体可以在一阵子的痛苦哀悼之后重新配对，规模小得可怜的部落群体就能够获得更高的繁殖率。这样一来，从生存的角度来看，一种不尽完美的配对机制，确实比全无余地的同类机制更为可取。

因此，从演化的角度来说，人类男性注定要跟一名女性配偶建立长期的配对关系，同时又享有一种利于繁衍的宝贵权利，可以在配偶死去一段时间之后组建一个新的配对。配对纽带的这个小小破绽令早期人类获益良多，但却在现代社会迅速放大，变成了一个严重的问题。破绽放大的主要原因，无非是人类男性的打猎模式起了变化。如今他不再向野生动物发起千辛万苦、危机四伏的追捕，而是转战都市，投入另外一种类型的狩猎。他以前身处的原始猎场，压根儿看不见女性的身影，可他一旦进入都市，马上就会发现周围风光大好，有许多年轻迷人的女性。大草原上诱惑不多，大都市里却比比皆是。他忠于配偶的天性本来就说不上无懈可击，这时便只好举手投降。

话又说回来，不管对偶制度有一些什么样的缺陷和弱点，事实依然不容否认，那就是人类社会当中的大多数人类男性，全都适应了长期稳定的家庭。虽然说矛盾不断，破裂的情形也屡见不鲜，但家庭已经证明是一种极其成功的抚养手段，证据就是全球人口在过去 40 年里翻了一番还多，从 30 亿增加到了超过 60 亿。

如果说，全世界的人类男性总体上算是演好了父亲的角色，那么，他以前演过的部落猎手角色又是如何？前面已经说过，因为演化历程太过缓慢，他那种追捕猎物的古老渴望并没有销声匿迹，仅仅是换上了几件新的外衣，把打猎变成了一种象征性的活动。举例来说，当代所有的竞技体育，全都是象征性的打猎活动。它们都包含追逐或瞄准的成分，要不就是两种成分兼而有之，追逐和瞄准呢，理所当然是原始打猎活动的两个基本要素。这类象征性的活动催生了一个巨大的产业，冠军级别的追逐能手（比如迈克尔·舒马赫）或瞄准能手（比如"老虎"伍兹）不光能获得丰厚的奖赏，还能赢得大群大群的冠军崇拜者，拥在旁边为他们呐喊助威。足球和篮球——这里只是随便举两个例子——之类的团体运动不光牵涉追逐和瞄准，还为现代的猎手们额外提供了较量计划能力、合作态度、战术和战略的机会，这些也曾吸引他们那些远古的同道。

值得注意的是，体育运动不会带来任何产品，也不能制造任何东西。最终的结果不过是一个志得意满的冠军，把象征猎物的珍贵奖品高高举起，除此之外没有别的。奖品通常是杯子、雕像、牌子之类的玩意儿，概言之无非是一坨既不能吃也不能用的金属。大型体育竞赛的结尾往往有一场庆功盛宴，这一点跟以前那些成功的打猎活动一模一样，区别在于竞赛活动本身百无一用，不具备任何生产性。竞赛只有一个用处，那就是满足人类男性那种根深蒂固的渴望，让他们能以表演者或旁观者的身份，再度体验挑战体格与技能的打猎过程。每当看到飞镖射中靶心、台球落入袋底、冰球滚过门线、棒球出现本垒打、板球产生六分打、足球飞入网内，以及诸如此类的其他场面，现代猎手和他的拥趸们就会发出一声胜利的咆哮，乍一听跟人猿泰山的丛林呐喊一样原始。这一刻，猎手已然成功命中，这一刻，部落将会兴旺发达。一点儿也不出奇的是，尽管有女性的大量参与，体育世界依然是一个男性主宰的领域。

人类男性的特殊属性之一是他的体力。他那副为打猎而生的矫健身板，渐渐长出了发达的肌肉，由此便与人类女性判然有别。平均说来，男人的体格要比女人强壮30%。男人身体里有26公斤肌肉，女人则只有15公斤。男性只有12.5%的体重是脂肪，女性则是25%，两者形成鲜明的对比，最真切地体现了人类演化过程当中的劳动分工。此外还有一个事实，进一步凸显了两性之间的身体差别，那便是女人一旦沉迷于肌肉锻炼，看上去就越来越像男人。她们不可能一边练出一副肌肉发达的身板，一边继续保持女性的外观。要是为高水平的健美竞赛走到极端的话，她们甚至会停止排卵。

男性的特殊身体构造，意味着他的举重能力远远超过女性——这个重要的特质同样源自他的猎手身份，因为他得把猎物扛进家门。普通的男性可以举起比自身重一倍的东西，普通的女性则只能举起比自身轻一半的物品。再来看身体内部，男性的心脏、肺脏和骨骼都比女性要大，为相对强壮的男性肌肉提供了一个至关重要的后援系统。除此之外，男性血液的血红蛋白含量也比女性要高。

男性身体的骨架相对较大，肌肉活动就有了一个更为强大的基础。平均说来，男性要比同龄女性重10%，又比同龄女性高7%。男性身体这种相对强壮的趋势，出生第一天就可以看到苗头。一般说来，男性新生儿比女性新生儿更重，身体更长，四肢的活动也显得更加有力。除此之外，他还拥有相对较高的基础代谢水平，终其一生都是如此。早在呱呱坠地之时，男性就开始显露种种迹象，预示他将会拥有比女性更为矫健的身手。

孩提时代，男性会表现出相对敏锐的视觉，这一点对成年之后的打猎活动很有帮助。玩耍的时候，男孩通常热衷于展示力量，喜欢做一些推推搡搡、跑跑跳跳、捶捶打打的动作，频率比女孩高得多。发育到这个阶段，他们已经拥有比女孩更为强烈的好奇心，成年男性的冒险性格，至此便初露端倪。

作为两性平等信条的一个组成部分，有一种观点近来很是流行，那就是小男孩和小女孩之间的此类差异并不是与生俱来，全都是因为成人捣鬼，把人为设定的男女角色强加在了小孩子的身上。可是，只要对蹒跚学步的孩子做一点儿认真的研究，都会很快消除这种想法。在所有结伴游戏的幼儿群体当中，在不受家长成见影响的条件下，差异迹象出现的时间仍然是非常早，甚至早于家长意识到差异存在的时间。

男孩女孩都一样的观点不光是一厢情愿，经过调整以符合这个理论，恰恰是不必要的。两性平等的观念，本来就十分符合我们这个物种的实际，根本用不着靠"男女都一样（当然喽，除了一些解剖学意义的细微差别）"的说法来撑腰。早期人类部落的劳动分工意义重大，但分工并未导致两性的主从之分，而是造就出两性相依为命、同等重要的局面。男女差异与生俱来，这一事实丝毫无损于两性平等的观念。

对于今天的男性来说，不幸的是现代文明带来的种种施设，将他的体力优势变成明日黄花，在大多数工作中失去了用武之地。不管他是在办公桌或工厂操作台后面坐着，是在商店柜台里边站着，还是在电脑屏幕跟前懒洋洋地歪着，矫健的身手都不起任何作用。就身体条件而言，这些工作完全不适合人类的男性。他的身体需要更剧烈的活动，要不就对不起自个儿的部落渊源。

有一些男人抽时间从事形形色色的"健身"活动，借此解决这方面的需求，大多数男人却得过且过，懒得去费这个力气。然而，对于一部分的男人来说，展示雄性力量的冲动实在是无可阻遏，致使他们不得不完成一些艰苦卓绝的非凡壮举，不得不投入种种炫示体力的激烈竞赛。从举重到攀岩，从掰手腕到极地跋涉，凡此种种都不是为了达到什么实用的目的，仅仅是为了让某些男性借此表明，他们对日趋柔弱的 21 世纪男人何等蔑视。在绝大多数人的眼里，这些表演简直毫无意义，劳而无功，可它们终归不失为一种鲜明刺目的提醒，可以让现代的男人回想起来，自己究竟失去了什么。

电视和电脑的问世，使得人类男性的生活日趋怠惰，与此同时，我们也迎来了各式各样的危险运动俱乐部，以及其他的一些同类机构，决意从事高风险极限运动的年轻男性，由此便有了合适的去处。这一类的新兴运动，最流行的包括以下几种：

低空跳伞，也就是背起降落伞爬上摩天大楼、大桥或输电塔之类的高耸建筑，从建筑顶端一跃而下，同时祈祷降落伞能够及时打开。

洞穴潜水，也就是将潜水装备穿戴整齐，去探索迷宫一般的水下洞穴，风险则是在地下数百英尺的深处彻底迷失方向，继而耗光氧气。

速度滑雪，也就是以最高可达 160 英里①的时速滑下山坡，装备则是采用空气动力学设计的服装，外加特制的滑板。途中一旦撞上什么东西，通常的结局是丢掉性命。

极限飞越，也就是骑着摩托车腾空而起，做一些后空翻之类的惊险动作。

上述几种极限运动，以及其他许多种类似运动，近年来日益受人追捧。如果说这都证明不了男性那种甘冒奇险的固有冲动，那也就没什么东西能当证据了。

有一些男性对身体挑战没什么兴趣，同时又割舍不下冒险的刺激。对这类男性来说，可供选择的东西一样是应有尽有，既可以玩玩股票，

---

① 1 英尺约等于 30 厘米，1 英里约等于 1.6 公里。

也可以去拉斯维加斯赌上一把。身处世界各大城市的金融中心，每时每刻都在冒险，所以说金融这个行当主要属于男性，绝不是一件偶然的事情。正经八百的赌博，同样是一种男人为主的游戏。没错，拉斯维加斯的赌场里确实有许多女人，可她们多数玩的是老虎机，牌桌周围的那些大额赌徒，则几乎是清一色的男人。英国的宾果游戏和赛马赌博，情况也跟拉斯维加斯一模一样，女人下小注，男人下大注。从天性上看，女人就比男人谨慎明理，至于说男人嘛，你说他勇敢也对，说他愚蠢也行，就看你什么立场了。

到了今天，男人依然不由自主、非得以这样那样的象征形式来重现原始的打猎过程，身体考验和冒险活动，不过是其中的两个方面而已。除此而外，他们心里充满渴望，急于找回扛着猎物回家的感觉。去超市买肉满足不了这种需求，他们还需要其他的一些发泄方法，其中之一便是着魔似的收集东西。一般而言，收藏家也以男性为多。他们会疯狂地迷上某一类特定的物品，然后就开始聚敛尽可能多的上等样本。从古典大师①的画作到火柴盒的标签，所有东西都可能成为他们的收藏对象。东西是什么无关紧要，只要可供挑选的样本足够多就行了。他们通常会从普通的样本起步，渐次转向稀罕难得的目标，胃口越来越高。对于这些"物品猎手"来说，找到自己收藏的对象，将它们带回家里，列入自己日益膨胀的藏品清单，这样的一个过程，着实有一种不足为外人道的乐趣。

猎取物品的癖好可以发展到无比强烈的程度，以至于实实在在主宰一个男人的生活。世上有那么一些房子，里面塞满了收来的物品，连一寸空地都找不出来。这还不算，有些人选定的收藏项目，真的只能用希奇古怪来形容。叫人料想不到的收藏项目包括剪草机、狗项圈、飞机上

---

① 古典大师（Old Masters）特指活跃于 16 世纪至 17 世纪早期的欧洲大艺术家，尤其是大画家，比如列奥纳多·达·芬奇。

的呕吐袋、古旧的真空吸尘器、电烤箱，以及江湖郎中的医疗器械。猎手们一旦停止追逐新鲜的肉食，转而寻求象征性的替代品，那就不挑不拣，几乎可以把任何东西当成理想的猎物。

收藏界的顶层是当今世上的各大拍卖行，这些个特殊的猎场有着怎样的氛围，没有亲身体验的人根本无法相信。每当猎手之间的激烈竞争趋于白热，扶摇直上的拍品价格穿破房顶，拍卖大厅里就会响起一片倒吸凉气的啧啧惊叹。2004 年 5 月，毕加索那幅《手拿烟斗的男孩》（*Boy with A Pipe*）拍出 1.04 亿美元的天价，创下了单幅画作拍卖价格的世界纪录。即便是这样的天价，最近也已经被人赶超：在苏富比拍卖公司中介的一次私下销售当中，杰克逊·波洛克的一幅画作卖到了刷新纪录的 1.4 亿美元。[①]

早期的男性猎手还有个典型的嗜好，那就是利用打猎活动的间隙，花上好几个钟头的时间来从事清洗、修理和保养工作，一句话就是设法改进他的武器，改进那些帮助他不饿肚子的工具。到了今天，对原始科技的那份痴迷依然长留不去，体现在男性对各种工具、机器、仪表和设备的挚爱，相形之下，有此同好的女性实在是少之又少。

既已满载而归，接下来当然是欢庆的时刻，猎手们都可以趁此机会，大肆吹嘘打猎过程当中的种种惊险。到了今天，这样的活动已经演变成男性下班之后的集体狂饮。按照人类学家们的解释，这种行为的意义是"借由喝酒来摆脱女性主宰的家庭竞技场，以此树立男性雄风"[②]。换句话说，通过成群结伙地消耗大量酒精，现代男性可以在一时之间脱

---

① 杰克逊·波洛克（Jackson Pollock, 1912—1956），美国著名画家，抽象表现主义画派的代表人物。文中提及的这次交易发生在 2006 年，交易标的是波洛克的《一九四八年第五号》（*No. 5, 1948*）。

② 这个说法见于英国人类学家彼得·洛伊佐斯（Peter Loizos, 1937—2012）和希腊人类学家伊夫希米奥斯·帕帕塔西亚奇斯（Evthymios Papataxiarchis）合编的《身份冲突：现代希腊的性别与亲缘》（*Contested Identities: Gender and Kinship in Modern Greece*, 1991）。

离现实，感觉自己回到了一支精诚团结的猎人队伍之中。

身处此类场合，必须做的事情是买一回酒请大家喝，自个儿也得杯不离手。随便你是谁，只要有一样没做到，你在群体当中的地位必然岌岌可危。换句话说，男人必须拿出乐于分享的气度，同时还得证明自己是条汉子。在一些国家，在这样那样的历史时期，诸如此类的饮宴演变成了一种仪式性的活动。门槛很高的男性俱乐部纷纷涌现，赌酒游戏和其他一些仪式也应运而生，为的是赋予饮酒活动更为重大的意义。还有些国家用其他一些致幻物品取代了寻常的酒精，例子之一便是也门，那里的男性每天都会聚在一起嚼一种名为"咔特"（*qat*）的玩意儿，也就是一种致幻植物的叶子①。要想获得哪怕一丁点儿社会地位，也门的男性就必须跻身某个嚼"咔特"的聚会团体，与此同时，任何女性都无权加入这样的团体。

男人经常拿一些游戏来作由头，以便扎堆展开点到为止的较量。已知最早的人类游戏出现在非洲，是一种名为"曼卡拉"（*mancala*）的棋盘游戏，我们几乎可以断定，原始时期的各位猎手也玩过同样的游戏。曼卡拉的历史至少有 3 400 年，多半还比这长得多。这种游戏有个好处，那就是没有特制棋子或木头棋盘也可以玩。打猎之后的休息时间，猎手们只需要找几枚小石子，再在干燥的土地上凿几个洞，就可以蹲在一起玩游戏了。属于男性的游戏还有很多，比如法国的地掷球、俄罗斯的象棋、英国的飞镖和美国的梭哈②，如此等等。所有这些游戏都可以引逗已婚的男人，使他们暂时脱离家庭的怀抱，重新投入全男帮的麾下。

在一些国家，只限男性的种种活动更是与原初的打猎过程格外接

---

① "咔特"（*qat*）是阿拉伯人对卫矛科巧茶属草本植物巧茶（*Catha edulis*）的称呼，这种植物含有兴奋物质卡西酮。
② 梭哈是一种通常用于赌博的扑克游戏，玩家可以是两人或多人。通常的玩法是每家发五张牌，以牌的花色和大小决定胜负，玩家可以在发牌过程中根据自己对牌的判断下注。

近。男人会成群结队钻进林子，在那里露营、捕鱼、长途跋涉，或者从事其他一些貌似原始的同类活动。还有些人的选择是去非洲打猎，要不就去中美洲探索古代遗迹。

来一次环球旅游的话，你会一而再再而三地看到诸如此类的纯男性消遣活动，每一种都有各具地方特色却同样冠冕堂皇的存在理由。但要说深层次的真正理由，不外乎男人需要以这一类的活动为契机，重建那个原始猎人队伍的社交纽带。有了这样的纽带，他们才能在突如其来的危急时刻得到二话不说的支持。

21世纪的猎手可以借体育运动实现追逐与瞄准的渴望，可以借健身项目展示躯体的刚强；可以选择从危险运动到赌博的一系列消遣，从身心两方面证明自己的胆量和冒险技能；可以搜寻稀有物品，积攒起一份收藏，满足把猎物带回家的欲求；也可以习得某种工艺技术，纾解保养并改良武器的冲动；最后还可以参加一次次社交饮宴，再次体验凯旋猎手的庆功盛筵。远古的原始猎手，或许已成为过往，现代的象征性猎手，却依然徜徉世上。

第二章 头 发

　　脑袋上的头发，可说是男人身上最古怪的地方之一。想象一下，在没有刷子梳子、剪刀剃刀、衣服帽子的远古时代，我们那些祖先的生活该是一副怎样的模样。超过 100 万年的时间里，他们一直在满世界乱跑，身上几乎没有半点遮盖，脑袋上却顶着一大丛过分茂密的毛发。他们躯干四肢的毛发已经萎缩到可以忽略不计的地步，体表皮肤完全暴露在空气之中，脑颅上的毛发却蓬勃发展，既像一大丛乱七八糟的灌木，又像一件飒飒生风的长披肩。他们身上没有什么装饰，也谈不上什么时尚，想必会让其他的灵长类看得一头雾水：这一种猿猴，为什么如此做派？

　　这个疑问包孕着一个谜团，那就是人这个物种，为什么会长出这么不寻常的脑颅毛发。答案是它让我们的长相独具特色，跟其他的灵长类动物看起来不同。头发好比我们这个物种的一个标志，从远处就能看见。光溜溜的裸体顶一颗乱蓬蓬的大头，我们的人类身份一望而知。我们长这么一头夸张的发绺，不啻随身携带一面旗帜。

　　今天的我们很容易忽略这一点，因为脑颅毛发已经遭到社会风尚的拘禁，变成了一种额外的性别标志。几乎是在所有的文化当中，男性和女性都会把自己的头发分别打理成男性化和女性化的样式。这样的风尚无处不在，我们自然有理由忽略以下这个事实：在男性开始谢顶之前，两性脑颅毛发的结构是相同的。当然喽，我们的确有毛发方面的性别信号——髭须、胡子、胸毛，等等等等；不过，在毛发最为兴旺的头顶，两性却拥有绝对的平等，从孩提时代到成年早期都是如此。一头招摇过市的毛发，既不是女性的标志，也不是男性的标志，仅仅是**人类**的标志。在我们演化成一个独特物种的过程之中，头发让我们跟我们的猿亲猴戚有了显著的区别。

你要是感觉这种说法难以置信，看一看其他各种猿猴的毛发样式就明白了。不同种类的猿猴哪怕亲缘很近，脑颅毛发的颜色、形态和长度往往也有很大的差别。有一些品种脑袋上长了杂毛，颜色跟脑袋上的其余毛发截然不同，另一些则长着长长的髭须。也有些品种长着过目难忘的胡子，还有些更是脑袋溜光。显而易见，拿与众不同的脑颅毛发来充当物种的标志，确实是灵长类动物的一个普遍趋向，所以呢，我们这个物种也采用了同样的识别方法，并不是一个特别让人惊讶的事实。**真正**让人惊讶的是，我们竟然把这种识别方法用得如此淋漓尽致。我们的脑颅毛发发展到了太过夸张的地步，以至于我们刚刚取得足够的技术进步，拥有了可以对付它的刀剪，马上就迫不及待痛下杀手，开始用千万种方法来整治它。我们又是修又是剪，又是刮又是扎，又是编又是盘，还把它塞到各式各样的帽子下面。看情形，我们已经受够了原始头发样式带来的累赘，一刻也不能再忍。具体用什么方法无所谓，总归得让茂密发绺的巨大重量减轻下来。

要是你由此推断，我们已经变成一个仇视头发的物种，那可就大错特错。实际呢，我们这是在实施一个巧妙的方案，让古老的头发换上新颜。原始时期，我们这个物种想凸显自个儿与众不同的脑颅样式，唯一的凭借只有体积。茂密的头发使得我们鹤立鸡群，是一个非常有效的物种标志。不巧的是，它同时也是件相当累赘的东西。等我们这个物种发展到可以讲究发型的时候，我们就想出了许许多多的新办法，用上了种种稀奇古怪的样式、颜色和饰品，既可以突出头发的特色，又可以减小头发的体积。当今时代，我们拥有了五花八门的帽子、假发和发饰，由此就可以占尽一切便宜，这一刻顶着干练实用的公事脑袋，下一刻又换上花里胡哨的炫耀头型。

探讨这些新潮流之前，我们有必要好好研究一下支撑这些潮流的原材料，也就是天然生长的头发本身。按平均数字说，每个人脑袋上长着大约 10 万根头发，发色浅的人呢，头发会比发色深的人多一些。金发的人拥有大约 14 万根头发，褐发的人则是 10.8 万根，与此同时，就通常情况而言，红发的人顶多只能长出区区 9 万根头发。

每一根头发都扎根于一个名为毛囊的皮质小囊袋，毛囊的基部是毛乳头。毛乳头体积微不足道，但却是制造头发的工匠，它包含许多血管，负责提供生成头发细胞的原材料。头发细胞在毛乳头表面不断积聚，新的细胞把老的细胞往上推，头发随之渐渐变长。到最后，表皮下的毛根长到一定的程度，头发的尖端就会冲出小小的毛囊，同时也会变得坚硬起来。头发上这个越来越长的可见部分名为毛干，长度的增幅是每天 1/3 毫米左右。

头发生长的速度因年龄和健康状况而异，在衰老、疾病、妊娠或天冷的条件下长得最慢。大病初愈的康复期是头发长得最快的时候，原因显然是生长受阻之后的一种补偿机制。就身体健康的人而言，头发生长最快的阶段出现在 16 至 24 岁之间。在这段时间里面，头发生长的速度最高可达每年 7 英寸（17.7 厘米）左右，大大超过每年 5 英寸（12.7 厘米）左右的整体平均速度。

头发的平均寿命约为 6 年，也就是说，不剪的话，一名健康青年的头发可以长到大概 42 英寸（106.6 厘米），然后才会脱落更新。换句话说，直发的年轻男女若是自始至终不剪头发，便可以拥有垂到膝盖的长长发绺。

长度离谱之外，人类的头发还有个古怪的地方，那就是它不会发生季节性的脱落，跟其他许多动物不一样。我们本可以在夏天来时加快头发脱落的速度，到冬天又把速度降下来，由此拥有一个更加合时应节的隔热层。这件事情轻而易举，我们却压根儿不曾流露这么干的意思。我们的头发，每一根都有它独立的生命周期。随便哪个时刻，积极生长的头发都占到总数的90%，剩余的10%，则处于休眠状态。休眠的头发会掺杂在其他头发的行列之中，就这么一动不动地耗上约摸3个月的时间，然后才脱落下来。这就意味着，我们每个人每天都会掉50到100根头发。

　　掉头发的时候，长长的毛干和短短的毛根都会脱落，毛囊底部那个小小的毛乳头却会留在原地。接下来，这个小小的芽苞会萌生一根新的头发，用它接替原有的那一根。这之后，毛乳头会再一次经历为期6年的活跃阶段，跟着便再一次停止制造新的细胞，再一次进入休眠状态。3个月的休眠之后，毛乳头会撤掉现有的头发，整个过程从头开始。今天的我们活得比古人长，所以呢，每个毛乳头都可以把这个生命周期重复大约12次，一根接一根地制造12根完整的头发，每一根都可以长到几英尺长。由此我们不难推断，如果有哪个人的头发不休眠的话，他或她就可以拥有长达30英尺的头发。这样的事情虽然匪夷所思，但似乎确曾发生，至少也有过一次。据报道，印度马德拉斯附近的一座寺庙里有一个人称潘达拉桑纳迪大师（Swami Pandarasannadhi）的和尚，他的头发从未修剪，长度达到了26英尺（7.49米）。

　　与此相反的是一种普遍得多的情形，也就是头发永远地停止生长。这种情形从来不会出现在孩提时代，可是，一旦达到性成熟的阶段，各种奇奇怪怪的事情就开始落到男性的头顶。雄性荷尔蒙在人体内部汹涌激荡，致使特定的一些毛乳头丧失活力。它饶过了脑袋周边的毛乳头，但却让头顶的毛乳头陷于瘫痪。那里的头发纷纷掉落，掉了也不长新的。毛乳头就此进入永久的休眠状态，不再像从前那样，休眠 3 个月又重新开始工作。结果呢，它们的主人谢了顶。

谢顶通常是一个渐进的过程，许多男人还可以彻底逃过这样的劫难。大概有 1/5 的男人，会在青春期之后不久开始谢顶，虽然说刚开始的时候，这样的势头轻微得让人难以察觉。但是，这 20% 的谢顶男人一旦年届 30，就会充分意识到自个儿的处境。到 50 岁的年纪，大约 60% 的白人男性会出现不同程度的谢顶，就其他种族而言，这个比例相对要低一些。

由于遗传因素的作用，通往严重谢顶的途径主要有四条，分别是"寡人峰""和尚田""穹隆包"和"光明顶"①。

在"寡人峰"上，发际线会离两鬓越来越远，只在额头正中留下一溜越来越窄的有发地带。"和尚田"勉力撑持，脑勺下部的发际线屹立不倒，谢顶之处却还是会从头顶后部冒出来，开始稳步扩张。在"穹隆包"上，发际线会从整个前额全线撤退，一步一步爬向后方。最后再来看"光明顶"，这里的发际线会实施一种中间快周边慢的撤退战略，跟"寡人峰"那边的模式刚好相反。

更糟糕的是，这四种主要的谢顶模式有时还会结伙作怪，所以呢，两种模式完全可能同时出现在一个人的身上。不同的谢顶模式来自不同的遗传基因，谢顶的男人不妨去看看自家男性先祖的老照片或是肖像，通常都可以由此发现，自个儿身上的毛乳头克绍箕裘，正在践行一份源远流长的家族传统。

谢顶既然与雄性荷尔蒙旺盛有关，又会随年龄增长愈演愈烈，显而易见，它其实是人类男性的一个炫耀性标志，用以彰显自身的资历和优

---

① 这四个词的英文依次为"Widow's Peak""Monk's Patch""Domed Forehead"和"Naked Crown"，分别指前额正中的 V 字形发尖、后脑勺、前额以及颅顶。"Widow's Peak"是英语中的习惯说法，后面三个则出于作者自创。

越地位。谢顶表明主人是一位精力旺盛、年辈尊长的男性，外表上就跟那些年轻幼稚的毛头小子有所不同。

谢顶之后，再过上一段时间，男人就会步入暮年，性方面的欲求也会逐步衰减。从逻辑上说，寸草不生的脑袋到这时应该发出新芽，可他们秃顶依然，并不见新芽萌发。看样子，休眠多年之后，毛乳头已经无法再度苏醒。它们遭遇的不是暂时的压制，而是彻底的毁灭。

到了这个阶段，强大的雄性荷尔蒙和头发稀少的脑袋之间的联系可能开始成为一种骗局。还好，一个新的标志应运而生，让先前那位精力旺盛、年辈尊长的男性有了一种年高德劭的新形象：他的头发变成了白色。无论头发多寡，所有的脑袋都会发生这样的变化，都会借此发出一条至关重要的讯息：我-已-老-迈。

说到头发变色的时候，我们经常会用到"灰发"这个字眼儿，但在现实当中，压根儿就没有灰发这种东西。头发可不会一根一根地变成灰色，只会停止产生色素，由此变成白色。所谓"灰发"其实是两种东西的混合物，一种是依然保持原有色彩的老头发，一种是散布其间、纯然一白的新头发。刚开始的时候，白头发制造不出什么视觉上的效果，要等它在全部头发当中所占的比例渐渐变大，整体上的灰色印象才会随之而来。再往后，放弃色素生产的毛囊越来越多，未曾着色的头发也越来越多，白色的发绺就会淹没残存的几缕原色头发，最终将它们完全取代，只留下满头白发向人们宣告，主人已到迟暮之年。

探究社会对头发的各种态度之前，还有几个解剖学上的细节需要提一提。头发之外，人类的毛发还有个离奇之处，那就是其中缺少触须，或者说缺少那种可以感知事物的毛发。触须这样东西，我们大家都非常熟悉，因为我们常常看见的猫胡子，就是触须的一种形式。只要是哺乳动物，哪怕是鲸鱼，最起码也得有那么几根触须，唯独人类是个例外。我们在毛发方面的另一个缺失，则是我们不具备竖立毛发的能力，再怎么生气也不行。许多哺乳动物都拥有一怒之下就须发直立的本领，这样一来，它们的个头看起来就会比实际大上许多。然而，人类已经失去了这种戏剧性的变身能力。说起来，这事情倒也算不上特别离奇。从实际情况来看，我们的体毛又短又稀，竖起来连只老鼠也唬不住，头发又显然太长太重，没办法支成那种怒气冲天的竖直角度。

虽然缺少了竖立毛发的展示技能，人类却依然保留着驱动毛发的微小肌肉。这些肌肉名为立毛肌，时至今日，它们再没有别的本事，充其量只能让我们在寒冷或恐惧之时起一身的鸡皮疙瘩。它们之所以这么干，真实的用意是让我们的毛皮变得厚实一些，只不过时过境迁，我们的身上已经没有毛皮。如果毛皮还在的话，这样的一个过程就可以扩充毛皮里的空气隔热层，由此留住身体的热量。

我们竖立毛发的尝试总体说来没什么效果，有一种情形却是例外，那便是我们对以下情境的反应：半夜三更，房间漆黑，一扇门吱呀作响。赶上这样的时候，人们通常的形容是"吓得我全身发麻"，当然喽，这样一种发麻的感觉，恰恰是因为数以千计的立毛肌正在收缩。也有些时候，人们会说"吓得我汗毛倒竖"，同时还会指出，汗毛倒竖的感觉在后颈部位最为明显。之所以如此，多半是因为后颈部位的毛发够密够短，足可产生格外强烈的局部反应。

人类的头发附有皮脂腺，这是我们跟自个儿那些哺乳类亲戚的一个共同点。这些微小的腺体长在毛囊里，位置就在毛根旁边。它们能分泌一种油性的皮脂，以此润泽头发，维持头发健康。过分积极的皮脂腺会带来油腻腻的头发，不够活跃的皮脂腺则使得头发干涩枯槁。洗头发是一件重要的事情，因为它可以除去头发里的灰尘。不过，鉴于它同时也会除去天然的皮脂，洗得太勤的后果可能会跟洗得太少一样糟糕。

健康的人类头发相当强韧。中国有一些杂技演员，玩空中杂耍的时候可以拿自个儿的头发充当吊索，不会有什么特别不舒服的感觉。中国人的孤零零一根头发，据说就可以承受 160 克的拉力。除此之外，头发的弹性也非常好，拉伸到 120% 至 130% 的长度才会断裂。

头发颜色的变化模式相当简单，基本上以皮肤颜色为转移，因为头发和皮肤用的是同一种着色机制。在烈日当空的地区，人们的头发细胞里有大量长条形的黑色素颗粒，使头发呈现乌黑的色彩。到了气候较为温和的地区，人们头发里的黑色素略微减少，发色由此近于棕褐。北上进入斯堪的纳维亚半岛那个寒冷阴暗的世界，黑色素变得更为稀少，我们就看到了人称"金发"的浅色头发。白化病人的身体里完全没有黑色素，所以会长出纯白的头发。

以上这种从黑到白的次第变化，本来可以说秩序井然，但却被一名捣乱分子搞得复杂起来。有些人身上的黑色素颗粒没有颗粒该有的样子，而是呈现为球形或卵形，由此会被眼睛认定为红色。这些异形颗粒可以单独出现，不与普通的长条形黑色素颗粒为伍，这样的时候，主人的头发会呈现为金黄色。如果它们跟适量的普通颗粒混合一处，主人就会拥有一头鲜艳的红褐色头发，赢得一个"烈焰红头"的雅号。要是这些球形颗粒与大量的长条形颗粒一同出现，红色就会被黑色遮盖，几乎看不出来。即便如此，主人的头发依然会带有一抹依稀的红色，跟那种纯黑色的头发有所不同。

头发的形态千差万别，公认的主要形态则包括以下三种：多见于非洲人的卷发（heliotrichous），多见于高加索人的波浪发（cynotrichous），以及多见于东方人的直发（leiotrichous）。人们通常认为，因人种而异的这三种头发形态产生于不同的气候条件，只不过，已经有人指出了这种观点的几个破绽。按照通行的说法，非洲人头上那些卷成小卷的头发确实构成了一道好似树篱的屏障，将皮肤与外部世界隔离开来，不让毒辣的阳光直接倾泻到他们的头顶。屏障内部蓄积的空气形成了一片缓冲区域，有利于防止头部过度受热。然而，反对者如是指出，这样的一片缓冲区域既然在炎热的气候条件下表现得如此有效，按理就能在气候寒冷的地区发挥同样重要的作用，原因在于，蓄积的空气可以隔热，当然也可以用来保温。

看一看高加索人的波浪发，我们又会面临两个新的问题。首先，高加索人的波浪发本身就有许多形态，从接近笔直到完全卷曲应有尽有，而且跟环境的变化没有任何关系。其次，高加索人成功地适应了许多种不同的生活环境，分布范围从斯堪的纳维亚半岛北部的冰天雪地开始，一直延伸到烈日炎炎的阿拉伯地区和印度。除此而外，东方人的直发也带来了类似的问题。直发在形态上兴许没有什么变异，南北分布的跨度却比波浪发还要大。

针对以上这些破绽，主要的解释是人类在晚近的年代四处迁徙，破坏了原有的分布格局。我们不妨设想一下，开初的某个时刻，卷发的人都住在热土炎方，波浪发住在气候温和之地，直发则住在寒冷区域。卷发可以抵御头上的烈日，不会往下耷拉、妨碍颈部和肩部的排汗过程。长长的直发好似一条披肩，可以保持颈部和肩部的热量。波浪发则是两个极端之间的一种折衷，适合气候温和的地域。然后呢，人类从这样的始点出发，展开了大规模的迁徙，迁徙的速度非常之快，快得让头发形态的遗传改变来不及追赶。

这样的场景言之成理，但却仅仅是猜测而已。主要的三种头发**看上去**各不相同，这一事实也可能是上述局面的因由之一。我们不妨设想，三个主要的人种从远古的某个时刻开始分化，那时他们为区别彼此起见，很可能会拿头发形态之类的外形差异来当标志，这么着，三种主要的头发形态变成了不同种族的重要"旗号"。正是由于这个原因，即便主人已经迁入气候条件并不相宜的地域，三种头发却依然保持着先前的外观。

迄目前为止，我们谈论的仅仅是自然状态下的头发，但人类的双手从不安分，很少会任由头发保持自然的状态。我们那种自我美化的冲动，使头发承受了种种让人瞠目结舌的改造和扭曲。人为干涉头发的自然长度，便是对头发最基本也最普遍的一种虐待。

人们改变头发的长度，目的几乎始终是制造一种新的性别标志。前面已经说过，在自然状态之下，男性和女性的头发长度并没有什么区别，这样一来，不管在哪一种文化当中，具体是哪个性别抽中"短签"①，其实是一件相当随意的事情。在一些部落社会里面，男性拥有精心营造的发式，女性则顶着刮得精光的脑袋。到了另一些社会当中，长长的秀发却成了女性的无上荣光，男性留的是刺猬毛一般的寸头。

由于头发长度的性别区分存在上述两种相反的情形，民间传说里的头发也有了两种截然不同的象征意义。其中之一是男性的茂密头发象征他的力量和阳刚之气，可以为他增添威权和丈夫气概，甚至增添神圣的光辉。举例来说，"Caesar"（恺撒）这个词，以及"Kaiser"（皇帝）和"Tsar"（沙皇）这两个派生词，本义都是"毛多"或者"毛长"。在古人心目当中，这样的字眼儿特别适合那些伟大的领袖。头发以长为贵的传统，可以一直追溯到那位最古老的英雄人物，巴比伦的吉尔伽美什②就长着一头长发，同时又无比强壮。后来他生了病，头发纷纷掉落，于是他只好展开一段漫长的旅程，好让"……头上的毛发得以重生……"③，这样才恢复了先前的非凡伟力，焕然一新地踏上归途。

茂密的头发象征阳刚之气，这个民间传统无疑与以下事实有关：尽

---

① "抽中'短签'"原文为英文习语"gets the 'short straw'"，字面意义是抽中较短的麦秆，源自用抽麦秆来决定谁承担倒霉任务的西方风俗，引申义为摊上了倒霉事情，相当于中文的"抽到下签"。文中谈论的是头发，这个短语由此兼具"留短头发"的意思。

② 吉尔伽美什（Gilgamesh）是古代巴比伦的英雄人物，讲述他事迹的同名史诗是人类历史上第一部史诗，在4 000多年前即已开始流传。

③ 引文出自英国历史学家乔治·史密斯（George Smith，1840—1876）根据史诗《吉尔伽美什》片段译成的《迦勒底创世记》（*The Chaldean Account of Genesis*，1876）。

管男女两性的体毛都会因青春期性荷尔蒙的作用而增多，体毛更多的终归是男性的身体。男性不光会长出阴毛和腋毛，也会长出胡子和髭须，往往还会长出在躯干和四肢到处蔓延的体毛。毛发多既然是一种男性特征，一切毛发便都可以成为男性力量和阳刚之气的象征，连脑袋上的毛发也不例外。

这样一来，剃光一个男人的脑袋就成了羞辱此人的一种方法，剃光自个儿的脑袋也成了谦卑自抑的一种表示。正是由于这个原因，许多僧侣和神职人员才剪短了脑袋上的毛发，借此向神明表白自己的谦逊。东方的僧侣则走得更远，拿光头来充当禁欲的标志。心理学家由此得出一个顺理成章的结论，将剪短男性头发的举动，说成了替代阉割的一种措施。

依照有一些宗教的规矩，男性的头发是一种尊严的象征，从来也不会遭受刀剪加身的厄运。锡克教徒①就严守这样的传统，到今天也时刻佩戴传统的头巾，让长长的头发保持清洁。要问他们为什么决定让头发自由生长，他们会跟你解释，这是为了对神造之物表示尊重。

男性蓄长发的传统遭到了一个人的断然反对，这个人不是别人，正是地位尊崇的圣保罗②。他告诉哥林多的基督教会，短发属于男人，长发则属于女人，这事情天经地义。③ 看起来，他这个观点可能是受了古罗马军事习俗的影响，因为古罗马士兵都会剪短头发。此外，古罗马士兵的短头发似乎并不是一种羞辱，目的仅仅是让部队整齐划一，外观与长头发的敌军有所区别。也没准儿，这当中还有一点儿卫生方面的考虑。不管是什么原因，圣保罗总归已经盖棺论定，男人的短发是属于上

———————————

① 锡克教（Sikhism）为印度主要宗教之一，产生于 15 世纪后期。

② 圣保罗（St Paul）即使徒保罗（Paul the Apostle），耶稣最重要的传教使徒之一，生活在公元 1 世纪的罗马帝国。

③ 哥林多（Corinth，亦译科林斯）是希腊一个历史悠久的地区。圣保罗关于头发的说法出自传为圣保罗所作的《圣经·新约·哥林多前书》，参见下文。

帝的荣光，女人的长发则是属于男人的荣光。顺着这样的思路往下捋，他要求男人祈祷时绝不能戴帽子，女人则必须盖着脑袋祈祷。他奠定的这个基督教习俗，到今天已经延续了 2 000 年的时间，尽管习俗的基础不甚牢靠，不过是对于人类头发的一种完全错误的认识。

讲起话来，圣保罗一点儿也不绕弯子。他说过这么一番话："你们的本性不也指示你们，男人若有长头发，便是他的羞辱吗？但女人有长头发，乃是她的荣耀，因为这头发是给她作盖头的。"[①]

人们做过许多尝试，打算挣脱圣保罗定下的规矩，然而时至今日，这规矩依然影响着我们的生活。17 世纪的骑士和 20 世纪的嬉皮士都闹过长毛叛乱，拥有蓬乱长发的男性却照旧是一种稀有动物，平头板寸的各位摩登女性也造过性质相同的反，但在圣保罗颁下诫命之后的这么多个世纪里，短发的女性始终属于罕见的个例。

之所以如此，可能的原因之一兴许是头发的软硬。剪短的头发刚健劲挺，流泻的长发则柔软如丝。刚健与柔软分别是男性和女性的特质，这兴许是一个潜意识当中的理由，促使人们接受了人为剪短男性头发的做法。看样子，哪怕是在两性平等的今天，我们还是没办法回归头发等长的自然状态。

回头来看谢顶男性的问题，我们得认清一个重要的事实，那就是他所面临的困境，丝毫不影响关于头发长短的论争。谢顶的男人依然拥有蓄长发和蓄短发两种选择，这取决于他是任由残存的一圈头发在秃顶周围飘摆，还是把它们剪成短茬。只不过他的头发向外界传递的主要讯号，始终是那个闪闪发亮的秃顶，不论他选择何种发式。

许多个世纪以来，这个光闪闪的讯号一直令男性惊慌不已，以至于谢顶的男人往往殚精竭虑，死活不让同伴看到自个儿的秃顶。有一句古

---

① 引文出自《圣经·新约·哥林多前书》。

老的谚语很好地总结了这种状况："身死火线何足道，只怕发线节节高。"

既然知道谢顶是雄性荷尔蒙旺盛的标志，这样的恐慌就显得有点儿离奇，需要我们拿出一个解释。问题的答案牵涉到一个事实，也就是秃顶形成的速度慢得出奇。一开始的时候，秃顶也许的确是阳刚之气的象征，可是，它形成的速度实在是太过缓慢，所以呢，等到它终于功德圆满，反倒更像是一个年纪老迈的标记。在一个崇拜青春的社会里，这样的标记显然是一场灾难。演员歌手之类的公众男性，对秃顶更是避之唯恐不及，因为他们的职责不是别的，恰恰是在表演过程当中散播性感魅力。鉴于 18 岁的男性正处于性方面的巅峰时期（事实也是如此），而且完全没有谢顶的迹象（事实并非如此），年纪较大的男性自然会想尽一切办法，极力模仿 18 岁小伙的样子。对于步入中年的专业表演人士来说，这就意味着他们得遵从一份严格的健身计划，最重要的是，还得在人前展示一颗头发浓密的脑袋。

要是不幸遭到了头发的抛弃，这类男性就不得不采取一些毫不含糊的补救措施。达不到目的，他们绝对不会罢休，哪怕他们确切地知道自个儿谢顶是遗传的结果，并不是因为什么治得好的疾病，也不是因为不合理的膳食。

纵观历史，男人对抗谢顶的手段主要有六种。已知最早的几种谢顶治疗方法，收录在公元前 1500 年的一份埃及纸草书当中，其中之一是涂抹一种用狮子油、河马油、鳄鱼油、猫油和蛇油混合而成的药物。寻找驻颜药物的同类尝试，还包括拔掉刺猬身上的刺，把刺烧成灰，再把它跟油、指甲碎屑、蜂蜜、石膏和红赭土混合起来。

以上这些古老的药方，看上去可能有点儿荒唐，但人们始终热衷于往秃顶上涂抹古怪的混合物，这样的做法会持续十分漫长的一段时间。3 000 多年之后的 18 世纪，欧洲出现了一种流行的秃头药物，成分则是油浸的青蛙灰、蜜蜂灰或是羊粪灰。进入 19 世纪，人们又发明了一个新的配方，也就是捣碎加盐的花园蜗牛、马水蛭和黄蜂。显而易见，相较于古埃及时代，维多利亚时代①的秃头治疗方法并没有什么进步。

20 世纪初，对抗谢顶的重点有所转移。按照当时的流行看法，男人之所以谢顶，是因为在理发店受了脏梳子和脏刷子的传染。这种理论完美地解释了女人不谢顶的原因——男人经常光顾的那些污糟邋遢的理发店，女人是从来也不去的。到得此时，最受宠的治疗方法变成了对男性的脑袋进行毫不留情的清洗和消毒，治疗用品则是各种杀菌香皂，以及其他一些五花八门的抗菌用品。

除此之外，20 世纪还贡献了许多异想天开的治疗方法。一直到 20 世纪 70 年代，你依然可以读到这样的一些文字，内容是谢顶可以通过天然有机的膳食来预防。这些文字的作者煞有介事地警告人们，如果长期食用"施用化肥、人工炮制的食物"，我们很快就会变成"一个集体谢顶的种族"②。迟至 20 世纪 90 年代，还有人在提倡以合理膳食预防谢顶，尽管半个世纪之前，具体说则是 1942 年，一位美国科学家③已经将相关真相公之于众，指出谢顶完全是因为男性生理构造和荷尔蒙的作用，因此是一个正常的遗传特征。

男性对满头秀发的追求，着实达到了不顾一切的程度，以至于种种最最希奇古怪的理论，生命力也比上述真相更为长久。即便是在 21 世纪的今天，依然有人在兜售各种冒牌药物，各种驻颜仙丹也依然可以实现数以十亿计的销量，就因为它们自称能让濯濯童山重新长草，再一次变得欣欣向荣。

---

① 维多利亚时代即英国女王维多利亚（Queen Victoria, 1819—1901）执政的时代，亦即 1837 至 1901 年。
② 这句话里的引文出自美国江湖郎中戴尔·亚历山大（Dale Alexander, 1919—1990）撰写的《健康头发与常识》（*Healthy Hair and Common Sense*, 1974）。
③ 指美国解剖学家詹姆斯·汉密尔顿（James Hamilton, 1911—1991）。

时间一长，各色药水油膏通常会被人弃若敝屣，与此同时，每隔几年就会冒出一种新的化学药品，让人们恍惚看到一抹希望的曙光。举例来说，有一种名为米诺地尔（minoxidil）的玩意儿，曾经在 20 世纪 80 年代登台亮相。米诺地尔是一种血管扩张剂，它的生发功能完全是一个意外的发现。当时人们用它来调节一名男性患者的血压，剂型是口服的药片。患者的脑袋已经秃了 18 年，可他服药还不到 4 个星期，头顶就长出了正常的深色毛发。人们为这个意外的副作用兴奋不已，后来又受了一点点的打击，因为患者的额头、鼻子、耳朵和其他一些部位也长出了毛发。

接下来，医生们把米诺地尔改制成局部涂敷的擦剂，然后就选来一些患者，开始用擦剂按摩患者的秃头。医生们声称，这种擦剂对特定类型的秃头有 80% 的疗效，不足之处仅仅是长出的头发为数不多。可惜的是，人们后来发现，一旦治疗停止，头发又会再度消失。这一来，患者要想看到疗效，那就只能没完没了地涂一辈子药。

时日推移，米诺地尔开始在市场上大行其道。事实也的确证明，它是有史以来第一种真正具有生发作用的头部擦剂。让人失望的是，使用米诺地尔的男性只有很少一部分能够看到效果。医学期刊《柳叶刀》①刊载的一篇文章指出，对于超过 90% 的谢顶男性而言，米诺地尔并没有任何用处。即便赶上了确有疗效的情况，头发的密度最多也只能达到正常状况的 17%。由此看来，尽管米诺地尔真的能帮助荒芜的男性头顶长出头发，跟过去那些江湖郎中的蛇油膏药有所不同，可它的效果终归是太过有限，根本满足不了大多数男人的需要。

男性实在是渴望永远保持 18 岁的模样，所以说相关领域的研究，

---

① 《柳叶刀》（*The Lancet*）是英国外科医生、社会活动家托马斯·瓦克利（Thomas Wakley, 1795—1862）于 1823 年创办的一本周刊，是世界上最古老、最负盛名的医学期刊。

到现在仍然如火如荼。人们已经发现，包括非那甾胺（finasteride）在内的其他几种化合物，似乎也具有类同于米诺地尔的功效。这些化合物都不能完全满足人们的期望，都不能带来青春焕发的满头秀发，但又都可以让寸草不生的头顶萌发几根勇气十足的头发，足以让那些心情较比迫切的男人打开腰包，每年掏那么几个亿出来。

今天的谢顶男性还拥有另一种更加激烈的手段，那就是借助外科手术，把毛发葱茏的组织植入头上的荒田。这种方法名为显微植发手术，早年的尝试往往以灾难告终，一位著名的大众明星就有过这方面的教训。近些年来，相关技术有所改进，意大利的一位前政府首脑已经为这一点提供了强有力的证明。

相比之下，"一匹瓦"技术可以说温和得多，你只需仔细地梳好周边的头发，让它把光亮的头顶盖住就行了。不幸的是，"一匹瓦"虽然可以遮盖裸露的头皮，看上去却十分地不自然，以至于掩盖不了你已然谢顶的事实。

各位热衷于户外运动的谢顶演员十分推崇第四种方法，那便是戴上希奇古怪的帽子，借此掩饰自个儿的光辉耻辱。著名歌手宾·克罗斯比①喜欢打高尔夫，只不过，谁也没见过他光着脑袋上场的情景。他死在一场高尔夫球赛结束之后，大家不难想象，当时他躺倒在地，帽子却依然坚定不移地留在头顶。

第五种方法靠的是那名广受欢迎的古老听差：假发。在古代的埃及，法老和王室成员个个都会剃光脑袋，然后再戴上典礼专用的假发。奴隶们则必须把自个儿的头发留在头上，这一点乃是法律的规定。假发的这种崇高地位，在其他一些地方也有反映，亚述人、波斯人、腓尼基人、古希腊人和古罗马人，据知都戴过假发。不过，得是在 17、18 世

---

① 宾·克罗斯比（Bing Crosby, 1903—1977），美国流行歌手及演员，在一场高尔夫球赛之后因心脏病突发而去世。

纪的欧洲，样式夸张的各种假发才算是登上了光辉的顶峰。这一时期的假发虽是以遮丑工具的身份登台亮相，却迅速变成一种时髦的衣装，受到上流社会所有成员的追捧，甚至包括那些顶尖寄宿学校的学童。到了18世纪50年代，这股风气渐渐衰减，很快就彻底走出了普通人的生活。

时至今日，假发虽然继续存在，但只能选择一种偷偷摸摸的方式，遵循一种逼真写实的风格。唯一的例外出现在一些国家的法庭，法官依然会佩戴样式夸张的长长假发，借此烘托法庭里的复古氛围。就连这个仅有的例外，如今也面临不妙的前景，因为英国法律协会（British Law Society）发表了如下声明："法庭场景不应使列席人员产生恐惧感或是疏离感，这一点至关重要。有鉴于此，本协会建议法官弃用假发，无论所审案件性质如何。"这条建议招来了一片反对之声，所以我们暂时不得而知它会不会得到采纳，由此宣告往昔那种夸张假发的最后灭亡。①

谢顶的男性还有一种最后的方法，那便是养成剃光头的习惯，由此使旁人无从辨识，自个儿头顶哪一块才是荒田。谢顶再怎么厉害，一般说来还是会剩点儿头发，如果把残余的头发刮得干干净净，人们就会觉得，这些人不是谢顶，而是特意选择了光头的发型。稍微联想一下，人们又会把这些人归入以下几个类别：谦卑的东方僧侣，古代君王，头发被人剥夺的罪犯，或者是职业摔跤选手。再看看这些人飞扬跋扈的生活方式，选择的范围进一步缩小，人们就会视他们为集摔跤选手和君王身份于一身的硬汉，藐视正统时尚，形象高贵威严，同时又时刻准备干上一仗。跟那些鬼鬼祟祟的假发男人相比，这些人敢于公然挑战毛多为胜的定律，由此体现出一种英雄气概，很容易在竞争当中占到上风。

---

① 英国法律协会的正式名称是英格兰及威尔士法律协会（Law Society of England and Wales），该协会于2003年提出文中所说的建议。英国于2008年推出相关改革，审理民事案件的法官可以不戴假发。

以上就是对抗谢顶的六种自发手段，但要说上上之策，终归是托生在一个男性先祖的头发全都老当益壮的家庭。如果家族血统当中没有谢顶的基因，那你就永远用不着佩戴假发。当然喽，还有种方法可以保证你一辈子都是秀发满头。如果你在青春期到来之前即遭阉割，由此除去了睾丸激素的主要来源，你也就永远不会掉头发了。古代苏丹的后宫里面，可没有什么秃顶的太监。

人为的秃顶有一种名为"神甫头"的古怪表现形式，成因则是特意剃光头顶的毛发，留出一片皮肤裸露的区域。从历史上看，这种发式属于那些虔诚的僧侣，标志着他们已经对世俗的风尚了无牵挂，同时也不再关心个人的仪容。它本来的用意是昭示僧侣们对俗世标准的弃绝，实际的用途却不止于此，因为它让僧侣们有了一个易于识别的外在标志。尽管它同样是一种由自身原因造成的秃顶，人们却总可以一眼看出它和天生秃顶之间的区别。

往昔时代，"神甫头"一共有三种样式。东方式"神甫头"是剃光整个脑袋，"凯尔特式"是剃光前面的半个脑袋，"罗马式"则是只剃头顶、让周边的头发长成皇冠的模样。[1] 最后这种发式据说出于圣彼得[2]的创意，罗马天主教会因之沿用多年，迟至 1972 年才废除僧侣削发的强制性义务。加尔都西和特拉普之类的教派[3]则无视这道命令，到今天依然照削不误。

转头来看头发装饰的整体问题，我们可以很有把握地说，今时今日，世界上随便哪个地方，随便哪种文化，人们都在刻意打扮自己的头

---

① 作者这里说的都是基督教僧侣的发式，与佛教的僧人无关。东方式（Oriental）属于东正教等东方教派，凯尔特式（Celitc）属于英国和爱尔兰等地的"凯尔特基督教派"，罗马式（Roman）则属于罗马天主教。
② 圣彼得（St Peter）即使徒彼得（Peter the Apostle），耶稣十二使徒之一，罗马天主教会的创立者。
③ 加尔都西（Carthusian）和特拉普（Trappist）都是罗马天主教的分支教派，都提倡苦修。

发，都为头发准备了这样那样的饰品或是发型。实际上，这样的情形已经持续了几千年的时间。染色、修型、喷发胶、做卷子、拉直、扑粉、漂白、挑染、烫波浪、编辫子、做发型、抹油膏，人类用了无数种方法来打理自己的头发，耗费了无数工夫，绞尽了无数脑汁。人类之所以挖空心思对付自己身体的这一部分，原因之一是头发确实很好对付。至于说最重要的原因，不外乎头发终究会长回原状，怎么修剪也不怕。脑袋上的毛发生生不息，所以我们把它视为生命力本身的一个象征，还给它附上了五花八门的迷信和禁忌。

将一缕头发装进小盒子送给爱人，意思是你已经完全拜倒在对方脚下，所以才做出这样一种象征性的举动，将自个儿的灵魂交到对方手里。这缕头发包含你生命的精气，爱人把它戴在颈项，便可以获得主宰你生命的力量。这种习俗有一个不同寻常的变体，奉行者正是中世纪那些侠肝义胆的骑士。这些勇武的战士对发乎情止乎礼义的挚爱忠贞不渝，因此会在奔赴疆场之时带上情人的一撮阴毛，藏到自个儿的帽子里面。

头发既然拥有如许魔力，一些迷信的社会便要求理发师妥善处理剪下来的顾客头发，把头发埋到隐秘的处所，免得叫人偷了去，拿它来搞些伤害顾客的巫术。这一类的习俗，到今天也远远没有绝迹。在一些欧洲国家，偏远地区的家长仍然会听到这样的忠告：希望孩子长命百岁的话，那就不要把他们的头发保存起来。其中的原因跟前面说的一样，人们担心头发茬子落在什么妖魔鬼怪的手里，成为它们咒诅主人的媒介。

人们很少去触碰别人脑袋上的毛发，除非他们扮演着恋人、父母、神甫或发型师的角色。头顶是一个戒备森严的区域，绝不容半生不熟的人下手。从很大程度上说，这是因为头顶非常靠近那个无比宝贵又无比脆弱的器官——眼睛。要触碰某个人的头发，你必须得是这个人最信得过的伙伴。出现这种情况的时候，我们可以看到以下几种典型动作。动作之一是把手平放在别人的头顶，那是神甫在给信众赐福。自豪的父母会用手轻拍孩子的脑袋，以此表示对孩子的赞许，成年男性之间也会有类似的动作，用意则是嘲弄，是在以一种居高临下的态度告诉对方，你的表现像个孩子。除此之外，情侣们会把脑袋并在一起，实现头发对头发的亲密接触。再往后，做爱过程之中，他们也会撩弄、抚摸和亲吻对方的头发。

再来看最常见的情形，一生之中有许多个小时，我们会把自个儿的头发托付给那些靠触碰头发过活的专业人士，也就是理发师或者发型师。这样的行为不光是超过了清洁头发的需要，甚至还超过了装饰与炫耀的需要。它源自遥远的原始时期，那时候，我们的习惯类似于我们那些猿猴近亲，每天都要花很多时间来梳理彼此的皮毛。跟其他所有的灵长类一样，梳毛的举动远远不只是意存安抚，更是一种巩固群体内部社交纽带的手段。通过这种方法，我们可以跟另一个生物实现充满关爱、和平友善的身体接触，由此获得巨大的满足感。几百万年后的今天，把自个儿交托给理发师那双贵手的时候，人们依然可以获得同样的满足感。

有几种男性发式十分特别，值得我们专门提上一提。最为古怪的发式属于马萨诸塞州的亚伦·斯塔汉（Aaron Studham），这名小青年留着一个高达 24 英寸（61 厘米）的莫希干头。① 他用了 6 年时间才蓄起这么一头长发，可以让它耸起，也可以让它垂落，如同葵花鹦鹉的头冠一般。要让头发耸起，他得花 45 分钟的时间来做准备，还得喷上不计其数的发胶。

莫霍克头（Mohawk）对个性张扬的男人有一种特别的吸引力，而

---

① 莫希干人（Mohican）是美洲印第安人的一支，莫希干头是一种鸡冠式的发型。亚伦·斯塔汉于 2006 年成为吉尼斯"世界最高莫希干头"纪录保持者，时年 17 岁。

且十分扎眼，总是会成为人们的谈资。莫霍克头的特征是中间的头发长得要命，两边的头发则剪得很短。它脱胎于北美莫霍克印第安人部落武士的发型，好处是可以大幅度增加主人的身高。

虽然说极端罕见，但莫霍克头确已拥有一群狂热的追随者，并且衍生了几种各不相同的分支发型。其中之一是"自由长钉莫霍克"，模仿的是自由女神雕像的夸张头冠。"骇人莫霍克"的特征是中间的头发编成了"骇人发辫"，没有像通常那样直上云霄，"死亡莫霍克"以中间那块头发相对宽阔蓬松为特征，最受莽汉们的青睐。"双莫霍克"的特点是中间的长发形成两个独立的冠子，"颠倒莫霍克"则是两边头发长、中间头发短。

按照传统，西班牙的斗牛士必须把头发编成马尾辫。据说到了收山退隐的时候，他们就会把马尾辫剪掉。这种类型的马尾辫可以上溯到古罗马时期，那些在斗兽场里斗牛的角斗士，正是用它来标明自己的身份。18世纪的时候，西班牙的斗牛士会用一个网子来罩住自己的长发，免得它挡住自己的眼睛。之后他们还用过把头发打成一个结的方法，最后才选定马尾辫的发型，把它变成了自身职业的一个标志。

中国式马尾辫闻名遐迩，具体做法是剃光脑袋，只留下脑后的一条长辫。17世纪，半游牧的满族人将它从中国的东北地区引入中原地带，当时还颁布了一条"剃发令"，强迫所有的汉族男性集体采用这种发型，违者将会被处以死刑。这条命令引发了不计其数的反抗，结果是数以万计的汉族男人死于非命，就因为一种强加的发型。他们之所以发起激烈的反抗，是因为本族传统告诉他们，受之父母的头发不可毁伤，否则就有悖于孝道。但他们的反抗以失败告终，马尾辫由此成为中国男性的通行发式，直到20世纪早期为止。

19世纪，旧金山的中国移民曾经遭到当地立法机构的迫害，起因是后者坚持认为，所有进了监狱的中国男人都得把辫子剪掉。到了这个时候，辫子已经变成中国男人的骄傲，所以呢，一名被强行剪去辫子的中国囚犯上庭告状，控诉狱方不该夺去他的辫子，"……致使他沦为众人的笑柄，无可挽回地损害了他在同胞眼中的形象"。他赢得了这场官司，马尾辫再不曾遭受任何侵害。① 1911 年清朝灭亡的时候②，所有的中国男性又集体接纳了一种新潮的发型，由是便心甘情愿，将传统的辫子一剪了之。

男性发式另有一个极端范例，那便是"骇人发辫"（dreadlock）。骇人发辫纷披满头，活像一根根用头发编成的绳索。其实呢，如果你不梳不洗，就这么过上几年，你的头发自个儿也会打成同样的纠结发绺。世界各地的许多文化当中都有骇人发辫的身影，范围从古代埃及、古代亚细亚、古代墨西哥一直延伸到凯尔特人和维京人③生活的地区。到了今天，最著名的骇人发辫是牙买加拉斯塔法里教徒④采用的"拉斯塔发辫"。拉斯塔法里教徒从 20 世纪早期开始使用这种发式，自称这是为了追随施洗者约翰和参孙⑤之类的辫子先贤。不但如此，他们还从《圣经·旧约·民数记》当中找到了相关的依据："不可用剃头刀剃头，要由发绺长长了，他要圣洁，直到离俗归耶和华的日子满了。"⑥

时至今日，骇人发辫在更大意义上只是一个符号，象征着人们对传统的一种反抗，尤其是对欧洲中心主义传统的反抗。20 世纪 80 年代，

① 这件事情发生在 1878 年，告状的华人移民是何阿哥（Ho Ah Kow）。1879 年，美国法院裁定旧金山市政府的"剪辫令"是带有歧视性的违宪法令，何阿哥胜诉。
② 原文如此。辛亥革命于 1911 年爆发，中华民国正式成立和清朝正式宣告灭亡都是 1912 年年初的事情。
③ 凯尔特人（Celt）是印欧民族的一支，最初生活在欧洲中部，在罗马时代之前即已扩展到西欧、不列颠群岛和小亚细亚部分地区；维京人（Viking）是生活在斯堪的纳维亚半岛的一个古代民族。
④ 拉斯塔法里教（Rastafarianism）是基督教的一个分支，20 世纪 30 年代兴起于牙买加。
⑤ 施洗者约翰（John the Baptist）和参孙（Samson）分别是《圣经》的《新约》和《旧约》当中的重要人物。
⑥ 引文是《圣经·旧约·民数记》记载的耶和华吩咐先知摩西转告以色列人的训诫。

鲍勃·马莱和"雷鬼"音乐①使这种发式大行其道，竟至于迅速渗入了它反对的那种文化。领导时尚的发型师纷纷行动起来，开始给较比张扬的顾客编结骇人发辫，没过多久，这种发式就有了一大堆可供选择的衍生变体。人工的骇人发辫应运而生，几小时之内就可以跟原来的头发连为一体，所以人们用不着再等头发长长，为真辫子耗上几年的工夫。

跟头发有关的肢体语言非常少，其中之一是抓头发，也就是动作飞快地抬起手来，一把抓住自个儿的头皮。男人要是突然间意识到自己干了蠢事，就会做出这么一个下意识的动作。这种自己抓握自己的举动可以起到自我安慰的作用，传达着这样一条讯息：此时此刻的我需要一种保护性的抱持，跟孩提时代一样，可是呢，既然我已经成年，那就只好自己抱持自己。如果蠢事的刺激相当强烈，比如足球运动员错失破门良机的时候，人们还会把抓头发的力度翻上一倍，同时用两只手去抓自个儿的头皮。

另一种肢体语言是挠头皮，困惑的男人经常会有这样的动作。看情形，这似乎是因为内心的困惑扰乱了皮腺的分泌，致使他头皮发痒，不自觉地做出了短暂的搔头动作。

挠头皮的动作另有一种意义特殊的表现形式，绝不能跟困惑之中的反应混为一谈。这种形式的特征是挠自个儿的**后脑勺**，出现在沮丧烦躁的时刻，源头则是原始时期的攻击行为。我们若是怒气上涌，准备向某人发起进攻，总是会本能地抬起胳膊，以便实施泰山压顶的打击。职业拳手发动的正面攻击比这种本能反应复杂得多，必须通过学习才能掌握，与此相反，哪怕是一丁点儿大的孩子，也懂得在托儿所的战场运用

---

① 鲍勃·马莱（Bob Marley, 1945—1981），牙买加著名歌手，"雷鬼"（reggae）音乐的代表人物。"雷鬼"是一种流行音乐，于20世纪60年代后期兴起于牙买加，此后便迅速风靡世界。

泰山压顶的战术，未来岁月之中，他们还会跟这种战术相伴一生。成年以后，他们一旦卷入街头暴乱，马上就会回归这种战术，而防暴警察也会采取同样的战术，用警棍敲打他们的脑袋。身处社交场合之时，愤怒的男人不得不自我克制，没法对惹恼自己的人饱以老拳，但还是会受到原始冲动的驱使，下意识地猛然抬起胳膊，就跟打算大打出手似的。等胳膊到达最高的位置，眼看就要划出下行的弧线，行动却戛然而止，无能为力的手掌也只好转移方向，开始用力地抓挠或拍击自个儿的后脑勺，似乎是在告诉对方，我终归放不下这样的念头。

第三章　额　头

　　人类的额头由前额、鬓角和眉弓组成，直接来源于我们祖先那次效果惊人的大脑扩容。黑猩猩的脑容量大约是 400 毫升，现代人的脑容量则是 1 350 毫升，比前面这位长毛亲戚多了两倍不止。正是因为人脑的膨胀，尤其是前部区域的膨胀，我们才多了这么一张"眼睛上方的脸"。

　　拿黑猩猩的脸跟人脸作一番对比，我们不难发现，两者的前额有着十分显著的差别。黑猩猩的前额几乎可以忽略不计，人类的前额却从眼睛部位向上方竖直延伸，形成一大片无毛区域。黑猩猩的发际线一直耷拉到眉弓的位置，眉弓之上则几乎寸草不生。实际上，这种猿猴的前额情状跟人类恰恰相反。

　　黑猩猩和人类在眉骨方面的差异，同样需要一番解释。以黑猩猩的情况而论，眼睛上方的突出眉棱起着保护眼睛本体的作用。类似的高耸眉棱也是人类先祖的特征，后来却渐渐缩小，到今天已经基本上不复存在。我们的眉棱为什么会消失不见？要知道，我们变身为原始猎手之后，眉棱肯定会比当初采集水果的时候更显重要啊。

　　答案在于，眉棱的消失仅仅是一种假象，并不是真正的事实。对比一下猿猴和人类头部的侧面轮廓，我们就会发现，眉棱形成的那道防线大致还在原来的位置，前额正是从那里开始往上延伸。现代人类产生的条件成熟之时，扩张的人脑使得前额向外凸起，达到跟突出的古老眉棱平齐的程度。这样一来，面貌一新的前额可以发挥同样的保护作用，为眼睛提供一道骨质的防线。我们的眉棱并未消失，只是被前额吞并了而已。

也许有人会说，鉴于狂暴的打猎活动带来了更大的危险，我们本该在长出凸出前额的同时保留原来的高耸眉棱，由此获得双重的保护。我们之所以没有这么做，可能是因为冰河时期的天气太过严酷，我们那些瑟瑟发抖的祖先不得不让脸庞变得较比扁平，借此抵御寒冷。这一来，我们的脸庞越来越扁，脸上的脂肪也越来越多。直到今天，我们依然可以从因纽特人身上看到这样的发展势头。这种势头带来的变化之一是眼窝变浅，因为在寒冷气候之下，深陷的眼窝会成为一个易于感染的部位。眼窝变浅之后，额头自然会显得更加扁平。

猿猴和人类在眉毛方面的差异，也是个很有意思的问题。对于两者来说，演化的主流趋势似乎都是让双眉变得鲜明显眼，从周遭的环境之中脱颖而出。幼年黑猩猩的双眉浅淡无毛，跟周围的黑毛形成了强烈对比。年轻的人类则拥有深色的双眉，跟上方的浅色皮肤判然有别。哪怕是深色皮肤的人种，眉毛也长得同样醒目，所以呢，近旁的人依然可以把他们眉头的动作看个一清二楚。

经常有人说，眉毛的天职是充当分流装置，防止汗水和雨水淌进我们的眼睛。可是，看一看那些筋疲力尽的运动员拼命擦拭额上汗水的光景，你马上就会发现，至少是就这份职责而言，眉毛起不了什么作用。毫无疑问，以实际情况而论，我们之所以拥有这么两道学名"眼上色斑"（superciliary patch）的显眼眉毛，基本的目的是向外界传达我们的情绪变化。

人类男性的双眉比女性更粗更浓，毛发的数目也更多。这样的一个事实，兴许意味着相较于女性，男性更需要清楚表明自身的情绪变化。我们控制眉毛的位置，靠的是以下四条善于传情达意的肌肉：额肌（frontalis）可以抬起眉毛，使额上出现水平的皱纹；眼轮匝肌（Orbicularis oculi）可以闭合眼睑，牵着眉毛朝眼睛的方向运动；皱眉肌

（*Corrugator superiocili*）可以使双眉向眉心聚拢，在双眼之间制造竖直的犁沟；最后还有降眉间肌（*Procerus*），作用是把眉毛往下拉。

我们可以变换各种花样，组合运用前述的四条肌肉，扮出以下种种面部表情：

双眉扫地，亦即**乌云眉**：这样的表情属于愤怒的男人。他预计自身的怒火会招来对方的报复，于是便提前采取压低眉头的防御措施，免得自个儿的眼睛受到伤害。

双眉扬起，亦即**犁沟眉**：这样的表情属于惊奇或恐慌的男人。前额皮肤上耸之后，他有了更加广阔的视野，由此就可以看得更加清楚，究竟是什么东西吓到了自己。

一眉单挑，亦即**疑云眉**：这一种眉毛一高一低的矛盾表情，属于疑神疑鬼、惧怒交加的男人。不知道什么原因，这样的表情多见于成年男性，在女性和儿童当中相对少见。

双眉斜竖，亦即**愁结眉**：双眉紧攒，眉心隆起，这样的表情意味着巨大的悲痛，或者是深切的担忧。愁结眉的主人要么是隐痛难消的不幸者，要么就是亲友亡故的伤心人。

双眉一跳，亦即**问候眉**：跟朋友见面的时候，男性会让自个儿的双眉瞬间跳动，用这样的表情欢迎对方。对于我们这个物种来说，这样的表情是一个世界通用的欢迎信号，具体表现是双眉迅速扬起，跟着又落回原位。

双眉抖动，亦即**戏谑眉**：这是一种开玩笑的表情，特征是双眉抖动，额上的皮肤迅速完成几次起落。如果倏起倏落的双眉是在说"哈罗"的话，连续抖动的双眉就是在说"哈罗，哈罗，哈罗！"这样的表情之所以家喻户晓，起初是因为格鲁乔·马克斯[1]的表演。

———————————

① 格鲁乔·马克斯（Groucho Marx，1890—1977），美国著名喜剧明星。

双眉耸起，亦即奚落眉：这样的表情属于意存讥讽的牢骚客，包含着"我没说错吧"的意味，特征则是双眉耸起，在高处停留片刻，然后才落回原位。

就以上这些表情而言，两性之间最显眼的差异体现在皱眉方面。男性的双眉比女性粗，眉毛也更为浓密，这样一来，同样是生气，男性的表情就要比女性可怕得多。好斗男人的金刚怒目是一种非常有用的补充手段，足以为他形于声音的恐吓提供强有力的支持，无论他这些声讯是字句清楚的恶言谩骂，还是不知所云的怒吼闷哼。

有个名叫弗兰克·阿米斯（Frank Ames）的男人骄傲地宣称，自己拥有世界上最长的眉毛，单根眉毛的长度不低于 7.6 厘米，或者说是 3 英寸。这一男人伟业已经由《吉尼斯世界纪录大全》郑而重之记录在案，随便哪个女人也指望不上同样的成功。

纵观整个历史，男人对眉毛的兴趣一直都比女人小得多，他们既不喜欢修眉，也不热衷于任何眉妆。跟男性相比，女性的眉毛又细又稀，所以她们煞费苦心妆点修饰，以便让眉毛细上加细，目标是成为女人中的女人。男性要想进行同样的夸饰，将自己塑造成男人中的男人，就得让眉毛粗上加粗。只不过没有毛发移植的技术，这个目标并不容易实现，所以呢，大多数男人只好让眉毛保持自然的状态。上了年纪之后，男性的眉毛会变得越发蓬乱，有什么关系呢，由它去好了。上了年纪的男人会任由自个儿的眉毛从额头往外支棱，长得再乱也不要紧，因为它是个清清楚楚的信号，表明主人是一位成熟的男性。修眉纹眉之类的事情，可不是他的兴趣所在。话又说回来，这个规律也有那么一些例外，在当今时代的青年男性当中，例外的情形更是屡见不鲜。有鉴于此，这部分人也值得我们费上几句口舌。

有一些男人觉得，杂草一般的眉毛未免有点儿太过粗野，于是就动刀动剪，想让眉毛有一个整齐的轮廓。他们可没有改变眉毛尺寸的意思，只是想让它看起来利落一点而已。这件事情相当简单，需要的家什不过是一把剪刀和一面镜子。可是呢，势所难免的是，各路商家使劲儿把修眉渲染成一件极其繁难的事情，达到了从中渔利的目的。

如今，某些发廊已经开始推销名师设计的眉型，并且提出了这样一句口号："眼为心之窗，双眉作窗框。"男人只要自个儿愿意，就可以请个眉型设计师来重塑眉毛，工具则是一些蜡和几把精挑细选的镊子。只不过，要是你非得装上这样的窗框，兴许就得为发廊所说的"壮士弓"① 付出一百美元的代价。

这都不算完，今天的青春时尚还包括整整一系列残害眉毛的新花样。花样之一是广受青睐的"带伤拳手妆"，具体形式则是眉毛上的一条竖直伤疤，看上去像是伤口没愈合好，所以留下了这么一道不长毛的窄缝。"带伤拳手妆"第一次风行是在 1954 年，来由则是马龙·白兰度在《码头风云》（*On the Waterfront*）里的扮相。近些日子，这种眉型得到了时尚男性的喜爱，并且呈现为一种变本加厉的新形式：在眉梢（也就是靠近鬓角的那一端）剃出一道、两道乃至三道竖直的窄条。有人问这种眉型为什么这么流行，一名十几岁的小青年解释道："这可以让你显得很帅很时尚，还会让人觉得，你以前在大街上跟人动过刀子。"

这句话兴许可以解释，这种打扮为什么会在北美一些青少年犯罪团伙当中流行。以加利福尼亚的"SUR 13"② 拉美裔帮派为例，帮派成员有时会在一道眉毛上剃出一条纹路，又在另一道眉毛上剃出三条，以此

---

① "壮士弓"（manly arch）是新潮发廊推出的一种眉型。
② "SUR 13"是美国一个街头犯罪团伙的名称。该团伙兴起于加利福尼亚南部的拉美人聚居区，成员主要是墨西哥裔美国人。"SUR"代表西班牙语单词"*Sureños*"，意思是"南方人"，"13"则代表英文字母表第 13 个字母"M"，因为该团伙原名"墨西哥黑手党"（Mexican Mafia）。

代表"13"这个数字。弗吉尼亚北部的"MS－13"① 帮派成员，也会以同样的方式处理自己的眉毛。有趣的是，他们的具体做法是左眉一条，右眉三条，把两个数的位置搞颠倒了。对镜修眉的时候，眉上的数字似乎没有问题，因为镜中的影像是左眉文着"1"，右眉文着"111"。可是，等到跟帮会里的朋友碰面的时候，朋友们看到的却是"111"在前，"1"在后。这样一来，眉上的数字就变成了"31"，而不是他们想要的"13"。看情形，有些个青少年帮派还需要加强学习，以便掌握镜子成像的复杂原理。

大家都觉得这种帮会时尚很有派头，所以呢，飞来飞去的各界名流也开始有样学样。前些日子，有人拍到了希尔顿酒店女继承人帕里斯·希尔顿（Paris Hilton）和男友帕里斯·拉特西斯（Paris Latsis）出双人对的照片。当时的拉特西斯据说是世界排名第 54 位的富豪，他右边眉毛的中间部分就剃得干干净净。

有一些年轻男人没选择眉上的纹路，而是执迷于更为痛苦的眉部穿刺，具体做法则是在肉嘟嘟的眉弓上穿一个装饰性的银环。一般说来，这一类的装饰会摆在靠近眉梢的位置。另一些喜欢自残的人士则比较偏爱眉钉，用它来替代完整的眉环。

有一些男人为额上的皱纹忧心忡忡，怕它们泄漏自己正在老去的秘密。当今时代为他们提供了一种唾手可得的帮助，那就是美化额部的驻颜手术。年过半百之后，大多数男人都会产生永久性的皱纹，前额的褶子更是赖着不肯走，即便在心平气和的时刻也不例外。这些褶子是皮肤丧失弹性、日光曝晒和反反复复皱眉挤眼等多种因素共同作用的结果，

---

① "MS－13"兴起于洛杉矶的萨尔瓦多移民聚居区，"MS"是"*Mara Salvatrucha*"的缩写，可能与萨尔瓦多一条街道的名称及萨尔瓦多游击队有关，"13"这个后缀据说是出于对"SUR 13"的景仰。

可以通过拉紧额部皮肤来去除。男人之所以选择这种手术，大多数都是因为朋友们跑来关心他们，问他们为什么这么悲伤，这么愤怒，或者是这么疲惫，但从事实上看，他们心里并没有朋友们说的这些情绪。最后他们恍然大悟，问题出在自个儿脑门上的皮肤，因为它固定在了表达这些情绪的位置。于是乎，他们中的一些人就会采取断然措施，请整形手术前来救驾。

还有些男性不太一般，因为他们拥有"一字眉"——左眉和右眉在鼻根交会，连成一道毛茸茸的直线。大多数男人觉得这种眉毛有点儿野性过头，因为它让人联想到狼的眉毛，或者是吸血鬼的眉毛。不过，也有些男人为这块多出来的毛发洋洋自得，甚至会处心积虑地加以栽培。有个网站名为"monobrow. com"①，专门供有此同好的人们交流探讨。愿意的话，你也可以成为这个网站的会员，条件仅仅是购买一块一字眉补丁，也就是"……一块可以粘贴的假眉，款式与你自个儿的眉毛相配，黏上去取下来都很便捷"。这个网站声称，一旦把这种假眉黏到鼻根，你就会获得一种令人艳羡的能力，能阻止汗水顺着鼻梁往下流淌，不让它在你鼻尖聚成一颗颗硕大的珠子。

一字眉使鼻根出现一块深色区域，往往使旁观者感觉主人正在皱眉，哪怕是事实并非如此。这样一来，拥有一字眉的男人既显得格外暴烈，又显得特别狰狞。所以呢，很多女人都对这个特征敬谢不敏，有一些长了一字眉的男人也会设法拔除或剃去这撮讨人嫌的毛，而且取得了不同程度的成功。也有一些人选择顺其自然，骄傲地保留着这道或称"通眉"的一字眉。这个特立独行的群体包括一些著名的人物，比如俄罗斯宇航员萨力江·沙里波夫（Salizhan Sharipov），演员科林·法雷尔（Colin Farrell）和乔希·哈特尼特（Josh Hartnett），音乐人克里斯·德·

---

① "monobrow"意为"一字眉"。

伯格（Chris De Burgh）和利亚姆·加拉格尔（Liam Gallagher），苏联领袖列昂尼德·勃列日涅夫，纳粹德国副元首鲁道夫·赫斯，英国政客丹尼斯·希利（Denis Healey），足球明星埃里克·坎托纳、罗纳尔多和韦恩·鲁尼，以及网球天王皮特·桑普拉斯。

额头的总体高度催生了几个流行的词汇："高额头""中额头""低额头"和"没额头"①。"高额头"一词起源于19世纪中期，是颅相学大行其道的产物。当时的人们认为，一般说来，额头高也就意味着智商高，所以呢，"高额头"这个说法起初是一种恭维。只不过时日迁延，这个说法渐渐变成了一种轻度的辱骂，用来形容一个人自命不凡，眼光势利。"低额头"以"高额头"反义词的身份出现，指的是粗鄙无文的事物。到了20世纪40年代，美国的《生活》杂志又发明了"中额头"这种说法，借以指代那些品味不高不低、态度中庸保守的人。更为晚近的时候，《纽约客》杂志的一名专职写手推出了"没额头"的概念，以便描述一类怎么也装不进高中低三个额头阶层的人，并且宣称："今天的大众文化远比以前中庸，'高额头'和'低额头'之间不再泾渭分明。"不幸的是，"没额头"的说法本意是指那些游离于社会等级体系之外的人，带给人们的联想却是没有前额、猴头猴脑的原始人类。

最后，我们来回头说说额头部位的肢体语言。前述七种眉毛皮肤的位置变换之外，有几种以手加额的动作也可以传达人们的所思所想，其中一些属于地方特色，另一些则属于全球通例。

男人使用这些手势的频率，一直都比女人高得多。单是为传达"你疯了!"的贬斥之意，以手加额的姿势就有几个不同的版本。其中之一是意大利那不勒斯人的叩额手势，做手势的人会把拇指和食指的尖端紧

---

① 这四个词原文依次为"highbrow""middlebrow""lowbrow"和"no‑brow"，在英语中分别指"学识渊博或自命博学的人"（现在多用于指后一种人）、"见识平庸的人"、"缺乏教养的人"和"全无知识或没有地位的人"，也可以用作形容词。

紧地捻在一起，就跟拿着什么十分细小的东西似的。接下来，他们会用捻在一起的指尖去叩击自个儿的印堂，也就是鼻根的眉心。这种手势的意思是："你的脑子实在是小得可怜，小得我可以像现在这样，把它捻在拇指和食指之间。"

另一种同类手势是在太阳穴上画圈，也就是让挺直的食指在自己的鬓角转来转去，意思是"你真是疯了，你的脑袋已经转晕了"，要不就是"你把我的脑袋都给绕晕了"。这种手势在西方司空见惯，日本人却对它做了独出心裁的完善。在日本，如果手指按逆时针方向画圈，表达的就同样是"疯了!"的意思；但要是手指按顺时针方向转动，这个手势就变成了一种自以为了不起的表示。退一万步说，以前的日本人反正是这么用的。只不过，西方的现代文化已经对年轻一代的日本人造成无远弗届的影响，如今他们便往往不论方向，只要一画圈就多半表达"疯了!"的意思，跟西方的情况一样。

在太阳穴上画圈的手势有个变体，那就是让挺直的食指扭来扭去，就跟上螺丝似的。在西方社会当中的大多数地方，这种手势的意思要么是"你疯了!"，要么就是"我疯了!"。此外还有戳太阳穴的手势，也就是举起挺直的食指，像枪管一般顶在自个儿的鬓角。这样的手势，表达着这样一层自责的意思："我真是疯了，真应该把自个儿的脑袋打一个落花流水。"

如果换成敲太阳穴的手势，食指会跟鬓角接连发生几次接触。这样的动作带有令人困惑的双重含义，既可以用来指责某个人疯了，也可以用来夸某个人聪明。就动作本身而言，它只是指向了人的脑子，意思既可以是脑子需要修理，也可以是脑子的工作状态好得不一般。

我们有三种把双手举到鬓角的手势，每一种都跟动物有关，模仿的分别是牛角、鹿角和驴子的长耳朵。前两种都是意大利人用来嘲笑绿头巾男人的手势，意思是你老婆红杏出墙，你真是倒霉极了，驴耳朵则是叙利亚人的手势，意思是"你是头蠢驴!"。

　　以上种种之外，我们还有一种捂额头的手势，也就是用手掌遮住前额，同时为脸部提供保护。这种手势的含义举世攸同，代表着沮丧、挫败和绝望。古代的希腊人为这种手势创制了一个正式的版本，那就是用拳头反复捶打额头的中央。要是突然意识到自己做下了什么愚蠢的勾当，今天的我们则会一拍脑门，作出一种"噢，不!"的反应。

第四章　耳　朵

相较于其他的专家级猎手，比如说狼和狮子，人类男性的耳朵实在是相当不怎么样。他不能支起耳朵倾听远处的轻微动静，不能扭转耳朵探测动静的来源，打斗时也不能耳贴脑袋以策安全，当然喽，这里我们得说句公道话，那就是他的耳朵本来就已经够贴的了。作为对以上不足的一种补偿，他拥有一个十分灵活的脖子，在这一点上远远超过了远古的那些竞争对手。他没有灵活的耳朵可以转动，却可以转动灵活的脖子，由此就有能力精确测定声源的方向，误差不超过 3 度。

我们人类的外耳虽然尺寸有限，又存在不能活动的缺陷，价值却不可低估。要是不幸失去了自个儿的耳朵（在英格兰，割耳朵一度是一种相当普遍的惩罚措施），那你一定会发现，没了这样东西，你听到的声音免不了严重失真。我们压根儿没把耳朵上那些奇形怪状的褶皱当回事，实际呢，它们构成了一个精微奥妙的声音平衡系统。这个系统我们天天都在用，却不曾给它哪怕一秒钟的关注。

每只耳朵都有个窄窄的皱褶外廓，名字叫做耳轮。耳轮内侧是一些突起和褶皱，包括耳屏、耳甲和耳舟。这些东西环绕着耳道的入口，耳道长 1 英寸，声波便是沿着这条道路去振动里面的鼓膜。耳道四壁排列着 4 000 条皮脂腺，可以分泌一种黄颜色的蜡状物，作用是防止小虫子钻进耳朵。

耳蜡的生产情况存在显著的人种差异，黑人和白人的耳蜡几乎都是黏糊糊的，部分白人和全体东方人却会分泌一种干性的耳蜡。鉴于黏糊糊的耳蜡具有更好的驱虫效果，我们就有点儿想不通，中国人、日本人和其他远东人的耳朵为什么不需要这样的保护。人类演化历程中有许多到今天依然说不清楚的小小怪事，耳蜡不过是其中之一而已。

另外还有两个谜题，一个是黑人的听力为什么比白人好，另一个是女人的听力为什么胜过男人。1999 至 2004 年间，研究人员给 5 000 个人做了仔细的听力测试，由此而来的结论是，人种和性别之间存在无可辩驳的听力差异。迄今为止，这些研究人员只为黑人的敏锐听觉找出了两种解释，其中一种是皮肤当中的额外色素为黑人的耳朵提供了保护，具体方式则不得而知，另一种是"受损之后，敏感的内耳毛细胞会产生一些有害的化学物质，而黑色素可以帮助身体清除这些有害物质"①。至于女人的听力为何优于男人，研究人员的解释是一生之中，男人接触噪声的机会比女人多，因此就对声音不那么敏感。以上这些说法算不上十分令人信服，只不过，暂时也没有人能提供别的什么解释。

内外耳道的入口都长着保护性的毛发，与此同时，男人的耳毛要比女人长很多。有案可稽的最大耳毛长度是 4.5 英寸（11.5 厘米），这一惊世纪录的拥有者是印度的一名教师。② 四处伸展的耳毛使得他倍感荣耀，大多数男人的选择却是剪去耳毛，要不就把它拔掉。

每只耳朵的底部都挂着一件其他灵长类所不具备的人类专享品，那就是肉嘟嘟、圆乎乎的耳垂。耳垂里没有软骨，本身也与那个由褶皱和突起构成的外耳声音平衡系统无关，仅仅是一块软绵绵、光溜溜、鼓鼓囊囊的脂肪组织，作用似乎只是为人类增加一个性感带。性欲萌动的时

---

① 引文见于 2006 年 6 月 19 日的《波士顿环球报》（The Boston Globe），是美国国家职业安全卫生研究所（National Institute for Occupational Safety and Health）的研究成果。
② 文中说到的是印度人拉罕坎特·拜贾派（Radhakant Baijpai），数字是 2003 年的数字。根据英国报纸 2009 年的报道，他的耳毛已经长到 25 厘米长。

候，耳垂会充血膨胀，触觉变得非常敏感。前戏过程当中，吸吮、舔舐、啃咬或亲吻耳垂可以产生极大的催情效果。看样子，这就是耳垂存在的唯一理由。

耳垂分为两种，一种是自由悬挂式，另一种是附着式①，前者出现的频率是后者的两倍。原因在于，自由式耳垂拥有显性的遗传基因，附着式耳垂的遗传基因则是隐性的。这话的意思是：如果你父母都长着自由式耳垂，你就会长出自由式耳垂；如果你父母当中只有一方长着自由式耳垂，另一方长的是附着式，你还是会长出自由式耳垂；只有父母**双方**都长着附着式耳垂，你才会遗传到这种特征。

耳垂既然存在上述的遗传差异，我们就可以据此推断，如果一个长有附着式耳垂的女人找了个自由式耳垂的丈夫，然后又生了个附着式耳垂的孩子，那么，孩子的生身父亲肯定不是她的丈夫。在解决父子血缘争议的时候，耳垂可以成为一件有用的证物。

说到与此相关的天方夜谭，人们曾经有一种十分古怪的看法，认为耳垂既然肉感无骨，想必与同样肉感无骨的阴茎存在某种关联。在东方诸国②的宫廷里，如果那些年幼的王子王孙不听话，宫廷教师无权以更为直接的方式实施体罚，但却可以扯学生的耳朵，原因是大家认为，这不光可以起到惩戒的作用，还可以间接拉长他们的阴茎，增添他们的男性雄风。

穿耳洞戴耳饰的古老习俗，则源自另一种希奇古怪的迷信。在以前，人们时时刻刻生活在恐惧之中，因为各种各样的妖魔鬼怪总想着窜进人的身体，是个洞就要往里钻。大伙儿觉得耳道是个特别薄弱的环节，不加以保护是不行的。堵塞耳道的做法会损害人的听觉，自然是行不通，所以他们只好退而求其次，把一些金银打制的小小宝物放在耳

---

① 指贴在脑袋上、看起来不太明显的耳垂。
② 这里的东方诸国是相对于欧洲而言，指古代中东地区的各个国家。

边，离耳朵越近越好。其中的道理在于，一旦妖怪偷偷摸到受害人的耳边，打算通过开门揖盗的耳道钻进脑袋，就会看到这些闪闪发光的金属物件。这一来，妖怪要么会被这些美丽的金属物件转移注意，要么就会被它们蕴藏的魔力吓跑。人类的第一批耳饰由此问世，充任的角色绝不是什么可有可无的装饰品，而是拯救生命的幸运符咒。

穿耳洞的历史至少也长达 5 000 年，这么说是因为 1991 年的时候，人们在奥地利的一处冰川里找到一具 5 000 年的冷冻干尸，干尸的耳朵上就穿了几个大洞。由此看来，穿耳洞很可能是人类最古老的一种身体穿刺行为。

古人尤其青睐那些能把耳垂坠长的沉重耳饰，因为他们相信，长长的耳朵能让人显得聪明睿智，仁慈恻隐。针对古代亚洲及东方诸国雕塑的一项研究表明，所有那些大人物的雕像，无不拥有坠得老长的耳垂。据说，释迦牟尼的耳垂尤其长和大，与他的完满佛性相得益彰，原因是有了这样的一对耳朵，他就可以听遍大千世界，随时回应苦难众生的呼号。

在一些格外偏远的猎手-采集者部落，男性也喜欢拉长耳朵。实际上，在巴西的一些印第安部落当中，年轻的男性猎手全身上下几乎只有一件饰物，那就是穿在耳朵上的花式塞子。我们可以在一些老照片里看到这样的场景：猎手们站在那里，身上一丝不挂，耳朵上却嵌着经过精心修饰的圆碟子。人类学家已经发现，穿了洞的耳垂是他们心目中最重要的部落标志之一。提姆博拉印第安人（Timbira Indians）生活在巴西的东北部，部落里所有的十几岁男童都得接受穿耳洞的手术，因为这是部落成员接纳仪式的一个部分。施行穿刺的人会用一根木签蘸上特殊的颜料，在男童的耳垂上标出耳洞的位置。接下来，他会把一个竹子做成的塞子叼在嘴里，迅速转动手里的木签，在耳垂上扎出一个直径跟铅笔差不多的洞，然后就把竹塞子穿进耳洞。这之后，他会对男童的另一只耳朵施行同样的手术。接受手术的男童如果能一声不吭，纹丝不动，表现得若无其事，便会被侪辈视为英雄。

耳朵上的伤口愈合之后，男童会逐步加大竹塞子的尺码，借此把耳洞越撑越大，直到它大得可以容纳两根食指为止。最大的塞子直径大约4英寸（10厘米），到他们用上这种塞子的时候，耳垂已经变成一圈细细的肉边子，环绕一只装饰精美的扁平木碟。这样的一种耳饰，可以使部落里的年轻男性显得极其性感，正如他们所说，"耳朵上的碟子是小伙子的骄傲，也是姑娘爱慕的目标"。男人耳朵上的碟子越大，在众人的心目中也就越是英俊。步入老年之后，他们只有到逢年过节的时候才会戴上碟子。这一来，松弛耷拉的耳垂如何收拾，就成了平常日子里的一个问题。他们的办法是把耳垂甩到耳朵上缘，要用的时候再取下来。除此之外，他们还有一个比较实用的选择，那就是利用耳垂来携带一些小物件，因为他们身无寸缕，没别的地方可以放东西。

在伊丽莎白时代①的欧洲，单耳佩戴粗重金环的做法成了一种水手时尚，尤其受到海盗们的追捧。人们为这种习俗给出了几种解释，其中之一是水手们相信，单耳环拥有某种神秘的力量，足可使他们逃脱溺水的厄运。也有人说，这是因为单耳环可以增进视力。还有一种解释，那就是单耳环具有防止晕船的作用。我们很难设想，这一类的迷信从何而来，为什么能够持续，可它们终归持续了相当长的一段时间，几乎让人们在水手和戴耳环的男人之间划上了等号。

另一种说法更具学人风范，与前述种种大不相同。按照这种说法，水手们之所以爱戴耳环，是因为打制耳环的金子价值不菲。其中道理在于，登上那些古老船只去远航的时候，水手们很可能会就此永别家园，葬身异国他乡。倘若客死异地，身上总得有点儿够办葬礼的金子。可是

---

① 伊丽莎白时代即英国女王伊丽莎白一世（Elizabeth I, 1533—1603）执政的时代，亦即 1558 至 1603 年。

呢，旅途携带金子是一件很不保险的事情，所以说最妥当的办法，莫过于把金子放在一个别人不好偷的地方，穿在耳朵上的一个洞里。根据这种说法的另一个版本，海盗的耳环是为船上的桶匠准备的，出了事就可以拿耳环请桶匠做个桶，把自个儿的尸首装回故乡，免得便宜了海里的鱼虾。

　　从各种航海记录来看，以上种种解释似乎都没有确凿依据。还有种解释虽然不那么有声有色，却可能比较符合事实，那就是水手戴单耳环的习俗之所以兴起，仅仅是因为当时的社会流行这种佩饰。在伊丽莎白一世执政的时代，男人戴耳环是一种如日中天的风气。威廉·莎士比亚就在左耳戴了个金耳环，沃尔特·罗利爵士[①]的左耳也有颗硕大的珍珠。到后来，男人戴耳环的风气渐渐从陆地上消失，在海上却似乎得到了水手们的维系，原因是他们的圈子相对封闭，耳环又已经变成了航海传统的一个部分。

　　再来看看现代的情况，在西方社会当中，久已成为女性专用饰品的耳环，近些年又一次出现在男人耳边，次数还日渐频繁。刚开始的时候，人们想当然地认为，戴耳环的男人全都是女里女气的同性恋，但事实很快就明了，戴耳环的风尚正在比较前卫的年轻异性恋当中迅速蔓延。人们一时间有点儿困惑，种种说法四处传播，说男人的耳环是一种秘密的信号，又说单耳环戴在左耳表示同性恋，右耳则代表反叛社会的异性恋。问题在于大伙儿都记不清楚，究竟是哪个代表哪个。到最后，男人的耳环彻底丧失了标示性取向的功能，变成了一种笼统的叛逆表现，不为别的，就为让那些人到中年的现代清教徒觉得碍眼。

　　20 世纪 70 年代，"庞克摇滚"[②] 短暂地风光过一阵子。在这股风潮

---

① 沃尔特·罗利爵士（Sir Walter Raleigh, 1552—1618），英国作家、诗人及探险家。
② "庞克摇滚"（Punk Rock）是 1974 至 1976 年间流行于美国、英国及澳大利亚的一种摇滚乐，风格叛逆大胆。

当中，男人耳环的碍眼程度变本加厉，原因是耳朵眼儿扎得乱七八糟，穿在上面的又是些不伦不类的东西。硕大的安全别针显然是新潮突击队员的首选，穿在耳朵上的链子也很时髦，链子上还拴着五花八门的玩意儿，从剃刀片到电灯泡应有尽有。

进入 80 年代，男人的耳环蔓延到了更大的范围，完全无视从高端时尚的走廊里传来的啧啧怨声。那时候，人们甚至可以看到这样的场景：一些顶尖的足球明星正在签署报酬丰厚的新合约，一枚枚式样新奇的钻石耳钉却在他们那雄赳赳气昂昂的耳朵上闪闪发光。这些年轻的战士接纳了这种时尚，由此断然宣布，自己也有权佩戴身体饰物，有权在饰物的做作程度上跟任何女性一较高下。男男女女都戴耳饰的时尚，就这么一直延续到了 21 世纪，当然喽，我们必须承认，女性穿耳洞的现象还是要比男性普遍得多。

今天的情况略同以往，耳饰风尚通常只属于年纪比较轻、风格比较张扬的男性，拥趸大多数来自体育、音乐或表演圈子。要是有哪个年长的成熟男性突然戴上耳饰的话，人们免不了会有惊诧莫名的感觉。埃德·布拉德利（Ed Bradley）是一位年高德劭的电视新闻主播，在美国的地位等同于特雷弗·麦克唐纳爵士（Sir Trevor McDonald）在英国的地位。有一天，布拉德利作出一个突然的决定，把莉莎·明尼利①送的一枚钻石耳钉戳在左耳，就这样上了他主持的《新闻六十分》节目，使许多拥趸震惊不已。有些人对他的做法表示支持，其中之一说道："埃德·布拉德利干得真不赖，甚至敢拿耳钉和斑白须发的组合来挑战陈规，你再瞧瞧迈克·华莱士②，年纪那么大了都还在染头发。"不过，

---

① 莉莎·明尼利（Lisa Minneli, 1946—　），美国当代女歌手及演员。
② 迈克·华莱士（Mike Wallace, 1918—2012），美国当代记者及媒体名人，曾长期担任《新闻六十分》（60 Minutes）记者，《新闻六十分》是哥伦比亚广播公司的一档重要节目。

该节目的大多数观众觉得此事骇人听闻，还说耳钉让布拉德利显得惨不忍睹。有个观众说："麻烦哪位跟埃德说一声，他是个新闻主播，不是海盗，也不是吉卜赛人。"另一个观众的评论相对严肃："埃德·布拉德利开始戴耳钉上节目，新闻便丧失了所有的可信度……"换句话说，人们已经接受了年轻异性恋男子佩戴耳饰的事实，但依然不能容忍自命正统的老男人这么干。兴许，还得过上相当长的一段时间，耳朵部位的时尚才会发生进一步的变化。

今时今日，年轻的社会叛逆还搞起了耳朵部位的多重穿刺，只不过尚属罕见。他们不是在耳朵上扎一个洞就算完事，而是扎了又扎，把耳廓扎得千疮百孔，以便戴上整整一个系列的耳饰。这种做法在某些部落文化当中司空见惯，但对于西方的城市社会来说，倒还是一件不见经传的新鲜事情。在现今的专业圈子当中，这一类做法叫做"软骨穿刺"，可供挑选的样式林林总总，取决于你想残害耳朵的哪个部分，其中包括耳屏穿刺、对耳屏穿刺、对耳轮穿刺、耳轮穿刺、"轨道式"穿刺、"工业式"穿刺、"戴斯"穿刺和耳甲穿刺①。

以上穿刺方式多数都是意如其名，其中两种却需要一番解释。"戴斯"是一种比较新的穿刺方式，直到 1992 年才登台亮相。穿刺部位是耳廓最靠里的那块软骨，紧挨着耳道的入口。耳环穿在这个部位，想必会给人一种从耳道里长出来的观感。这一穿刺方式源自以下一种高深莫测的说法："留在身体孔窍里的圈环，扮演的是'门神'的角色。"按照迷信的观念，从穿进身体的那一刻开始，这些圈环就会担起过滤器的职责。具体到耳朵呢，这话的意思就是，耳环可以将所有的胡言乱语拒之门外，只给那些至理名言开绿灯。

---

① 此处所说各种耳朵穿刺方法多因穿刺部位而得名，"轨道式"则指在一只耳朵上穿两个耳洞，再将一件环形耳饰穿在这两个耳洞上。"戴斯"（daith）穿刺和"工业式"见下文。

名字古怪的"工业式"穿刺与"戴斯"穿刺同时问世，又称"十字弓"穿刺或"脚手架"穿刺，方法是在耳朵上穿两个洞，再用一件杠铃形或棒形的饰品把两个洞串起来，所用饰品通常会横穿整个耳朵，从一端延伸到另一端。

与耳朵有关的肢体语言相当有限。我们会捂住耳朵来减小噪音，也会借模仿喇叭的手势增大音量。赶上不知道说什么好的犹豫时刻，我们会挠耳朵或者揪耳朵；到了独自一人的时候，我们又往往会用小指去掏耳朵，徒劳无益地想把它清理干净。就因为这种掏耳朵的动作，有些国家给小指取了个恰如其分的别号——耳指。

摸耳垂的动作非常简单，但却是最为有趣的一种耳部肢体语言，在不同的国家有许多不同的含义。事主有时会用拇指和食指轻轻地捏住耳垂，有时又会扯一扯它，或者用食指去弹它。到了意大利、塞尔维亚、克罗地亚、黑山之类的国家，冲别的男人做以上这些动作可说是极度危险，相当于骂对方是个该戴耳环的娘娘腔。到了葡萄牙，同样的动作就有了截然不同的意义，指的是某样东西极其美妙，或者是滋味大佳，可以用来夸赞从姑娘到食品的一切事物。很显然，身在葡萄牙的意大利人如果用摸耳垂的动作来羞辱他人，必定会被对方的反应弄得一头雾水；反过来，用摸耳朵的动作表示赞美之后，身在意大利的葡萄牙人兴许会发现，自己竟然莫名其妙地进了医院。

关于摸耳垂的动作，西班牙人另有一种别出心裁的解释。照他们的理解，摸耳垂的动作意在指责某人是个寄生虫，是个成天在酒吧里讨酒喝、自个儿从来不付酒钱的讨厌鬼，像无用的耳垂一样赖在朋友身上。在希腊和土耳其，这个动作通常相当于做动作的人发出的一个警告，意思是你不识相点儿的话，他的下一个动作就是把你的耳朵揪下来。你可以用这个动作来告诫孩子，让他们知道不听话的下场。在马耳他，摸耳垂意味着某人是个"周身长满耳朵"的打小报告专家，大家说话的时候最好小心点儿。到了苏格兰，这个动作又成了怀疑的表示，等于是说："我真不敢相信你说的话。"总而言之，摸耳垂的动作可以传达多种多样的讯息，运用了耳朵的许多种象征意义，每一种象征意义都是某个地方的特产，对其他地方的人来说则是闻所未闻的新鲜事物。

另一种耳部肢体语言也具有很大的危险性，足以对中东一些地方的人造成极大的冒犯，要是用到叙利亚人、沙特阿拉伯人和黎巴嫩人身上，更只能说是万万不行。这种动作名为"扇风耳"，做法是把两根小指的指尖分别伸进两边的耳朵，其余的手指伸展开来，看着就像在脑袋两边各摆了一把扇子。

这种动作是阿拉伯版本的绿头巾标记，意在讥刺对方的老婆有外遇。从本原上看，它的意思是挨骂的人应该长出角来，像决斗的公鹿一样。它跟那种更为普遍的绿头巾标记有所不同，后者流行于地中海周边地区，模仿的是牛角的形状。两种情形之下，绿头巾标记都意味着某个外人正在像公鹿或公牛一样，跟挨骂者的老婆胡天胡地。在刻板严苛的阿拉伯社交圈子里，这种动作是对他人最严重的侮辱之一。赶上一些特定的场合，它传达的讯息更是具有无比巨大的杀伤力，一不小心就会引发命案。

最后，臭名昭著的"菜花耳"虽然不过是一种病态，却也值得我们说上几句。由于治疗方法的改进，"菜花耳"在今天已不多见。遥想当年，对于一些拳击手、橄榄球运动员和摔角选手来说，这却是一种堪比荣誉徽章的东西。遭到对手反复痛击或撕扯之后，外耳部位会积起血块，"菜花耳"便是由此而来。血块要是没得到妥善的治疗，耳朵里的软骨就会断裂坏死，致使耳朵永远保持着肿胀变形的古怪模样，看着像花椰菜一般。

古希腊的拳击运动，实可谓残酷之极，以至于雕塑家把奥林匹亚的一些著名拳手雕成了一副耳朵残缺的模样，柏拉图也将拳手称为"烂耳朵伙计"①。训练过程当中，奥林匹亚的拳手会佩戴一种名为"安福泰兹"（*amphotides*）的特殊耳部护具，也就是两块厚厚的圆形皮革或者金属，用绳子拴在头上或是下巴上。然而，真正上场的时候，这样的护具是不可以用的。这一来，尽管规则严禁拳手以任何方式加固自己的皮制拳箍，耳朵还是要吃尽苦头，有一名拳手甚至得到了"奥托斯拉迪亚斯"（*otothladias*）的雅号，意思正是"菜花耳"。

随着时间的推移，古代世界的拳击比赛变得越来越野蛮，拳手的皮制拳箍也包上了金属边，要不就带有尖利的金属突起。不难想象，这样的手部护具会给不堪一击的耳朵造成多么大的损伤，所以呢，鉴于各式各样的金属玩意儿日趋凶悍，拳手们便戴上了两边都有特制护耳的头盔，好保护自己不受伤害。

---

① 这个说法见于柏拉图《对话录》（*Dialogues*）的《高尔吉亚篇》（*Gorgias*）。

第五章　眼　睛

　　眼睛是最了不起的人体器官，尺寸大不过乒乓，却能够同时处理150万条讯息。我们收到的外部世界信息有80%来自眼睛，比其他所有感官提供的信息加在一起还多3倍。总体说来，男性的眼睛要比女性稍微大一点点，考虑到他们的脑袋相对较重，这一点并不出奇。与此同时，眼睛的大小存在非常大的个体差异。

　　在卡通漫画的世界里，男性通常眯缝着眼睛，投射出犀利的猎手眼神。与之相映成趣的是，女性通常是一副圆睁大眼的迷人表情，没准儿是借助化妆品刻意制造的夸张效果。教课的时候，漫画家会告诉学生，大多数男性的眼睛都要比女性细长狭窄，这样的差别正好可以用来塑造极度阳刚或无比阴柔的形象。眼科医生则会告诉你，漫画家完全是胡说八道，原因在于两性的眼睛差别甚微，甚至可以说没有差别。话又说回来，他们的意见之所以大相径庭，是因为医生关心的是眼球本身，漫画家关心的则是眼皮开合的程度。

　　男性上了年纪，上眼皮就会往下耷拉，使眼睛显得倦怠蒙眬。情况严重的时候，有些男人还会乞灵于整形手术，把耷拉的眼皮往上抬一抬。有趣的是，医生们倒是反对男性采取这么极端的措施，因为"男人做眼皮整形手术一定要小心，免得犯下一种常见的错误——把自个儿的长相弄得女里女气"。

　　眼皮开合的程度差异突显了一个事实，那就是女性露出的眼白通常比男性多。有人据此认为，男人拥有更好的正向视力或称管状视力（tunnel vision），女性则拥有更好的侧向视力（lateral vision）。从演化的角度来看，这样的安排可谓合情合理，因为它既可以帮助身为猎手的男性一门心思地盯紧远处的猎物，又有利于一心多用的女性更清楚地掌握周遭的情况。不过，跟眼睛的大小一样，视力也存在非常大的个体差异。与此同时，眼科医生们认为，就眼球观看东西的模式而言，男性和女性完全一样，即便有什么差别，那也是因为男性和女性眼皮开合的模式不同。一般来说，女性的眼皮张得比较开，圆睁大眼的模样便是由此而来。

露在外面的眼白是人类独有的特征。举例来说，黑猩猩的所谓眼"白"，实际上是褐色的。这样一来，你很难辨别它们的目光在方向上的变化。与此相反，当我们人类结伙扎堆的时候，大家一眼就可以看出哪个人在看哪个地方，原因在于，变化的眼白会时时刻刻向我们准确通报，其他人的眼珠子是怎么转的。所以呢，一旦身处社交场合，我们就能够下意识地读出彼此的眼神讯息，借此随时了解周围同伴之间的关系，了解谁对谁比较感兴趣，谁又对谁产生了戒备心理。

我们在下意识里密切关注的事物，不光是彼此目光的方向，还包括彼此瞳孔发出的讯号。眼睛中央的这个黑点一会儿变大，一会儿又变小，为的是调节射入视网膜的光线数量。另一方面，情绪的变化也会对瞳孔的大小产生影响。一看到自己喜欢的东西，我们的瞳孔就会膨胀到没道理的地步；要是看到了讨厌的东西呢，它又会收缩到不必要的程度。如果看到某个女人的瞳孔剧烈扩张，男人会本能地意识到她爱上了自己。他不会知道自己是**怎么**知道的，反正就是知道。反过来，如果她做出一副很喜欢他的样子，瞳孔却只有针尖大小，哪怕是光线昏暗也不变大，那他就可以据此推断，她的兴趣是装出来的。瞳孔不会骗人，因为它的大小不受我们主观意识的控制。所以说，跟目光的方向变化一样，瞳孔为我们的眼睛提供了判断他人情绪的重要讯号。

　　人类的眼睛还有个特异之处，那就是它的泪腺似乎活跃得过了头。其他灵长类动物从没有泪如泉涌之时，人类却每每如此。这种现象在女性身上表现得比较突出，只不过，但凡能得到所在社会文化准则的允许，铮铮铁汉同样会当众痛哭。有些社会视男人当众哭泣为一种软弱的表现，拥有辉煌军事历史的国家便往往流行这样的观点，并且将"紧绷上唇"的刚毅看作男人的光荣。然而，一旦走出此类规条的制约范围，成年男性就可能在灾难临头的时候当着众人哭个痛快。实际上，强忍眼泪的做法不会带给男人任何好处，因为众所周知，痛苦的眼泪包含着压抑精神的化学物质，这类物质会和泪水一起流走。因此，从事实上看，哭泣可以起到减压的作用，对那些不堪重负的人十分有益。大哭一场之后会有轻松的感觉，道理就在这里。男儿有泪不轻弹，其实是剥夺了自己释放压力的机会。

　　在文明社会的男人当中，暂时性的眼睛疲劳是一种非常普遍的毛病。原因在于演化历程早已决定，我们的眼睛得有相当长的间隔距离才能高效工作，现代生活留给我们的用眼距离呢，却总是比眼睛的需求短得多。史前的男人不会趴在桌子旁边，不会歪在扶手椅上，也不会眼巴巴地盯着数字、辨认细小的字体或是观看屏幕上的闪烁图像。身为猎手，他们眼里装的通常只有远处的景象。跟远距离目标相比，近距离目标会让眼部肌肉耗费更多的力气。城市里的男人视野封闭，经常会盯着某个离自己只有几英尺的目标，一连看上好几个小时，所以说肌肉疲劳，自然是一种家常便饭。看电视、用电脑工作或是读书的时候，眼睛面临的麻烦不光是目标太近，景深缺少变化也是一个问题。景深没有变化，眼部肌肉的紧张程度也会长时间保持不变，这样的情形完全不符合眼睛的天性。如此一来，我们的眼睛可能会有酸痛的感觉。还好，这并不意味着眼睛受了多么大的损伤。跑那么 1 英里之后，你的双腿会有酸痛的感觉，但并没有受到什么损伤，眼睛疲劳的情形也是一样。它不需要什么别的，休息一下就好。要防止眼睛疲劳，方法也非常简单，那就是时不时让眼睛离开屏幕和书页，往某个距离较远的目标瞄上几眼。

纵观历史，眼部化妆基本上可说是人类女性的一种专利。话又说回来，这当中也存在一些有趣的例外。在古代的埃及，地位显赫的男性也会给自个儿的眼睛做点儿装饰，最爱用的颜色则是绿色和黑色。他们会把下眼皮涂成绿色，又把睫毛和上眼皮涂成黑色或者深灰色。绿色颜料起初是以孔雀石为原料，后者是铜的一种氧化物。黑色颜料则是一种名为"眼墨"（kohl）的粉状混合物，成分十分复杂，其中包括"焦杏仁、氧化铜、两种颜色不同的铜矿石、铅、灰烬以及赭土"。为了让这种眼妆具有滑腻如霜的质感，他们还会往粉末里添加7%到10%的油脂，调配用的器皿则是一种板岩材质的特制盘子。

古埃及的眼妆可不仅仅是一种美容用品，按照有些人的看法，它同时可以起到抵御毒辣日头的作用。除此而外，当时的人们认为它可以使主人免受"凶眼"①的伤害，从更为现实的层面来说呢，又可以祛除虫豸和疾病。最后这种关于消毒驱虫的说法，看样子还是有几分道理的。卢浮宫收藏着一批4000年之前的古埃及化妆品罐子，法国的化学家们分析了一下罐子里的东西，结果发现古埃及人用来制造眼妆的原料，许多个世纪之后的古希腊人和古罗马人也用过，用途则是治疗结膜炎和沙眼之类的传染性眼病。

进入现代之后，男性的社会叛逆开始隔三岔五地使用眼妆，劲头最大的则是流行音乐圈里的人物。第一批吃这种螃蟹的异性恋男性，包括滚石乐队的米克·贾格尔和基斯·理查兹，早在20世纪60年代晚期，

---

① 古代西方人相信有些人能通过眼神使他人遭受伤害或厄运，并把这种眼神或者施放这种眼神的能力称为"凶眼"（the evil eye）。"凶眼"的说法在地中海周边及中东地区尤为盛行。

他们就开始上着眼妆演唱《弹簧杰克》。① 到了 70 年代，大卫·鲍伊和艾丽斯·库珀之类的歌手有样学样，掀起了一股人称"华丽摇滚"的潮流。② 再往后，"庞克摇滚"的各位男歌手又学了他们的样，也开始上眼妆，风格则变本加厉，夸张得简直叫人看不下去。

再来看电影院里的情况，在斯坦利·库布里克执导的暴力经典《发条橙》③（1972 年上映）当中，主角亚历克斯的右眼就经过精心的妆扮，眼睛周围的皮肤上画着粗大的假睫毛。只不过，影片将这个小伙子刻画成了一名残忍的暴徒，所以呢，大家也就用不着担心，花哨的眼妆会让他显得女里女气。恰恰相反，影片中的亚历克斯集一丝不苟的妆容和冷酷无情的兽行于一身，造成了一种诡异的恐怖效果。

更为晚近的 21 世纪初，在一些男演员的推动之下，醒目的眼妆又有了复兴的势头，例子之一便是约翰尼·德普在几部影片里的扮相，所演角色则是一名耀武扬威的海盗。④ 有些影评家对德普的表演啧有烦言，说他把一条豪气干云的汉子演成了一个人妖，不过，德普为自个儿上眼妆的决定做了这么一番辩护："涂眼影的想法最初是受那些运动员的启发，因为他们会用黑色颜料（涂在眼睛下方）来遮光。后来我又想到了北非的一些部落，想到那些柏柏尔人⑤也会在眼睛下面涂眼影，几

---

① 滚石乐队（the Rolling Stones）是英国的一支著名流行乐队，成立于 1962 年，米克·贾格尔（Mick Jagger, 1943— ）为乐队主唱，基斯·理查兹（Keith Richards, 1943— ）是吉他手。《弹簧杰克》（*Jumping Jack Flash*）是他俩创作的一首著名歌曲。
② 大卫·鲍伊（David Bowie, 1947—2016）和艾丽斯·库珀（Alice Cooper, 1948— ）分别是英国和美国的流行歌星。"华丽摇滚"（Glam Rock）的特征之一即是大胆妖艳的演出妆容。
③ 《发条橙》（*A Clockwork Orange*）是英国作家安东尼·伯吉斯（Anthony Burgess, 1917—1993）创作的一部反乌托邦小说，小说主人公为亚历克斯（Alex）。"上了发条的橙子"大致是指代被异化为机械的鲜活生命。斯坦利·库布里克（Stanley Kubrick, 1928—1999）为美国著名导演。
④ 约翰尼·德普（Johnny Depp, 1963— ），美国当代影星，这里说的是他在《加勒比海盗》（*Pirates of the Caribbean*）系列影片当中的扮相。
⑤ 柏柏尔人（Berbers）是北非尼罗河谷以西一些土著民族的统称，这些民族或游牧或定居，主要信仰伊斯兰教。

千年来都是这样。他们的眼影具有治疗的功效，还可以保护眼睛不受风沙和太阳的伤害。"寥寥数语，约翰尼·德普便把我们直接带回了古埃及时代。

男人如果长着非同一般的眼睛，有时也是件非常可心的事情。"明星保险"问世之后，第一批投保人当中就有好莱坞的默片明星本·特尔平①，因为他取得的辉煌成就，多亏了他那双引人注目的斗鸡眼。20世纪20年代早期，他跟伦敦的劳合社②签了一份保单，其中规定：一旦他的眼睛不再斗鸡，劳合社就得赔他2.5万美元，这在当时是一个很大的数字。这样的预防措施似乎有点儿多余，可特尔平就是放心不下，因为他的斗鸡眼是年轻时一次事故的产物，保不齐，下一次严重事故又会造成相反的后果。在他作为一个闹剧演员的日子里，一旦头部受到打击，他就会对着镜子检查自己的脸，为的是确定他那双著名的眼睛依然是斗得难解难分。

靠眼睛毛病发财的男演员并不是只有本·特尔平一个，马蒂·费尔德曼以扮演弗兰肯斯坦男爵那名鬼鬼祟祟的仆人艾戈尔③著称，他的名声也得归功于他那双鼓凸得让人目不忍睹的眼睛。他的眼睛并没有斗在一处，反倒是各奔东西，罪魁祸首则是甲状腺机能亢进。疾病使得眼球后面的组织剧烈膨胀，眼球周围的肌肉运动受限，眼皮也缩了起来，致使他的眼睛呈现出一副随时都会爆炸的模样。按照俚语的说法，这种发散性斜视名为"死鱼眼"。

另一张眼睛怪异的著名脸蛋，主人是摇滚明星大卫·鲍伊。通常的

---

① 这里所说的"明星保险"（celebrity insurance）特指明星们为自己赖以成名的身体部位购买的保险；本·特尔平（Ben Turpin, 1869—1940）为美国著名喜剧演员。

② 劳合社（Lloyd's of London）是伦敦的一家保险交易所，经营保险及再保险等业务。

③ 马蒂·费尔德曼（Marty Feldman, 1934—1982），英国喜剧明星，弗兰肯斯坦男爵是美国喜剧片《青年弗兰肯斯坦》（Young Frankenstein, 1974）当中的角色。仆人名字的英文原文是"Igor"，作者特意在文中注明它的发音是"艾戈尔"，与"眼睛有伤"（eye - gore）同音。

说法是他两只眼睛颜色不一，但这种说法并不完全符合事实。真实的情形是，还是个 14 岁学童的时候，鲍伊曾经跟一个朋友争风吃醋，以至于大打出手。朋友手里拿着个圆规，一拳打在他左眼正中，伤到了那里的括约肌。虽然动了两次手术，他左眼的瞳孔还是停留在了永久性的放大状态。这么着，赶上光线明亮的时候，他的右眼会收缩瞳孔，左眼却不会，两只眼睛由此呈现为不同的颜色。其实呢，他两只眼睛的虹膜都是蓝色的，只不过左眼的瞳孔已经放大，远看的话，颜色就比右眼深得多。

还有个演艺人员，眼睛也似乎不太对劲，那就是声名狼藉的"哥特摇滚"歌手玛丽莲·曼森①。曼森的一只眼睛完全正常，另一只的虹膜却是纯白色。根据出于编造的神话，他之所以这副模样，是因为他用一根烧烫的缝衣针"蒸发掉了自个儿的角膜"。真相则比较平淡无奇，这一种怪异的效果，来由不过是他左眼戴了片特制的隐形眼镜而已。现如今，隐形眼镜已经有了一种得名于曼森的款式——"玛丽莲·曼森式"。在他的引领之下，饰有骷髅、旗帜、血渍、阳光、美元标记、心形、火焰等种种图案的隐形眼镜变成了一种时尚。

最后，我们要说说跟眼睛相关的几种肢体语言。大家最熟悉的眼部肢体语言，莫过于挤眼睛。有意识地冲别人挤挤眼睛，表示你愿意与对方分享一个共同的秘密，其中的道理在于，闭上的那只眼睛瞄的是对方，意思是秘密属于你我二人，睁开的那只眼睛则对着整个世界，将所有旁人排除在这份片刻的亲密之外。对方如果是朋友的话，挤眼睛的动作意味着一种心照不宣的瞬间默契，如果是陌生人呢，这种眼色就变成

---

① "哥特摇滚"（goth rock）是兴起于 20 世纪 70 年代末期的一种摇滚乐，风格阴郁。玛丽莲·曼森（Marilyn Manson, 1969—　），美国当代歌手，艺名取自玛丽莲·梦露（Marilyn Monroe）和美国著名罪犯查尔斯·曼森（Charles Manson）。作者说他"臭名昭著"，是因为他的表演广受争议，经常被媒体斥为青少年的坏榜样。

了一种达成默契的请求。换句话说，冲着陌生人挤眉弄眼，等于是在挑逗对方。按照社交指南的说法，挤眼睛是一种粗俗不文的动作，而在讲究礼仪的上流社会当中，女人确实很少挤眉弄眼。说实在话，由于某种莫名其妙的原因，许多女人都觉得，挤眼睛可不是一个轻轻松松就做得出来的简单动作。这样一来，挤眼睛的动作基本上变成了男性的专利。

我们不光会挤眼睛，而且会眼睛睁圆示意震惊，眼睛眯缝以图恐吓，眼睛眨巴表露怀疑，眼睛一亮传达欣喜。除此之外，我们还会双目低垂以表谦逊，抬眼向天宣示怒火，或者把眼睛定在高处，扮出清白无辜的模样。如果我们用食指指着眼睛，甚或用食指把下眼皮往下翻，意思就是"我盯着你呢"，或者是"有人在盯你的梢"。

另一种普遍存在的眼部肢体语言是揉眼睛，也就是用食指揉搓眼睛或眼睛周围的皮肤。如果不是出现在眼睛酸痛的时候，这个动作的意思是对方的目光让你很是尴尬，可你又不好意思明明白白说出来。赶上这样的情形，人们会下意识地做出揉眼睛的动作，而我们可以据此断定，做动作的人要么是自个儿在撒谎，要么就是意识到了对方在撒谎。不管是谁在撒谎，做动作的人呢总归是觉得很不舒服，而且产生了一种突如其来的冲动，想要切断跟对方的眼神交流。揉眼睛的动作为他提供了一个挪开目光的借口，既可以达到中断眼神交流的目的，又不会伤及彼此的颜面。

有一种眼部肢体语言相当滑稽，那就是把一只手窝成管状放到眼睛前面，样子跟用望远镜看东西似的。这种动作在巴西很是流行，做动作的通常都是男人，意在告诉身边的男性同伴，眼前有一个长相诱人的女性。这个动作的另一个版本需要双手并用，模仿的则是双筒望远镜。相形之下，这个版本觊觎美色的意味不那么浓，更多是表达"我看见你了！"的意思。

结束本章之前，我们来看看两种用眼睛赌咒发誓的方法。沙特阿拉伯人的做法是把右手食指的指尖放到右眼的上眼皮上，荷兰人则会闭上眼睛，把食指和中指的指尖分别放到两只眼睛上，誓发完之后才把手拿开。这种动作的意思是："我要是瞎说的话，就让老天爷把我变成瞎子好了。"

第六章　鼻　子

人类的鼻子是个骄傲的物件，从我们脸上孤峰突起。鉴于猴类和猿类的脸通常是一块平板，我们便不得不思量一番，我们的脸部轮廓长成这么个独出心裁的模样，原因是什么。

首先，鼻部的骨质突起可以保护我们的眼睛。人类男性既然跟追捕猎物的危险行当绑得越来越紧，这一点便显得尤其重要。顺理成章的是，男性的鼻子通常要比女性结实一些。颧骨、眉骨和鼻骨构成了一个坚固的三角形，将柔软脆弱的眼部组织围在当中。人体的这片区域若是遭遇任何打击，首当其冲的都是这副骨质的铠甲。只需要看一看拳坛老手那个坍塌变形的鼻子，你马上就会明白，它替眼睛承受了多少伤害。

以前有过一件非同寻常的事情，说的是人类的骨质鼻子，间接催生了世上最伟大的一些艺术杰作。还是个孩童的时候，意大利的天才艺术家米开朗琪罗惹恼了一名画师，结果是脸上结结实实挨了一拳。这一拳实在是力道十足，以至于动手打人的画师后来回忆道："当时我觉得，他的骨头和软骨应手塌陷，就跟一块脆饼干似的。"[①] 据说，从那以后，米开朗琪罗"额头的高度几乎超过了鼻子"。幸运的是，他的鼻子已经尽到了自己的责任。假使没有隆起的鼻子来消化这一拳的全部力道，米开朗琪罗的眼睛很可能遭受十分严重的伤害，以至于使他的艺术生涯陷于危殆，使我们无福欣赏他的大师妙笔。

鼻子不光扮演着骨质铠甲的角色，也是阻止有害物质进入鼻孔的一道屏障。潜水或游泳的时候，开口朝下的鼻孔可以起到防止鼻子进水的作用。除此而外，鼻孔还跟数量丰富的鼻毛和鼻腔黏液组成了一道联合防线，不会让太多的灰尘飞进鼻腔。从树上下到地面的时候，早期人类付出的代价之一是离风儿扬起的灰尘近了一大步，所以需要一点额外的保护措施。

早期人类的行为还有个重大的变化，学会了语言交流，这样一来，嗓音的共鸣就变得更加重要。如果你脑袋严重伤风，说话时必定深有体会，要做到字正腔圆是多么地不容易。等"脑袋伤风"在你嘴里变成"嗷嗳汪嗡"的时候，硕大鼻腔对于语言的重要意义，便在突然之间得到了充分的体现。

人类的鼻子有一项更加重要的职能，那便是不间断地调节进入人体的空气。我们的肺喜欢温暖湿润的清洁空气，多亏了鼻子的存在，进入鼻孔的空气才能在到达气管之前得到增温、加湿和除尘处理，达到符合肺部需要的标准。举例来说，十分干燥的北非沙漠地区生活着一些部落，他们的鼻子比非洲中西部湿热地带的部落高得多也显眼得多，这可不是什么偶然的现象。

概言之，人类的鼻子既是一副骨质的铠甲、一面防水的盾牌、一张防尘的筛网、一个共鸣的音箱，又是一台调节空气的装置。当然喽，它还是我们的嗅觉器官，让我们可以觉察周遭世界的馨香恶臭、麝馤薰莸。千真万确，我们关于外部世界的信息大多数来自眼睛和耳朵，可是呢，视觉和听觉终归会有失灵的时候。

到了黑暗静谧的亲密时刻，我们口无所言，目无所见，鼻子就会变

---

① 引文出自意大利金匠及雕塑家本韦努托・切利尼（Benvenuto Cellini, 1500—1571）撰著的《本韦努托・切利尼自传》（*The Autobiography of Benvenuto Cellini*）。动手打米开朗琪罗的是以脾气暴躁闻名的意大利雕塑家皮彼得罗・托里贾诺（Pietro Torrigiano，1472—1528）。

得异常敏感，沉浸在伴侣的体香之中。也没准儿，因为这样的反应太过原始，我们压根儿意识不到扑到鼻端的体香，即便如此，体香的催情效果依然是一样明显。男性会对女性臭腺的分泌物产生强烈的下意识反应，而女性臭腺的分泌活动会在性兴奋的状态下达到巅峰水平。前戏过程当中，男性大脑里的高级神经中枢对这些变化无知无觉，低级神经中枢却会进入极度兴奋的状态。

赶上一些不那么愉悦的场合，我们的眼睛看不出蹊跷的地方，耳朵也听不出危险的苗头，鼻子却可能发出警报，让我们知道大事不妙，自己必须得多加小心。举例来说，火苗尚未出现眼前的时候，我们就能够闻到烧焦的味道；即便看不见气味的来源，凶险的恶臭仍然会让我们倒抽一口凉气。赶上后面的一种情形，我们兴许会对鼻子心生怨恨，恨它不该让我们接触这么难闻的气味，还会用手或者布片来捂住脸。事实呢，我们应该感谢鼻子才对，原因在于，化学物质的恶臭和腐烂肉体的气味都是警告性的讯号，都可以提醒我们，周围出现了某种极其有害的东西。

人们有一种想当然的感觉，那就是难闻的气味对所有生命形式来说都不好闻，到了谁的鼻子里都是一样，事实却并非如此。要是闻到了腐尸的味道，秃鹫会觉得诱惑难当，还会忙不迭地赶去现场。只不过，这样的肉对我们来说是吃不得的，而演化历程早已经教乖了我们的鼻子，让它去闻别的地方。人类的排泄物是又一种危险的传染源，所以呢，我们的鼻子又一次伸出援手，对排泄物的气味敬谢不敏，借此阻止我们跟这些东西发生接触。到了有些动物身上，事情就起了变化。拿兔子来说吧，它必须一而再再而三地吃下自己的排泄物，以便充分吸收其中的营养。必须借助这个名为"重复消化"（refection）的过程，兔子才能摄取到它身体需要的所有维生素。这么着，兔子夜间排出的粪便给我们的感觉是又脏又臭，对它自己来说却是种诱人的食品。

人类鼻子的敏感程度，远远超过了大多数人的认识。我们拥有至少500万个嗅觉细胞，这些细胞高踞在鼻腔顶部，能够分辨极其微小的气味差异。当然喽，我们的嗅觉确实比不了我们豢养的那些狗儿，因为宠物犬的嗅觉细胞为数更多，相当于主人的44倍。即便如此，只要有一丁点儿的机会，我们依然可以对最最稀薄的香气作出反应。

我们的鼻子之所以越来越不灵敏，原因在于我们对它越来越漠不关心，给它的工作造成了越来越多的干扰。我们住进城镇，自然界的芬芳气息由此黯然消隐；我们穿用各式各样的衣服，与生俱来的健康体味因之酸腐变质；我们使上形形色色去除或遮盖气味的药剂，把这些玩意儿喷得满世界都是。更有甚者，我们还觉得"闻"这种行为本身就有点儿原始野蛮，大伙儿最好把古老过时的闻味能力弃而不用。只有在品鉴美酒或制造香水之类的特殊行业当中，现代人才会去训练自个儿的鼻子，让它充分发挥它非凡的本领。

鼻子不光是主要的嗅觉器官，还扮演着主要味觉器官的角色，这一点需要我们略作解释。我们真正的味觉器官是舌头，但舌头的能力非常有限，只能分辨甜、酸、苦、咸四种味道。我们发明了千差万别的烹饪风味，狼吞虎咽地吃着各式各样的食物，甜酸苦咸之外的味道却都不是产生于迫不及待、口水淋漓的舌头表面，而是由鼻腔顶部那一块块感受气味的方寸之地尝出来的。携带气味的微粒可以赶在我们把食物往嘴里送的时候直接扑入鼻腔，也可以从嘴巴里绕进去。菜肴饭食兴许会让人口舌生津，真正的美味体验却得靠鼻子带来。

人类的鼻子一方面与难闻的气味存在关联，一方面又跟原始的动物拱嘴脱不了干系，感冒的时候还往往鼻涕长流，这些负面因素使得它地位下降，多多少少变成了脸上的一个笑柄。说起含烟笼雾的眼睛、精镂细刻的双颊和性感欲流的嘴唇，我们总是会用上赞叹的口气。可是呢，一旦话题转到鼻子上面，我们的嘴巴就往往会朝刻薄的方向发展。鼻子堪称是工程学和化学物质检测方面的一个奇迹，我们却给它安上了"猪鼻""鹰钩""汽笛""喇叭"和"拱嘴"之类的侮辱性称谓。要让大伙儿夸一声好看，人的鼻子就不能有显著的特征，务必达到**没有**任何特色的标准。翻一翻那些装帧精美的杂志，扫一眼那些男明星的面孔，你马上就会发现，那些最上乘的鼻子，全部都是小不点儿。到了眼下的这个世纪，此种现象更趋明显，现象背后缘由何在，值得我们探询一番。

要理解鼻子在审美意义上的式微，我们就必须回顾过去，看看我们涉世之初的鼻子状况。尚在襁褓的时候，我们的鼻子仅仅是一个形如纽扣的微小物件。童年时代，这个小小的突起会跟脸上的其余部分同比增长。等我们长大成人，鼻子的尺寸也会达到顶点。顺理成章的推论是，小鼻子等同于嫩鼻子。再想想崇拜青春的热潮，鼻子衰微的缘由立刻变得一目了然：鼻子越小，你也就越显年轻。

对于女性的脸蛋来说，这样的形势更加严峻。鉴于男人的鼻子一般都比女人大，女人要想显得又年轻又有女人味，小鼻子就成了一个双倍重要的条件。只不过今时今日，即便是男人也偏爱纽扣形的鼻子或是小小的狮子鼻，原因在于它可以给人一副小男孩的模样。有了这样的一个鼻子，男人会显得更加年轻，同时又显得不那么盛气凌人，非常适合后女权主义时期的大众口味。大伙儿都觉得，男人要是长了个趾高气扬、迎风破浪的大鼻子，保准儿成不了一名温柔体贴、乐于分享的伴侣。约翰·巴里莫尔①之类的早期银幕情人，往往拥有一个傲然耸立的鹰钩鼻，与之形成鲜明对比的是，布拉德·皮特之类的今日明星，长的却是婴孩一般的小鼻子。

根据整形医生们提供的情况，要做鼻部整形手术的男人与日俱增，最受他们青睐的项目则是"鼻子重塑手术"。按照美国整容手术协会的

---

① 约翰·巴里莫尔（John Barrymore，1882—1942），美国影星，尤以饰演哈姆雷特及神探福尔摩斯闻名。

说法，今天的"鼻子活计"（鼻部整形术）有 24% 着落在男人身上。这一类的服务本来是女人专享的，如今却有大批男人涌入，打算通过手术来"维持并改变个人形象"。鉴于"鼻子活计"的起步价高达 3 000 美元，往最轻的程度上说，我们也只能推断，想必他们都很担心浴室镜子里的个人形象。

男人重塑鼻子的做法古已有之，绝不是什么今天才有的新鲜事情。有个意大利医生甚至出版过一本这方面的专著，时间更是在遥远的 1597 年。[①] 书出来之后，梵蒂冈教廷立刻将他逐出教门，理由是他胆大包天，竟敢篡改上帝的作品。革除他的教籍，兴许也没有什么不妥，因为他的技术，着实有许多需要改进的地方。他的办法是从病人胳膊上取下一块皮肤，再把这块皮肤黏上伤损的鼻子。从理论上说，他这种办法完全行得通，只可惜新黏的皮肤很不牢靠，一个猛烈的喷嚏就可能让它脱落下来。

在 18 世纪的印度，通奸者经常会遭受割去鼻子的刑罚，这样一来，制作蜡质鼻子就成了一个相当兴旺的行当。匠人会把蜡鼻子装到受害人的脸上，再从受害人额头取一块皮肤，把蜡鼻子给包起来。18 世纪末期，关于这种技术的消息传到了欧洲。西方世界在现代整形手术方面的最初尝试，很可能就是受了印度人的启发。

说到现代男性的鼻部整形术，最臭名昭著的例子当然是迈克尔·杰克逊。孩提时代的他鼻子本来又宽又大，可他决意让它走上又直又窄的道路[②]。一开始，他做得非常不错，但随着时间的推移，他似乎一根筋要让鼻子的形状脱离天然的轨道，最终使自个儿的鼻子露出了土崩

---

① 这里说的是意大利医生加斯帕罗·塔利亚科齐（Gasparo Tagliacozzi，1546—1599），他于 1597 年出版了一本名为《移植整形法》（*De Curtorum Chirurgia per Insitionem Libri Duo*）的著作。

② 这是一句双关的调侃，一方面是说鼻子的形状，另一方面，"又直又窄"（straight and narrow）典出《圣经》，"走又直又窄的道路"意为过一种循规蹈矩的生活。

瓦解的苗头。杰克逊本人只承认自己做过两次鼻部整形，研究过他鼻子的整形医生们却说，事实上，他在 20 年间做过的手术应该有三四十次之多。根据一条未经证实的传闻，就在最近，一名德国医生又把杰克逊一只耳朵里的一些软骨移植到了鼻子上，为的是防止鼻子进一步往下塌。①

为美观而不惜让鼻子挨刀的男性名流，还包括歌手汤姆·琼斯和奥兹·奥斯本②，他俩都把鼻子整得窄了一些，觉得这样比较好看。奥兹坦言，鼻子手术极大地增强了他的自尊。汤姆·琼斯本来长着一个相当耐看的大鼻头，却还是把它整成了秀气玲珑的模样。

虽然男性整形手术新近有了增长的势头，但对男人来说，鼻子问题始终没有对女人那么尖锐。时至今日，健硕显眼的鼻子依然是可以接受的东西，环顾周围的男性，我们还是可以看到各式各样的鼻子，从高鼻子、鹰钩鼻到狮子鼻应有尽有，每一种都有它独特的魅力。不过，对于任何珍视自身性别的女人来说，健硕的鼻子照旧是一件让人避之唯恐不及的东西，因为它彰显的是一种男子气概。

早些时候，男人的健硕鼻子拥有远比今天重要的地位。实在说的话，它几乎可以算是男人取得社会承认的一个必备条件。埃德加·爱伦·坡在这个方面尤其极端，竟至于说出这样的话来："绅士和塌鼻子是两样水火不容的事物。"③ 拿破仑·波拿巴也曾经庄严宣告："我要的是鼻子阔气的男人……需要找人出谋划策的时候，我总是会挑选一个鼻子长的男人，如果他其他方面没问题的话。"

1831 年，人们对长鼻子的偏好险些改变了历史的进程，原因是查

---

① 文中说的这次手术是 2004 年的事情，迈克尔·杰克逊已于 2009 年去世。
② 汤姆·琼斯（Tom Jones, 1940—   ）和奥兹·奥斯本（Ozzy Osbourne, 1948—   ），均为英国当代著名歌手。
③ 埃德加·爱伦·坡（Edgar Allan Poe, 1809—1849），美国著名作家，尤以侦探小说闻名。引文是爱伦·坡写在一本书上的页边笔记。

尔斯·达尔文的鼻子形状，使得"贝格尔号"军舰舰长罗伯特·菲茨罗伊（Robert FitzRoy）产生了强烈的反感。虔信相术的菲茨罗伊认为鼻子的形状可以反映一个人的性格，而且不打算带一个可能跟自己性情不合的人去远航。菲茨罗伊差点儿就没让达尔文上船，因为达尔文脸上长的不是舰长大人喜欢的那种尖尖的鹰钩鼻，他那个圆不溜秋的鼻子清楚地表明，他绝不可能"具备这次远航所需的力量和意志"。幸运的是，菲茨罗伊最终还是发了慈悲，达尔文这才有机会展开这次历史性的航行，由此也才有机会提出演化论的学说。远航归来的时候，这位伟大的博物学家不无讽刺地回忆道，到最后，菲茨罗伊不得不承认："我的鼻子没说实话。"[1]

维多利亚时代的人对相术十分热衷，这种时髦的伪科学将人的面部特征和个性扯在了一起。19 世纪早期，相术还有了一个专门研究鼻子的分支，名字叫做"鼻相术"（noseology）。按照鼻相术的说法，鼻子一共有五种类型：

罗马式鼻子，也就是鹰钩鼻，与果敢坚定、活力四射的性格相对应。

希腊式鼻子，也就是直鼻子，与优雅斯文、爱好艺术的性格相对应。

深思之鼻，也就是扁鼻子，与严肃认真、勤于思考的性格相对应。

隼鼻[2]，与足智多谋、老于世故的性格相对应。

狮子鼻，与软弱促狭、粗野可憎的性格相对应。

---

[1] 本段两处引文均出自《达尔文自传》（*Autobiography of Charles Darwin*，1887）。

[2] 这里的"隼鼻"（hawk nose）又称犹太鼻，指的是又长又窄、鼻梁弯曲如弓的鼻子，与鹰钩鼻有所不同。

艾德蒙德·罗斯坦德著有一部讲述西哈诺·德·贝热拉克生平的名剧①，我们可以从剧中看到古人对小鼻子的厌恶之情。罗斯坦德让剧中的主人公如是宣称："我的鼻子大极了！卑鄙险恶的狮子鼻混蛋和傻瓜们，我要让你们知道，这样的一个鼻子是我的骄傲，因为大鼻子恰如其分地代表着一个友善正派、彬彬有礼、机智诙谐、勇敢慷慨的男人，正是我本人性格的真实写照。"许多人以为西哈诺是作家虚构的角色，其实呢，历史上真的有过这么一个人。真实的西哈诺生活在 17 世纪的法国，既是士兵又是作家。根据传闻，他曾经参加过一千次决斗，就为了捍卫他那个特大号鼻子的尊严。除此之外，西哈诺还描绘过坐火箭上太空旅行的光景，由此成为第一个展开这种想象的作家。② 弗洛伊德多半会对这个事实很感兴趣，因为他肯定能从蕴含其中的长鼻子-火箭等式推导出许多名堂来。

长鼻子世界纪录属于 18 世纪英国的一个马戏团丑角，名字叫做托马斯·维德斯（Thomas Wedders）。此人的鼻子着实非同凡响，长度达到了匪夷所思的 7.5 英寸（19 厘米）。他由此获得了一种简单至极的谋生手段，那就是让大家掏钱来看他的鼻子。

当今世上鼻子最长的男人跟托马斯·维德斯没法比，鼻子的长度只有区区 3.5 英寸（8.8 厘米）。此人名叫默米特·奥泽尤里克，现年 57 岁，是土耳其阿特文市的一名建筑工人。他击败了 26 个竞争对手，赢得了第二届全国长鼻子年度竞赛的冠军。赛事主办方声称，他们的意图是"让人们不再为自个儿的长相尴尬"，至少是就奥泽尤里克的情况而言，他们达到了这个目的。据报道，夺冠之后的他曾经如是表示："世

---

① 艾德蒙德·罗斯坦德（Edmond Rostand，1868—1918），法国诗人及剧作家，最著名的作品即是《西哈诺·德·贝热拉克》（Cyrano de Bergerac，1897），由此改编的同名电影中译为《大鼻子情圣》。
② 这个情节出自西哈诺（Cyrano de Bergerac，1619—1655）的科幻小说《另一个世界：月球城邦及帝国荒诞史》（L'Autre Monde: ou les États et Empires de la Lune，1657）。

上没有哪个人的鼻子比我的更让人惊叹。它真是一件杰作。"

从查尔斯·戴高乐到吉米·猪鼻子·杜兰特①，许多男性名人想必会赞成如下提法：就鼻子而言，大即是美（赞成之外，"猪鼻子"杜兰特甚至为自个儿那个名声在外的猪鼻子买了 5 万美元的保险）。十分硕大的鼻子不光是阳刚之气的体现，更具有阴茎崇拜的意味。人类男性身体正面的中轴线上只有两个长长的肉质突起，一个是鼻子，另一个就是阴茎。不管是有意识的插科打诨，还是无意识的信以为真，人们总归免不了要在两者之间划上象征性的等号。这样的看法已经流传了许多个世纪，在古罗马时代还是尽人皆知的常识。当时的人们认为，男人鼻子的长度反映着这个人的生殖能力。这样一来，"罗马式鼻子"就成了一种特殊的恭维。

在一些部落社会当中，鼻子经常会扮演一个与以上所述截然不同、同时又非常受人重视的角色。按照部落社会成员的看法，鼻孔就是"灵魂的通道"。尽管并不自知，今天的我们仍然是这种观点的俘虏，因为我们一旦看到别人打喷嚏，马上就会说一声"老天保佑你！"。我们之所以要如此这般祝福打喷嚏的人，是因为以前的人认为，喷嚏的力道不可小觑，会驱使一部分的灵魂从鼻孔进出去。到了中世纪，猛烈的喷嚏经常会与某种流行疾疫结伴而来，这样的祝福由此有了更为重大的意义，到今天依然余音袅袅。

在热带地区的一些部落社会，治病方法之一便是把患者的鼻子封起来，目的在于防止疾病造成灵魂出窍的恶果。因纽特人有个风俗，要求葬礼上的吊客用麂皮、毛发或是干草塞住自个儿的鼻孔，免得自个儿的灵魂跟逝者一起上路。在印度尼西亚的苏拉威西岛，人们会把鱼钩穿进危重病人的鼻子，意在钩住病人的灵魂，不让它脱离身体。许多文化都

---

① 吉米·杜兰特（Jimmy Durante，1893—1980），美国歌手、钢琴家及演员，猪鼻子（Schnozzle）是他的绰号。

采纳了堵住死者鼻孔的做法，目的同样是阻止灵魂离开。除此而外，考古学家已经发掘出不计其数的其他例证，由此发现，鼻子是灵魂出窍通道的信仰普遍得让人惊异。这一类的信仰，全都源自这样的一个观念：灵魂与呼吸——也就是生命的气息——之间存在某种神秘的关联。正常情况之下，鼻子里的气息保持着出入平衡的状态，不会让人少掉什么东西。可要是情形换成了爆炸性的喷嚏，或者是垂死之人的痛苦喘息，气息的流动就会从双向变成单向，人们就必须采取各种各样的迷信措施，以防自个儿的灵魂发生意外。

前文已经提到，以前的人还有一种与鼻子相关的观念，也就是说，鼻子的形状可以用作判断一个人真实个性的依据。这种以貌取人的理论只包含一丁点儿的道理，而且还是明显得毫无价值的道理。要是有哪个人长了个特别不一般的鼻子，不管是丑得不一般还是美得不一般，也不管具体是什么形状，周围的同伴免不了会对此人的长相有所反应。难看的鼻子会招来挖苦，好看的鼻子会引起爱慕，无论是哪种情况，鼻子主人的个性总归得受影响。这样一来，说到成年之后的个性，备受嘲弄的丑陋男孩自然会跟众人宠爱的俊美少年有所不同。从这个角度来看，鼻子的形状的确跟成年人的性格有那么一点儿关联，可我们绝不能就此认为，鼻子轮廓的每一个细小差异，全都是性格特征的精确反映。

话又说回来，**鼻子的确能**反映一些重要的情况，那就是人的心绪。跟人脸的其余部分一样，鼻子上也有传情达意的肌肉。至少是在一定的程度上，我们可以通过鼻子的动作和姿态来表达自己的情绪。鼻子虽然远不像眼睛和嘴巴那么能说会道，但还是可以向旁观者发射几种清楚明白的讯号。收缩的鼻子表示厌恶，扭曲的鼻子表示猜疑，抽搐的鼻子表示焦灼，呼哧呼哧的鼻子表示愤怒或者反感，使劲儿吸气的鼻子则表示主人觉察到了某种气味。这仅仅是一个简略的概括，我们却可以由此大致窥见，鼻子究竟能发出多少种讯号。再加上流鼻涕、发鼾声和打喷嚏，人类鼻子的传讯功能差不多就算是列完了。复杂的情绪可能会带来成分复杂的鼻部表情，基本的要素却不外乎前面说的这几种。

除此之外，我们还会用各种各样的方式来触碰自己的鼻子。心怀鬼胎的时候，我们会用手去摸或是揉自个儿的鼻子；苦思冥想或疲惫至极的时候，我们会捏自个儿的鼻梁；厌倦无聊或垂头丧气的时候，我们又会挖自个儿的鼻孔。这些动作无一例外出自本能，全都是自我安慰的表现。具体形式虽然不同，摸鼻子的动作却都有一个共同的意味，也就是此时此刻，这个男人需要一点儿小小的帮助，而且打算反求诸己，依靠自个儿的手或手指的触碰来获取心安理得的感觉。

要是有人问了什么让人尴尬的问题，我们又不想照实回答，往往就会不自觉地抬起手来，开始摸、揉、捏或者摁自己的鼻子。情形就像是我们的手不由自主地展开了行动，打算遮住嘴巴，掩盖谎言。临到最后一刻，我们的手又从嘴巴转向了鼻子，可能是因为我们下意识地觉得，遮嘴巴的动作太过明显，每个小孩子说谎的时候都会这么干。因此，摸鼻子表面上像是因为鼻子发痒，实际上却可能是遮嘴巴动作的伪装版本。

只不过，也有些人声称，每到不得不说假话的时候，自个儿的鼻子真的会发起痒来。这么说的话，摸鼻子的动作也可能是因为欺骗行为会造成瞬间的心理压力，促使敏感的鼻部组织发生某种微小的生理变化。

必须强调的是，下意识摸鼻子的动作，并不是次次都意味着某个人真的说了谎。在有些情况之下，这个动作可能只表示某个人有过撒谎的念头，最后却还是决定实话实说。不过，下意识摸鼻子的动作的确有一个无一例外的共同含义，那就是在动作出现的那个时刻，做动作的人已经被面前的事情弄得心绪不宁，哪怕他们表面上是一副若无其事的样子。这些人的心里波澜起伏，因为他们必须作出一个决定，要么撒谎，要么勉为其难道出实情。摸鼻子这个动作，反映的正是人们在面临尴尬问题时的内心挣扎。

苦思冥想的时候，人们会去捏自个儿的鼻梁，个中缘由可能跟前面说的差不多，是因为鼻子对心理压力起了反应，鼻梁下方的鼻窦产生了轻微的疼痛感。用手指捏住鼻梁有助于减轻疼痛，至不济也可聊表安抚之意。

男性喜欢用鼻子来做一些具有象征意味的动作，女性则几乎从来不会有同样的行为，原因是许多文化都包含一种观念，亦即与鼻子有关的肢体语言，绝不是女人该用的东西。男性的鼻部肢体语言据知超过 40种，其中有不少只适用于某个特定的地区，以下列举的是一些比较特殊的例子：

例子之一名为"鼻子钻洞"（nose circle），做法是把一只手窝成管状，套在鼻子尖上转来转去，一会儿顺时针，一会儿逆时针，看着就跟鼻子自个儿想往手掌窝成的这条隧道里钻似的。鼻子钻洞是对肛交的模拟，鼻子代表阴茎，窝成管状的手掌则代表肛门。这个动作流行于北美地区，意思是说某男是个同性恋，通常带有侮辱的意味。有些时候，动作虽然没变，表达的意思却会发生一点儿小小的变化。赶上这种情形，手掌依然代表肛门，鼻子却不再代表阴茎，只代表鼻子本身。这一来，动作的名称就变成了"拍马屁"，意在指斥某人是个奴颜婢膝的马屁精，为讨好上司不惜使出"舔屁股"的手段，用漫画一般的形象语言来描绘，就是把鼻子往上司的肛门里贴。

私下里，每个人都干过挖鼻孔的事情，但在利比亚和叙利亚，出于故意的挖鼻孔却是个侮辱性的动作。做动作的人会把食指和拇指分别伸进一个鼻孔，然后把两根手指轻轻一甩，指向面前的侮辱对象，就跟要把鼻涕甩到对方身上似的。

在新西兰毛利部落①和其他一些部落群体当中，人们会用鼻子碰鼻子的方式来表示热诚的欢迎。人们经常把毛利人的问候方式说成是用鼻子相互摩擦，其实呢，赶上正式的场合，他们只需要碰碰鼻尖就可以了。这样的动作起源于遥远的过去，那时的人们会探出鼻子，闻嗅归来同伴的体味。我们确实有能力分辨体味，借此识别爱人或亲密伙伴，只不过时至今日，我们不一定能意识到这一点。以前的人之所以要用闻味儿的方式来欢迎同伴，不光是为了确认对方的身份，也是为了检查一下，离别的日子里，对方的体味有没有发生变化。根据最近的科学发现，我们识别他人体味的能力，主要来自鼻子里一个专司此职的小腔室。我们虽然对它探测到的各种体味没有意识，但还是会把这些体味保存在记忆里。用鼻子表示欢迎的并不只有毛利人，在贝都因部落②当中，两个男人见面时也会快速地连碰三次鼻尖，以此互致友好的问候。

擦拭鼻子的动作对大多数人来说只是一种简单的清洁或安抚行为，到东非地区却多了一层特殊的含义。在那里，这个动作可以表达"没关系"或者"不要紧"的意思，并且有一套固定的程序，具体说就是用手在鼻子周围做拧螺丝的动作，继而擦擦鼻子，大声地呼一口气。做这样一个动作，等于是告诉对方，眼前的问题好比鼻涕，最好的应对方法就是一擤了之。

在葡萄牙和西班牙，男人会用食指和中指去捋鼻子，从鼻根捋到鼻尖，以此表示自己身无分文。叫人摸不着头脑的是，荷兰人也做捋鼻子的动作，意思却是指责别人小气，只不过，他们做这个动作只用食指。这两个动作之间可能存在历史渊源，因为在 15 世纪和 16 世纪，荷兰曾经是西班牙人的领地。

---

① 毛利人（Maori）是新西兰的土著民族。
② 贝都因人（Bedouin）是生活在阿拉伯沙漠、叙利亚沙漠、努比亚沙漠以及撒哈拉沙漠当中的一个阿拉伯游牧民族。

叩鼻翼的动作也可以表达不止一种意思，但在大多数地方，这个动作都意味着某人"嗅到了什么苗头"。叩鼻翼大意是让人提高警惕，具体的含义则因地而异，其中之一是"你我必须把共同的秘密保护好，因为别的人会把鼻子伸过来闻"。在比利时的佛兰芒语①地区，这个动作传达的讯息可以是"我知道这是怎么回事，因为我闻见味儿了"，也可以是一种威胁，亦即"我已经嗅出你的歹意，你要是再不收手的话，我就要不客气了"。到了意大利南部，叩鼻翼表示别的某个人嗅觉敏锐，善于发掘事情的真相，意思不是"我鼻子很灵"，而是"他鼻子很灵"。在意大利，同样的动作还有另外一种含义，那就是有人正在周围东闻西嗅，我们必须多加小心。在英国的一些地方，尤其是威尔士，叩鼻翼的动作是一种直言不讳的控诉，起因是你觉得对方"鼻子伸得太长"，干涉到了你的事情。赶上这种情况，动作的意思就变成了"把你的鼻子挪开，少来管我的闲事"。叩鼻翼的种种含义之间存在紧密的联系，与此同时，它这些五花八门的含义告诉我们，即便是一个简单的动作，也会在不同的地区渐渐生发不同的意义。

扇鼻子的动作是一种戏谑的辱骂，男人和男孩都会做，具体方式则是把拇指的尖端戳在鼻尖，竖起手掌，其余四根手指张成扇子的模样，可以原地不动，也可以扇来扇去。有些时候，做这个动作的人还会双手并用，一只在前，一只在后。这个动作源远流长，至少拥有 5 000 年的历史，流行范围覆盖整个欧洲和南北美洲，再加上其他的许多地方。扇鼻子有一个所在攸同的基本含义，那就是对他人表示嘲讽，尽管如此，它最初的起源却是一片朦胧。有的人认为这个动作是对举手礼的歪曲模仿，有的人认为它的创意来自奇形怪状的鼻子，或者是阴茎一般的大鼻子，也有人认为它本意是威胁要朝别人身上甩鼻涕，还有人认为它是以

---

① 佛兰芒语（Flemish）通称荷兰语，流行于荷兰及比利时北部地区。

好斗公鸡的冠子为原型。只不过，由于它的源头实在是太过遥远，谁也不敢说自个儿的看法就是定论。正是因为扇鼻子的手势历史悠久，人们为它发明的说法才比其他任何手势都要多：英语中有"to thumb the nose""to make a nose""to cock a snook""to pull a snook""to cut a snook""to make a long nose""taking a sight""taking a double sight""the Shanghai gesture""Queen Anne's fan""the Japanese fan""the Spanish fan""to pull bacon""coffee-milling""to take a grinder"和"the five-finger salute"[①]；法语中有"Pied de nez""Un pan de nez"和"Le nez long"[②]；意大利语中有"Marameo""Maramau""Palmo di naso""Tanto di naso"和"Naso lungo"[③]；德语中则有"Die lange Nase"和"Atsch! Atsch!"[④]。

在利比亚、沙特阿拉伯和叙利亚，人们会一边摸自个儿的鼻尖，一边说"拿我的鼻子担保!"，以此表明适才所说绝对算数。阿拉伯男性的这个手势相当于对某件事情的庄重承诺，源头则是摸着阳具发誓的古老风俗。做这个手势的时候，鼻子充任的是阴茎的象征性替代品。

在墨西哥，一旦有人把一只手的食指和中指摆成竖直的"V"形，然后又把这两根手指伸到鼻子下方，麻烦就离大家不远了。原因在于，这是一种淫秽下流的侮辱性手势，这时候的鼻子是阴茎的代表，"V"形的手指则代表阴道。

意大利南部的男人有时会把一根手指伸到鼻子一侧，来来回回戳个

① 这些英文短语指的都是用拇指顶住鼻尖的嘲讽手势，中文直译依次为"扇鼻子"、"做鼻子"、"装海鲈鱼"、"拖海鲈鱼"、"扮海鲈鱼"（与海鲈鱼有关的三个短语是英国人的说法，起源不详）、"做长鼻子"、"做怪相"、"做大怪相"、"上海怪相"（此说法起源不详，可能与拍摄于 1941 年的一部美国同名电影有关）、"安妮女王的扇子"（安妮女王是 1702 至 1714 年间在位的英国女王，这种说法产生于她在位的时期）、"日本扇子"、"西班牙扇子"、"扯腌肉"、"磨咖啡"、"转碾子"以及"五指礼"。
② 这些法文短语的中文直译依次为"扇鼻子""扇子鼻"和"长鼻子"。
③ 这些意大利文短语的中文直译依次为"扇鼻子""扇鼻子""扇子鼻""大鼻子"和"长鼻子"。
④ 这两个德文短语的中文直译分别为"长鼻子"和"活该! 活该!"。

不停。这个动作表示"我不相信你",暗含的意思是做动作的人嗅到了什么不对劲的味道,正在努力把臭气从自个儿鼻孔里往外挤。同样是表达厌憎之情,其他地方的男人通常会选择另一种做法,那就是把自个儿的鼻子皱起来。

戴鼻饰的男人虽然少有,倒也不是闻所未闻。一些现代男性喜欢用自残的方法来展示自个儿的勇气和叛逆,有时就会在鼻中隔软骨(septum cartilage)的下端扎个眼儿。鼻中隔软骨是一片薄薄的皮膜,在下端迅速膨胀为一个肉乎乎的柔软隔断,将两个鼻孔分隔开来。把眼儿扎在这个地方,一方面可以最大限度地减小伤害,一方面又可以为尺寸相当不小的金属鼻环提供一个容身之所。赶牛的人给公牛穿鼻环的时候,依据的也是与此相类的道理。

有的男的喜欢朴实无华的厚重鼻环,也有的青睐两端都有小球的杠铃形环饰。有一些鼻饰佩戴简便,这样一来,一旦赶上正式的场合,或者是公司明文禁止身体穿刺,主人就可以取掉鼻饰,或者做一点儿适当的调整。

鼻钉以肉嘟嘟的鼻翼为用武之地,在女性当中颇为流行。男人戴鼻钉的光景时或可睹,但绝非普遍现象。两眼之间的鼻根有相当多的松软皮肤,完全容得下一个扎得不太深的小眼儿,只不过跟戴鼻钉一样,男人用珠宝装饰鼻根的情形也不多见。

鉴于鼻子是阴茎的象征,人们有时会把穿鼻子说成割礼的一种替代形式,但那些穿了鼻子的人是不是本意如此,我们还得打一个问号。

鼻饰最不一般的人物,兴许得算是 16 世纪的丹麦天文学家第谷·布拉赫[①]。学生时代的第谷曾经跟人比剑,不幸被对手削掉了鼻尖,于

[①] 第谷·布拉赫(Tycho Brahe, 1546—1601),丹麦天文学家,著名天文学家开普勒的导师,最大的科学贡献在于通过长期观测积累了大量关于行星运动的准确数据。

是就给自个儿装了个金银合金材质的替代品。第谷生活在一个决斗风行的时代，脸上的伤疤是一种弥足自豪的东西，所以呢，当时的人们看到他的非凡鼻饰，惊诧的感觉肯定不会像现代人这么强烈。即便如此，他的金属鼻尖仍然是一个罕有的奇观。

第七章　嘴　巴

　　人类的嘴唇，实可谓独一无二。随便瞥一眼其他的灵长类动物，你马上就会发现，猿类和猴子都长着很薄的嘴唇。相形之下，人类的嘴唇显得肥厚饱满，原因则是我们留住了胎儿时期的外翻嘴唇。还是个微小胎儿的时候，猿猴的嘴唇也往外翻，但在它们出生之前很久，这样的嘴唇便已经不复存在。我们呢，却会与外翻的嘴唇相守一生。相对而言，这样的势头在人类女性身上表现得比较明显，话又说回来，就连成年男性的嘴唇也拥有相当惹眼的轮廓，以及比周围皮肉更为红艳的颜色。

　　外翻的嘴唇令人类男性受用无穷，既可以帮助婴儿时期的他吸吮母亲那异常浑圆的乳房，日后又可以用于亲吻之类的口部接触，为性活动增加乐趣。跟男性比起来，女性的嘴唇更宽，更饱满，颜色也更红，所以说女性刻意夸大这些差别，以便拥有女人味十足的嘴唇，实在也是顺理成章的事情。反过来，在妆扮或是增大嘴唇的事情上，男性几乎从来也没有心甘情愿的时候，因为他们不想把自个儿弄得女里女气。结果呢，就男性身体的这个部分而言，我们没有什么可写的东西。

　　推广男用唇妆的历次尝试，效果都不是特别明显，但商家还是采取了几次勇敢的行动，以图挖掘这一类男性美容品的市场潜力。有一家公司推出了一款男用唇膏，起初的说辞是它含有"……各种精油和香料提取物……主要的功能是改善情绪，对抗抑郁"。后来他们惊讶地发现，自家的产品竟然还有强烈的催情作用。现如今，公司已经改变宣传口径，把这款洋溢着玫瑰和茉莉花香的唇膏说成了一种"精油燃情化妆品"。说不定，其中的奥妙在于，一旦某位男士大着胆子用上了这款唇膏，嘴里的啤酒味道破天荒变成了玫瑰花香，确实会让女伴产生惊喜交集的感觉。除此而外，这款男用唇膏颜色透明，不会把嘴唇染红，由此更容易得到男性的认可。

世上确实有一种更为极端的男性唇妆，只不过不太常见，之所以鲜有使用，想必是因为身体的这个部位实在是太过敏感。然而，尽管疼得要命，也没准儿恰恰是因为疼得要命，有些男人还是对自个儿的嘴唇下了手，在下唇内侧刺上了文字或图案。这样的刺青通常是看不见的，只有在下唇外翻的时候才会露出来。可想而知，唇上的文字不得不简明扼要。有一个男的下唇上刺着"PAIN"，另一个刺的是"HARLEY"，再一个刺的则是"ROCK - N - ROLL"[①]。三人中的一个还在下唇上扎了眼儿，嵌上了两枚金属唇钉。一点儿也不出奇的是，这一种古怪的妆扮，和"PAIN"字样的刺青同属一人。有个小伙子在唇上刺了骷髅头和交叉腿骨的图案，还有个小伙子更富创意，刺的是女人的双乳。这种妆扮究竟有什么迷人之处，委实让人无从测度，可它的确能昭示一个人忍受剧烈疼痛的能力，同时又怪异非常，足可吸引一些品味独特的同伴。有这么两点好处，兴许也就够了。

一般说来，硕大的唇塞或唇盘只属于部落社会里的女性成员，但在南美尤其是亚马孙地区的一些印第安部落，佩戴这类唇饰的却是男人。他们借唇塞显示各人的社会地位，唇塞的尺寸逐年攀升，部落长老要表明自个儿的高贵身份，靠的也是让人叹为观止的巨大唇塞。例子之一是业已消亡的阿比朋部落（Abipon），他们生活的地方是现今的阿根廷。这个部落的男性成员，全都把装饰精美的唇塞戴在下唇。跟其他部落一

---

① 这三个词的意思依次为"痛苦""哈雷"（哈雷是姓氏，也是著名的摩托车品牌）和"摇滚"。

样，他们的唇塞也是木头做的，考究之处是外面包了一层或银或铜的装饰。

据我们所知，至少是就某些美洲土著而言，穿在嘴唇上的饰物——也就是所谓的"印第安唇饰"（labret）——至少有 3 500 年的历史。之所以可以如此断言，原因在于唇钉唇环都是金属制品，总归会在骸骨的下排牙齿留下一些线索，虽然说尸体腐烂之后，这些唇饰会从头骨上脱落，不光有可能挪动位置，甚至有可能下落不明。我们可以检测古代墓葬里的头骨，辨识金属唇饰对下边门牙造成的磨损，与此同时，骸骨主人的性别也有办法可以弄清。这方面的研究明白无误地告诉我们，在为期至少 1 500 年的一段时间里，"印第安唇饰"不但是男人的专利，而且只属于少数的男人。由此可见，"印第安唇饰"应该是男性显贵的身份标志。

继前述原始部落之后，中美洲的阿兹特克人和玛雅人也有同样的习俗，唇饰仍然是只有地位较高的男性才能佩戴。他们的唇饰极尽工巧，往往是镶有宝石的纯金物件。

从嘴唇进入男性的口腔，我们看到的是 32 颗牙齿，从中间往两边依次是 8 颗门牙、4 颗犬齿、8 颗前臼齿和 12 颗臼齿。平均说来，男性的颌骨要比女性大那么一点点，所以呢，男性的牙齿也比女性大一点点。在今天的人们看来，一口整齐结实、又白又亮的健康牙齿，已经是男人性感魅力的一个必有组分。

有些小伙子不知道天高地厚，声称自己不用靠外来帮助吸引异性，不过，当代的牙科技术十分发达，绝没有为他们疏忽牙齿提供任何借口。尽管如此，从牙科统计数字来看，男人对预防性的牙齿护理还是不怎么主动。最近的一份牙科报告总结得好："人们之所以疏于牙科检查，最普遍的原因之一就是身为男性。"[①] 女人看牙医的热情比男人高得多，

---

① 引文见于普通牙科学会（Academy of General Dentistry）2002 年的报告，该学会成员主要是美国和加拿大的牙医。

通常会定期接受"检查"，男人则往往要等牙齿出现了严重的问题，才会注意到牙齿的存在。

就因为上述的男性偏执，到退休的时候，男人平均会少掉 5 到 6 颗牙齿。要是抽烟的话，少掉的牙齿还会增加到 12 颗。除此而外，男人得口腔癌的几率也比女人高。这种偏执反映了一种现代的大男子主义倾向，潜台词无非是："只有娘娘腔才会为个人卫生问题大惊小怪。女人喜欢粗线条的男人，不喜欢涂脂抹粉的小白脸。"事实呢，这样的看法大错特错。女人兴许表面上可以容忍男人嘴里的烟味或口臭，心底里却非常讨厌这种咋咋呼呼的大男人做派。美国明尼苏达州的亚历山大市有一条相关的法律，禁止男人在嘴里有蒜味、洋葱味或沙丁鱼味的时候跟妻子做爱，做妻子的则可以依法办事，要求丈夫先刷牙后上床。

好些个世纪当中，男人一直喜欢叼着雪茄或烟斗吞云吐雾，用这种恶习摧残自个儿的嘴巴。只不过时至今日，这种风气已经日薄西山。雪茄和烟斗所用的烟草会在嘴里留下一股异常强烈的气味，所以呢，绝大多数女人都懂得顾惜自己，对这两种吸烟方式避之唯恐不及。

20 世纪 70 年代，抽雪茄的男人占总数的 34%，叼烟斗的则是 14%。到了今天，抽雪茄的男人只占总数的 4%，叼烟斗的更是只有 1%。按照人们的看法，这两种人之所以数量锐减，是因为吸烟致癌的观念得到了广泛的传播。不过，我们还是想问一个有趣的问题，世上为什么会有一些成年的男性，非得拿起臭烘烘的雪茄屁股，或者是滴答淌水的烟斗，往自个儿嘴巴里塞。这个问题的答案，跟我们婴儿时期吮拇指的行为有关。如果需要母亲的特别关照，但是又吮不到母亲的乳头，婴儿往往会转而吮吸自个儿的拇指。吸到这个乳头替代品之后，他们就会平静下来。人们有时会用模拟乳头的特制奶嘴来安抚婴儿，道理也在这个地方。啃雪茄也好，叼烟斗也罢，都不过是吮拇指动作的成人版而已，只不过，这两种哄嘴巴的东西还有个额外的好处，可以提供一点温暖的气息，因此便更适合用来替代暌隔已久的母亲乳头。除此而外，正是由于抽烟的行为具有替代乳头的安抚作用，雪茄和烟斗才会比香烟胜出一筹，原因是香烟太细，当替代品的效果并不理想。

以前有许多伟大的思想家和领袖，包括爱因斯坦和丘吉尔在内，都染有啃雪茄或叼烟斗的瘾头。吸烟可以帮助思考，这就是他们给自个儿找的理由。他们都不会把烟吸进去，所以说罹患肺癌的风险非常小。举个例子说吧，抽香烟导致肺癌的几率，400倍于使用烟斗。话又说回来，雪茄和烟斗爱好者终归逃不过以下三种恶果：患口腔癌的风险，身边的人置身云雾的厄运，以及浓烈的口臭。

针对自个儿嘴巴的这种癖好，叼烟斗的人拿出了一篇有趣的辩词。他们坚称，烟斗可以让男人更有耐性，迫使他"……放慢节奏，好好思考。要是某些世界级的领袖人物叼上烟斗的话，我们这个世界肯定会是另外一副模样……希特勒如果叼了烟斗，保准儿会继续当他的艺术家，不会去搞什么政治了"。① 现今的大势是把一切形式的吸烟活动列为非法，倘若烟斗的镇静效果真有这么神奇的话，这样的禁烟潮流，没准儿会带给我们一些不惬人意的未来领袖哩。

男人刻意改造牙齿的做法不算普遍，但也不是闻所未闻。有一些部落的男性会把嘴巴中央的几颗门牙敲掉，为的是让犬齿显得更加吓人。另一些部落的男性则会把门牙锉尖，目的同样是让大张的嘴巴变得狰狞可怖。还有些部落的男性比较注重美观，因此就用宝石或金属来装饰牙齿，具体的形式嘛，通常是用这样那样的方法把装饰品嵌进牙齿。

人类部落的这一类牙齿修饰活动究竟有多长的历史，到现在仍然不得而知。不过，新近的发现表明，早在9 000年前，巴基斯坦地区的原始牙医就已经有了足够的本事，可以在人的牙齿上钻出完美的洞来。只

---

① 引文中的话是美国雪茄及烟斗商乔纳森·罗伯特·菲尔丁公司（Jonathon Robert Fielding & Co）的老板大卫·比赫斯（David Beahrs）说的。

可惜我们并不知道，这些原始牙医往牙洞里填的是什么东西，是药物还是装饰品。

进入现代之后，往牙齿里嵌钻石和黄金变成了男性的一种"炫富"行为，很受美国一些亚文化群体的追捧。早期那些风格斑斓的爵士明星，外加后来的"匪帮"说唱①歌手，都是这种做派的拥趸。1941年逝世的杰利·罗尔·莫顿（Jelly Roll Morton）是爵士圈子里最早的一位大钢琴家，他就在自个儿门牙上镶了一颗钻石，并且引以为豪。可惜的是，在20世纪30年代的大萧条时期，他不得不卖掉了门牙上的钻石。虽然他没能坚持到底，他开创的这股风气却在今天达到了高潮。放眼当代的说唱圈子，牙齿上的珠宝可谓比比皆是。

说唱音乐的歌词通常极其费解，其中一首名为《烧烤架》②。这首歌对男性装饰牙齿的新兴时尚做了一番总结，作者是一个名为"奈利"的歌手。"奈利"可不是女的，这个名字不过是"康奈尔"的简写形式而已③，至于说"烧烤架"这个术语，指的则是"嘴里的珠宝"。奈利在歌中唱道："把珠宝店洗劫一空，叫他们给我做副'烧烤架'。面上得镶满钻石，还得有黄金的托儿。"在接下来的歌词当中，他做了进一步的解释，说这样就可以实实在在"把我的钱摆在嘴里，买一副'烧烤架'。来二十克拉钻石，再来三十个金托子，叫他们瞧瞧，我可是玩真格的"。唱到最后，他如是声明："我的动力来自三十分的钻石，全都是VVS级④。我嘴

---

① "匪帮"说唱（gangsta rap）是20世纪80年代末期兴起于美国的一种说唱乐，带有浓厚的暴力和色情色彩。

② "烧烤架"原文为"grillz"，这个词通常写作"grill"，如今可以指牙齿上的珠宝饰品。

③ "奈利"原文为"nelly"，这个词是几个女用名字的昵称，兼有"娘娘腔"之意。这里的"奈利"是美国说唱歌手康奈尔·海恩斯（Cornell Iral Haynes Jr.，1974—   ）的艺名。

④ 这里的"分"（point）是钻石计量单位，1分等于1%克拉。VVS是"Very Very Small inclusions"或"Very Very Slightly included"的缩写，意为"非常极微瑕"，是衡量钻石净度的一个术语。VVS级是第三档，仅次于FL（完全无瑕）和IL（内部无瑕）。

里这些家什，显然是成功的标志。"换句话说，奈利已经坦白承认，往牙齿上镶钻石，唯一的目的就是炫耀自个儿的财富。

推想起来，这一类炫富饰品之所以独具魅力，是因为它防贼的效果优于手表、吊坠和手镯之类的贵重物件。歌中的"VVS"一词很有意思，因为它表明作者对钻石还挺内行的。

这些嘴巴饰品已经变得太过夸张，所以人们不再用钻眼的办法把它们嵌进牙齿，转而采用了跟牙套一样的佩戴方式。现如今，大多数牙饰都可谓尺寸惊人，竟至于完全遮没牙齿，一旦主人张开嘴巴，令人目眩的光芒就会喷涌而出。购买新的"烧烤架"之前，你必须先做个齿模，然后把齿模和你选定的款式交给供应厂家。实实在在地说，牙饰的款式成百上千，既有"新版圆环嵌方形锆石套装"，也有"光边蓝宝石面套装"。鉴于女性拥有花样百出的指甲装饰，我们似乎可以把牙饰视为指甲装饰的男用版本，区别只是它暂时还不够普及，不像后者那样广泛流行于全社会各个阶层。既然现今的男性对自个儿的嘴巴如此上心，毫无疑问，我们必须摈弃以前的老观念，不能再认为男人的嘴巴"仅仅是一个用来倒啤酒的漏斗"。

男人的牙齿后面有一个多功能的器官，也就是舌头。这片湿答答的肉十分强健，可以品尝珍馐美酒，可以舔湿邮票的背胶，可以帮助咀嚼，可以改进语言的质量，可以清洁口腔，可以用来做下流的动作，还可以让女伴更快地达到性高潮，本领甚至强过阴茎。舌头表面分布着大约 10 万个味蕾，按一种特殊的方式排列在一起。我们的舌尖可以尝出甜味和咸味，舌头两侧可以尝出酸味，舌根则可以尝出苦味。顺便说一下，我们的口腔顶部和咽喉上部也有味觉，前者可以尝出酸味和苦味，后者可以尝出甜味和咸味。

所有人都喜欢美味的食品，餐饮界的一些专业人士更是食不厌精，致力于辨别菜肴滋味的微妙变化，把品尝食物的活动推到了艺术的高度。他们很担心自个儿摊上丧失味觉的祸事，有时就会拿保单来防范这样的风险。美食评论家埃贡·罗内①为自个儿的味蕾买了 25 万英镑的保险，电视主厨安东尼·沃拉尔·汤普森的舌头保单则价值 50 万英镑。有位品酒专家的味蕾身价更高，保额达到了惊世骇俗的 1 000 万英镑。②

这些个临深履薄的舌头艺术家，真应该暗自庆幸，因为对现代人来说，古代那种割舌头的野蛮刑罚不再是一种严重的风险。甚至早在古罗马时代，割舌头就已经是一种绝少施行的罕见刑罚。没错，君士坦丁大帝曾经下令将一名告密者的舌头连根拔除，利奥一世③也曾经极力主张，先对那些杀害一名大主教的凶手施行割舌头的刑罚，然后再把他们驱逐出境。不过，这些都只是罕有的个例而已。借由情节恐怖的《泰特斯·安德洛尼克斯》一剧，莎士比亚给大伙儿留下了一种鲜明的印象，将古罗马时代和割舌头的暴行联系在了一起。④ 他不但让剧中的受害人之一惨遭被人割去舌头的厄运，还让这个可怜人受了这样的一番奚落："好了，要是你的舌头还能派上用场的话，那就尽管去告诉别人，是谁割掉了你的舌头……"

到了现代，涉嫌支持此种酷刑的人只有一个，那就是伊拉克总统萨达姆·侯赛因那个残忍凶暴的儿子，乌代·侯赛因（Uday Hussein）。根据传闻，在伊拉克，总共有 5 个不幸的男人遭受了这样的残害。施暴的

---

① 埃贡·罗内（Egon Miklos Ronay, 1915—2010），匈牙利裔英国美食评论家。
② 根据英国报纸 2003 年的相关报道，这位品酒专家是英国连锁超市索默菲尔德（Somerfield）的酒饮采购主管安吉拉·蒙特（Angela Mount）。该超市为蒙特购买高额保险，意在促进超市的酒饮销售。
③ 君士坦丁大帝（Emperor Constantine，约 280—337），罗马帝国皇帝，306 至 337 年在位；利奥一世（Leo I, ? —461），罗马教皇，440 至 461 年在位。
④《泰特斯·安德洛尼克斯》（Titus Andronicus）为莎士比亚著名悲剧，主人公为同名罗马将军，剧中有将军的女儿拉薇妮亚（Lavinia）遭人轮奸并割去舌头的情节。

凶手是萨达姆的特别行动队，通常的理由则是这些人的舌头犯下了抨击总统的罪行。

　　人类的舌头不光具备品尝、喂饲、讲话和舔舐的功能，还可以传情达意，发送几个眼睛看得见的讯号。这些讯号主要是基于婴儿时期的两种舌头运动，一种是把硬挺挺的舌头往外吐，出现在婴儿吃饱了奶、打算推开乳头的时候，另一种则是用软乎乎的舌头四处探查，出现在婴儿寻找乳头的时候。换句话说，前一种舌头表示拒绝，后一种舌头意在寻乐，同样的道理也适用于成人，体现在他们把这个一般看不见的器官拿出来展示的时候。男人若是全神贯注于某项个人事务，不想让别人打扰，那就会伸出舌头，似乎是在说"走开，我忙着呢"。若是打算撕破颜面，男人也会伸出舌头，以便清清楚楚地表达自己的反感。反过来，倘若色心大起，想实实在在用舌头探索对方的身体，并且不惮于表露这种欲望，男人就会捡起婴儿时期那种四处探查的做法，用软乎乎的舌头在嘴巴周围舔来舔去。

　　除此之外，按照一种相当有说服力的身体联想，舌头便是阴茎的影子。靠嘴巴完成的各种色情动作，往往会把舌头和嘴唇分别演绎成象征性的阴茎和阴道。举例来说，一种十分普遍的挑逗动作便是张开嘴唇，然后慢吞吞地把舌头往外伸，如此往复数次，便可以模拟性交的过程。同样是意存挑逗，南美地区的男性则会嘴唇半开，让舌头在其间慢慢地左摇右摆。

　　打哈欠这个动作，可说是嘴巴最古怪的行为之一。感到厌倦或疲惫的时候，我们经常会不由自主把嘴巴张到最大的限度，同时还会深深地吸一口气。不但如此，任何旁观者都会发现，打哈欠的动作可以传染。一旦有人带了头，转眼之间，整群人便个个手捂嘴巴，呵欠连天。这到底是怎么回事？答案是没有人确切地知道这是怎么回事，尽管相关的一些推测算得上言之成理。打哈欠跟吸气有关的可能性可以排除，因为水里的鱼儿也有打哈欠的举动。按照另一种备选的解释，哈欠是一个通知大家准备休息的信号，含义跟鸟儿归巢之前的某些行为一样。这么说的话，打哈欠就成了一种昭告本人睡意的表演，它对旁人的传染效应也有了一个圆满的解释。可惜的是，只身独处的动物也会打哈欠，所以呢，这件事情一定是另有原因。难不成，哈欠是胸腔和面部肌肉完成的一种特殊伸展运动？打哈欠的动作往往还伴随着四肢和躯干的伸展运动，总体的效果则是心跳速度略有增加，既然如此，我们兴许可以把哈欠解释为人体增加脑部供血的一种尝试。话又说回来，这个答案总让人觉得有点儿不完满，因此我们只能说，到现在为止，哈欠的事情依然是一个有趣的未解之谜。

另一件事情倒没有这么玄乎，那就是人打哈欠的时候为什么会用手去捂嘴巴。人们通常会说，这仅仅是一种礼貌行为，目的是掩盖嘴巴里面的不堪情形。捂嘴的动作源自现代牙科产生之前的往昔年月，因为在那个时节，许多成年人的牙齿都像是一根根又黑又臭的木桩子。这种解释听起来挺像那么回事，只可惜并不符合事实。捂嘴动作的真正源头，必须追溯到久远得多的一个时代，那时的人们深信不疑，嘴巴张得太大的话，灵魂会趁着人呼吸的时候溜出去。所以呢，人们一打哈欠就用手捂住嘴巴，免得自个儿的灵魂提前退席。除此之外，这个动作还可以阻挡邪灵，防止它们抓住门户大开的机会钻进人的身体。以前的一些教派认为哈欠是恶魔耍的花招，因此就没有采用手捂嘴巴的应对方法，转而冲着洞开的嘴巴捻响指，声音越大越好，以便赶走邪恶的魔鬼。即便到了今天，南欧一些地方的基督徒依然会在打哈欠的时候划十字。

没打哈欠的时候，我们也会用手去捂嘴巴，赶上这一类的情形，捂嘴巴的动作就有了一些不同的意义。举例来说，我们可能会一边跟人说话，一边抬手遮挡嘴巴，有时甚至会一直保持这样的姿势。不管是照字面意义来讲，还是从象征意义上说，这都是一个"捂"的动作，意味着做动作的人打算对同伴隐瞒一些事情。这是一个昭示隐匿、推诿或者欺骗的讯号：手捂嘴巴，仿佛是为了挡住自个儿的话语，不让它从唇间漏泄出去。只不过，你可不能就此认为，做这个动作的人一定没安好心。很有可能，做这个动作的时候，他或者她只是想隐藏一些会令你痛心疾首的真相。

亲吻是一个四海流行的口部动作，如今则扮演着双重的角色，既可以表示友好的问候，也可以用作情侣之间助长性欲的一种手段。表示问候的时候，亲吻双方的相对地位不同，嘴唇着落的高度也就不同。地位相当的人会用"平等之吻"作为见面礼，也就是亲吻对方的嘴唇或脸颊。如果碰上地位高于自己的尊长，献吻的人就会去亲对方的手、膝盖、脚或者衣角。赶上极端的情况，献吻的人还只能得到亲吻对方脚下尘土的权利，只不过到了今天，这样的极端情况已经非常罕见。有了人人生而平等的文化氛围，我们往往可以看到卑微者亲吻高贵者脸颊的情景，哪怕双方的地位天差地远。今时今日，男人要想让别人正儿八经地躬身献上吻手之类的大礼，那就得拥有教皇一般的至尊地位才行。

同样是嘴皮子的功夫，吐唾沫跟亲吻截然不同，拥有一段怪异的历史。远古时代，人们曾经认为，吐唾沫是供奉神明的一种方法，理由是唾沫出之于口，因此就包含着人的一小部分灵魂。将这点珍贵的物事奉献给天上的守护者，应该可以换来他们的帮助。这事情蕴含的风险在于，如果敌人搞到了你的唾沫，便可以借此施法，使你遭受巫蛊的荼毒。正是由于这个原因，一些了不起的部落领袖才聘用了全职的唾沫葬师。此人的任务是拿上一个轻便的痰盂，形影不离地跟在领袖屁股后面，每一天结束的时候，还得把痰盂的内容埋到隐秘的地点。

因为唾沫的魔力，许多地方的人都把它用到了立誓订约的仪式之中。在一些国家，买卖成交时往手心吐唾沫的习俗一直延续到了今天。

除此之外，有一些战士也会在上阵之前往手心吐唾沫。战士们的这个举动，背后同样是那套用唾沫换取神灵护佑的远古逻辑，只不过人们早已给了它一个理性化的解释，说这是为了润湿手掌，以便牢牢地抓住对手。

关于"凶眼"的迷信在地中海周边各国广泛流行，抵御"凶眼"的办法则是吐唾沫。要是看到"凶眼"附身的家伙从自己旁边走过，人们就会往地上吐唾沫，免得遭到"凶眼"的伤害。这样一来，吐唾沫渐渐变成了一种公开的侮辱，不再是一个神圣的仪式。久而久之，冲别人吐唾沫演化成了一种表达强烈敌意的象征性姿态，到今天依然如此。

说到从嘴里飞出去的玩意儿，跑得最远的非声音莫属。通常来说，男人的声音可以传出 200 码①左右的距离，但要是赶上寂静的夜晚，人声在平静水面的传播距离就远得让人吃惊，最高可达 10.5 英里。在一些多山的地域，人们发明了各式各样的口哨语言，这样一来，在地里干活的人隔着山谷也能交流。加那利群岛②的戈麦拉岛（La Gomera）有一种名为"希尔博"（*silbo*）的口哨语言，基本上可算是口哨版的西班牙语，只不过是用音高和音调的变化替代了声带的振动。这种口哨语言包括 4 个元音和 4 个辅音，可以组合出 4 000 多个词汇。天气相宜的话，这种口哨语言可以把人们的音讯捎到远达 5 英里的地方。

男性的咽喉要比女人大 1/3，男性声带的长度是 18 毫米（0.7 英寸），女性则只有 13 毫米（0.5 英寸）。就声音的高度和强度而言，人这种动物的性别差异远比其他的大型猿类显著。今天的我们觉得这事情天经地义，可它却是我们这个物种演化历程中性别分化的一个重要步骤。青春期到来之后，男孩的嗓音会变得嘶哑，跟着便迅速趋向低沉，成年后的嗓音频率介于 130 至 145 赫兹之间。女性则终生保持童年时期的高

---

① 1 码约等于 0.9 米。
② 加那利群岛（Canary Islands）是大西洋当中非洲西北海滨的一个群岛，属于西班牙。

The Naked Man   105

调门儿，嗓音频率在 230 至 255 赫兹之间，比男人高八度。笑起来的时候，男女之间的音高差异还会进一步加大。

那么，人类两性为什么会有这种扩大化的嗓音差异呢？这个问题包含两个独立存在的小问题，一个是男人的嗓音为什么变得低沉，另一个是女人的嗓音为什么没有发生同样的改变。有了低沉浑厚的嗓音，成年男性就能够发出更为可怕的吼声和咆哮，借此既可以恐吓同为人类的敌手，又可以驱赶猎物，或者是吓跑掠食动物。培养起肉食习惯之后，转变为全职猎手之前，起步阶段的人类男性用的多半是捡剩饭的手段，也就是聚在一起吓跑那些食肉杀手，然后攫取它们刚刚杀死的猎物。这件事情需要巨大的勇气，还需要紧密的合作。除此之外，在驱赶那些强劲对手的过程当中，较为低沉的吼声肯定也让他们受益匪浅。

成年女性保持着柔美的高音，由此更显得青春稚嫩。跟体毛较少等其他几个特征一样，成年女性的高调门儿也是一种讯号，可以刺激男性的保护欲望。借由孩童一般的嗓音，女性可以让伴侣产生父亲一般的关切之情，在养儿育女的同时提高自身的存活几率。

激烈主张独立的现代女性可能会觉得，这样来解释她们的高音无异于一种侮辱。然而，事实终归是事实，原始时期的女性背负着养育后代的重担，自然得设法为自己和儿女争取尽可能多的帮助和保护。既然稚嫩的特征能从伴侣那里换来父亲一般的呵护，帮助她实现自己的目标，演化历程当然会应答如响，迅速赋予她这一类的利器。

涉及嘴巴的肢体语言，有许多都具有地域性。有些时候，不同国家的人会用略有不同的动作来传达同一个讯息。举例来说，按照通常的看法，表示"安静！"的动作应该是用竖起的食指压住紧闭的嘴唇，可是呢，要表达这层意思的时候，西班牙人和墨西哥人更喜欢用拇指和食指捏紧双唇。在南美洲的一些地方，示意肃静的动作用的是拇指的尖端，从一边嘴角扫到另一边嘴角。根据《圣经》的记载，人们还会把整只手掌捂在嘴上，以此提出噤声的要求。同类动作的沙特阿拉伯版本则是把食指举到唇边，然后再对着指头吹气。

表示吃东西的时候，世界各地的肢体语言大致相同，都是把几根手指撮在一起，做出往嘴里送食物的样子。不过，表示喝东西的肢体语言至少也有两种形式。大多数国家的表达方法都很简单，那就是端起一个假想中的杯子，往张开的嘴巴里倒，与此同时，西班牙流行的却是另外一个版本，因为当地的习俗是用软乎乎的皮壶来喝东西，得把壶举得高高的，好让里面的液体喷到嘴里。所以呢，要表示喝东西的时候，西班牙人就会模拟这个过程，将一只手举到空中，翘起拇指和小指，其余的手指紧紧扣在掌心，然后再把拇指投向下方的嘴唇。古代的西班牙水手曾经造访太平洋，这个动作就在夏威夷留下了一个古怪的后裔。夏威夷人也会做同样的手势，翘起拇指和小指来表示友好的问候，区别在于他们的手不会再往嘴边伸，而是会冲着友人的方向晃来晃去。然而，大多数夏威夷人对这个手势的起源一无所知，尽管他们天天都在不假思索地这么比划。

表示愤怒的口部肢体语言之一是用指甲盖弹牙齿。这个动作是地中海民族的专长，具体做法则是把拇指的指甲放到上门牙的后面，然后再猛烈地弹向前方的攻击目标。不知道什么原因，这个手势呈现出了一种日渐衰落的势头。17世纪的时候，弹牙齿的动作曾经广泛流行于包括英伦三岛在内的北欧地区，功能是羞辱他人，只不过打那以后，北欧地区就再也没有了它的踪迹。到了今天，这个手势以希腊为根据地，同时也在意大利、西班牙和法国南部享有很高的知名度。有一些阿拉伯人也爱用这个手势，另一些人则倾向于用狗拿耗子的动作来宣示怒意，方法是咬住自个儿的下唇，然后把脑袋甩来甩去。

打算夸奖他人的时候，人们经常会冲着赞美的对象亲吻自个儿的指尖。咂嘴的动作本来只能表达对食物的赞美,如今则往往用来称许秀色可餐的女性。呼气加咂嘴的动作曾经只表示某样东西非常辣,眼下也可以表示对某个女子的倾慕之情,意思是她非常的火辣撩人。

希腊人有一种独特的口部肢体语言,往往会让外来的访客摸不着头脑。你要是到了希腊,没准儿会看见某个男人微微张开嘴巴,然后又用食指尖在下唇点上几点。乍一看,你可能以为他是在索要食物,或者是叫对方闭嘴,其实呢,这个动作的意思是他想跟对方聊一聊。

有一些国家认为指指点点的动作粗鲁无礼,于是就用努嘴巴的动作取而代之,具体做法是飞快地把嘴唇往特定的方向努一努,脑袋也朝同一个方向转一转。这个动作还是"指明出路"的一种常见方式,普遍通行于菲律宾、南美及中美部分地区、非洲部分地区和美国等地的许多土著部落。

阿拉伯文化中有一种独具特色的口部额手礼(salaam),可以用来表达友好的问候。他们会用右手的食指和中指飞快地碰一碰嘴唇,跟着就低下头,冲前方轻轻地挥一挥手。这个动作是阿拉伯额手礼最简单的表现形式,全套的额手礼则要求用食指和中指依次触碰自个儿的胸膛、嘴巴和额头。作为一种正式的问候礼仪,额手礼的意思是"我把自己的心脏、灵魂和脑袋奉献给你"。不过,朋友之间用得更多的还是这种只触碰嘴唇的缩略版本,作用相当于西方人的握手礼。

第八章　胡　子

　　胡子是人类男性最显眼的性别标志。史前时期，刀子剃刀之类的精致玩意儿尚未发明，成年男性的脸颊便盖满了又长又密的毛发。这不仅仅是一个性别的标志，更是我们这个物种标示身份的一面旗帜。胡子明明白白地告诉世界，一种可怕的新型猿猴已经开始在大地上游荡。在今天，胡子长度的世界纪录是 17.5 英尺（5.3 米）。这个数字固然是极端的罕例，不过呢，只要连续十年不刮胡子，普通的成年男性也会拥有一个毛脸猿猴的恐怖形象，不费什么力气就可以把其他那些长有髭须或胡子的物种比下去。全然不修边幅的史前男性，集丛生的面部毛发和飘舞的脑颅毛发于一身，想必是动物世界里的一道奇景。

　　进入青春期之后，受了雄性荷尔蒙的刺激，人类的面部毛发便开始缓慢生长。通常来说，成年女性的面部毛发顶多只能长成一层非常细的"桃绒"，远看根本看不出，必须仔仔细细地审视才能发现。与此形成鲜明对比的是，成年男性的嘴巴周围却会长出长长的毛发，把下半边脸、颌部、下巴和咽喉上部盖得满满当当。这些毛发的生长速度大约是每天1/60英寸，也就是说，如果彻底不刮胡子的话，只需要两年多一点点的时间，成年男性就可以骄傲地拥有长达 1 英尺的胡子。进一步说，短短五六年的工夫，男性就能够蓄起一部蓬勃壮观的长髯，掩住自个儿的大半个胸膛。再没有哪个生物学特征（外生殖器除外），能让他的外形与成年女性有更大的区别，再没有哪个物种，能在自个儿的下巴挂出这么长的一件摆设。

　　胡须的质地，跟头发有所不同。头发比较细也比较直，胡须则相对粗糙，下半边脸的线条因之更显劲挺明晰。换句话说，胡须之所以能让我们的面部轮廓发生较比急剧的改变，正是因为它又粗又硬，质地与头发相异。

　　除此而外，胡须的颜色也经常跟头发不一样。有些男的长着浅色的头发和深色的胡须，还有些男的与此相反，情形就跟演化历程喜欢让这两个区域形成对比似的。还有呢，男人上了年纪之后，胡须往往是东一块西一块地变白，不会统一行动。花白胡子最常见的形式是嘴巴下方胡须白，两颊和喉部胡须维持深色。面部毛发颜色有深有浅，这样的特征并不是人类男性的专利，其他许多种猿猴的雄性也是如此。有一些猿猴脸上的深浅区域判然有别，界限远比人类分明，另一些猿猴——比如黑猩猩、白掌长臂猿和狮尾猕猴——的情况则与人类非常相似，同样是嘴巴下方有块白毛，白毛周围毛色较深。男人和猿猴发展出这样一种特征，效果都是让自个儿的嘴巴区域成为注意的焦点。

　　围绕胡子的基本功能，人们已经激辩了几个世纪。依照一种言之凿凿的说法，胡子是一条天然的围脖，作用是为脆弱的咽喉提供保护和温暖。持这种观点的人声称，因为男人必须全天候外出打猎，女人和小孩却只需要舒舒服服地待在部落聚居地的家里，大自然就为勇敢的男人提供了一件专用的护具，让护具下面的皮肤得到冬暖夏凉的待遇。

　　然而，上述理论存在两个重大的缺陷。第一，胡子拉碴的男人既然为其他那些天生无毛的身体部位配备了这样那样的衣物，比如说动物的毛皮，多做件咽喉护具也不会是什么难事，如果他们真觉得这事情那么要紧的话。要说胡子出现在衣物发明之前，那么好，他们就更没有道理只顾咽喉，任由其他部位继续光着。奔走在冰河时期的寒冷清晨，风霜满面的男性猎手若是需要保暖的毛衣，大自然一定会让他们重新拥有整副的皮毛。第二，世界上那些最适应寒冷气候的人类种族，比如说脂肪肥厚的因纽特人，恰恰也是胡须最不茂盛的种族。倘若胡子的作用是给咽喉部位保暖，他们的胡子就该比其他种族都浓密才对。

如果说胡子调节温度的理论好歹包含着些许道理，调节功能的体现也多半是降温，并不是保暖。弯弯绕绕的胡须可以吸附汗水，赶上天气酷热的时候，也许能有效增强汗液蒸发的降温效果。

另一种理论则认为，胡子仅仅是成年男性借以展示身份的一个性别标志，再没有什么别的用场。作为丈夫气概的标志和男人身份的旗号，胡子的功能主要体现在视觉层面。与此同时，胡子似乎还扮演着气味储存器的角色。面部区域有不少制造气味的腺体，毛茸茸的脸庞能够让这些腺体生产的产品得到更好的保存。青春期到来之际，这些腺体初显身手，由此而来的过剩荷尔蒙会使皮肤出现病变，也就是我们所说的粉刺。命运的残酷之处在于，最严重的粉刺，恰恰会长在最性感的小伙子脸上。

胡子不单是表明成熟男人身份的一个视觉信号，还可以使努下巴的挑衅姿势显得更加夸张。怒发冲冠的时候，我们会把下巴往前努；低声下气的时候，我们又会把下巴往回收。男人的颌骨比女人大，下巴又比女人凸，这样一来，哪怕是在完全放松的状态下，他们的面相仍然比女人凶恶。这还不算完，由于胡子的存在，他们的下巴显得更加突出，面相也显得更加咄咄逼人。

有了这样的性别差异，人们便总是把英雄人物描绘成双颌饱满、下巴傲人的模样，又给那些下巴渺小的倒霉男子安上"没下巴孬种"① 的侮辱性称谓，把他们归入娘娘腔之列。反过来，在大伙儿心目当中，女人若是长得地阁方圆，保准儿就拥有强硬粗鲁的个性。即便一些著名人

---

① "没下巴孬种"原文为"chinless wonder"，直译为"没有下巴的怪物"，实指优柔寡断或胆小怕事的人。

物用他们的真实个性提出了反证，这样的印象依然长存不去。现实生活里的许多小下巴男人展现出了十分果决的个性，包括腓特烈大帝①在内，尽管如此，我们还是会不由自主地以下巴取人，对这种古老的生物性别信号产生下意识的反应。

早些时候，人们觉得胡子象征着男性的威权、力量和性能力，使男人显得稳重成熟，引人注目。男人会拿自个儿的胡子起誓，因为胡子是一种神圣的东西。上帝本人就是个大胡子，下巴光光的神明则是无法想象的事情。赶上正式的场合，古埃及的各位法老都会戴上假胡子，以此证明他们的崇高地位和英才伟略，哈特谢普苏特法老②虽然身为女性，照样会用假胡子来显示自个儿的无上威权。

到了今天，胡子拉碴的女士只能让人联想到马戏团的丑角，但在古昔时代，人们却会把神话里的一些母亲女神塑造成须髯飘拂的模样，为的是凸显她们的重要地位。更有甚者，就连基督教会都自豪地拥有一名面上有须的女殉道者。此人名为圣维尔吉福迪斯（Saint Wilgefortis），是一个死在十字架上的童贞女。根据传说，她发誓终生保持童贞，所以呢，她父亲吩咐她嫁人的时候，她便奇迹般地长出了一部胡须。这样的阳刚长相断送了她的婚姻，也让她被大发雷霆的父亲钉上了十字架。到后来，那些希望摆脱凶暴夫君的女人都把她奉若神明。

胡子既然是如此重要的一个男性标志，波斯、苏美尔、亚述和巴比伦等古国的君王便花费无数时间来打理修饰，用上了夹子、烫发钳、染料、香水之类的家什。他们会给自个儿的胡子染色、抹油、熏香、打褶、做卷、上浆，要是遇上了特殊的场合，还会给胡子洒上金粉，穿上

---

① 腓特烈大帝（Frederick the Great, 1712—1786），普鲁士国王腓特烈二世，1740 年至 1786 年在位，是欧洲历史上最伟大的领袖之一，文治武功均称赫赫。
② 哈特谢普苏特（Queen Hatshepsut，前 1508？—前 1458），古埃及第十八王朝的女法老，公元前 1479 年至公元前 1458 年在位。

金线。

以往的一些世纪当中，许多人都觉得剃胡子是一件十恶不赦、令人发指、无法想象的事情。光溜溜的脸蛋，在他们看来离奇怪诞，极不自然。失去胡子是一件令人绝望的惨祸，只有俘虏、囚徒和奴隶才会遭受这样的处罚。脸剃得干干净净，实可谓奇耻大辱。

笃信宗教的人们，往往把刮胡子的举动视为冒犯上帝。"恐怖的伊凡"① 曾说："刮胡子的举动罪恶滔天，用上所有殉道者的鲜血也无法洗清。人的形象出于上帝之手，此举却丑化人的形象。"除此之外，俄罗斯有一句古老的格言：刮胡子等同于毁坏上帝的形象。②

说到刮胡子无异于冒犯上帝，17世纪的英格兰人詹姆斯·布尔沃③也没留任何余地。他曾经写道："胡子是上帝赐予男人的独特礼物，刮胡子的人只会有一个目的，那就是堕落成一个残缺的非人。此举不仅下流无耻，而且忘恩负义，既违背上帝和自然的意旨，又乖离《圣经》的教诲，因为经文有载，我们绝不能毁伤嘴巴上下的荣耀胡须……"④

尽管有这么些力挺胡须的高声呐喊，事实却一目了然，终归有一些男人喜欢以光溜溜的脸蛋面对世界，哪怕在古代也是如此。相关证据表明，剃刀的雏形早在3万年前即已出现。最早的剃刀是用磨尖的燧石做成的，用起来想必苦不堪言。等到大约3 000年前，人类学会了使用金属，这才用上了铁制的剃刀。历史上的某个时候——具体是什么时候我

---

① "恐怖的伊凡"（Ivan the Terrible）亦译"伊凡雷帝"，即俄罗斯沙皇伊凡四世（Ivan IV，1530—1584），1547至1584年在位。"恐怖的伊凡"之称源自他冷酷无情、残忍好杀的性格。

② 按照西方的传统说法，上帝造人时是以自己的形象为蓝本。《圣经·旧约·创世记》有云，"神就照着自己的形象造人，乃是照着他的形象造男造女"。

③ 原文如此。实际上，此处提及的人应该是约翰·布尔沃（John Bulwer，1606—1656）。约翰·布尔沃是英国医生及自然哲学家，出版过5本关于人体的著作。詹姆斯·布尔沃（James Bulwer，1794—1879），19世纪英国的一位博物学者，疑作者因此笔误。

④ 引文出自约翰·布尔沃的《变形人》（*Anthropometamorphosis: Man Transform'd*，1650）。《圣经》中关于不可剃须的训诫见于《圣经·旧约·利未记》。

们还不清楚——中美洲的阿兹特克人独立发明了用黑曜石制成的剃刀，由此具备了刮胡子的条件。

公元前300年左右，古埃及人——至少是其中的精英分子——认为，任何部位的体毛都是污秽不堪的兽性象征。所以呢，祭司阶层的高贵人物每三天就要剃一次毛。当时的埃及人已经取得令人惊叹的科技成就，因此就给今天的我们留下了一些精美的剃刀，有的镀了金，还有的镶着珠宝。然而，鉴于埃及人对胡子的拥戴同样是真心实意，矛盾的局面由此来临。正如前文所说，上流人物采用的解决办法是剃掉胡子，然后用以假充真的冒牌胡子来应付正式的场合。

看情形，刚开始的时候，主动剃须的做法一直局限于某个人数稀少的特殊圈子。有些时候，此举意在昭告他人，自己已经"做了某个神的奴仆"。小伙子们会把胡子献给神灵，以此表示臣服和忠贞；祭司们也会剃掉胡子，借此彰显谦逊的品格。不过，普遍持久的剃须活动似乎起源于古代的希腊和罗马，最初的表现则是一种军中的风习。

据说，亚历山大大帝曾经命令麾下将士剃掉胡子，为的是提高他们在肉搏战当中的生存几率。当时的人们认为，胡子留得太长的话，等于是给敌人提供了一个方便的把柄，在今天的职业摔跤比赛当中，这一层道理依然会时不时得到体现。古罗马士兵也接到了剃掉胡子的命令，用意则是识别身份。有了光溜溜的下巴，他们就可以轻而易举地分清敌我，把自己人跟那些毛茸茸的蛮族对手区别开来。

在罗马帝国的首都，刮胡子变成了一种时尚。为了满足这方面的需求，人们便从西西里岛引进了一些专业的刮脸师傅，师傅们使用的工具，则是一种名为"诺瓦西拉"（novacila）的罗马剃刀。刮脸引发的小型事故据说是不胜枚举，顾客们却仍然乐此不疲，因为那时的师傅跟现在一样，口袋里装满了城市社会的小道消息。

那时候，刮胡子的活动蔚然成风，竟至于变成了成年礼的一个部分。时髦的罗马小伙儿会专门举办一次"胡须首剃礼",朋友们会赶来送礼助兴,主人则会把剃下来的毛发装进金质或银质的盒子,拿去供奉各位神灵。

罗马将军西庇阿①变成了一个刮脸狂,每天都要让人给他刮三次脸。尤利乌斯·恺撒也对自个儿的脸蛋非常上心,但却不敢让仆人拿着剃刀在他的喉头比划,怕的是他们被人收买,一刀结果他的性命。于是乎,他选择了一种枯燥而痛苦的方式,让人用镊子一根一根地钳掉他的胡子。与此同时,他麾下的士兵必须以浮石为工具,把自个儿脸上的胡子磨掉。

刮与不刮这两种势同水火的风尚,既然都在社会上扎下了根,所有的社会群体或文化圈子,便可以自行选择整治胡子的方式,以此表明归顺的意愿,或者是叛逆的立场。11世纪的时候,基督教会分裂成了两个部分。② 那时候,西边的神职人员全都把自个儿的脸剃得精光,为的是跟东边的教会划清界限。这样的区别一直持续了1 000年,罗马天主教会从不曾有过大胡子的教皇,希腊东正教会和俄罗斯东正教会也从不曾有过没胡子的牧首。

有人声称,1066年诺曼征服③的决定性因素,仅仅是一次与宗教有关的判断失误。据说,当时的情形是撒克逊人的间谍把脸上无毛的法国士兵当成了牧师,由是呈上一份错误的报告,把自己人领上了失败的道路。

---

① 这里说的"西庇阿"是古罗马名将小西庇阿(Scipio Aemilianus,前185—前129),他的刮脸嗜好见于古罗马作家老普林尼(Pliny the Elder,23/24—79)的《自然史》(*Naturalis Historia*)。

② 指1054年的基督教大分裂。当时,基督教会因内部的权力斗争而分裂成了以罗马为中心的天主教会和以君士坦丁堡为中心的希腊东正教会。

③ 1066年1月,英王爱德华(Edward the Confessor,1003?—1066)去世。9月,法国诺曼底公爵威廉(William I,1028?—1087)借口爱德华生前曾许其继承英国王位,率军渡过海峡入侵英国。取得对撒克逊人的战争胜利之后,威廉于同年12月自立为英王,号为威廉一世,史称"诺曼征服"(Norman Conquest)。

风气的摆锤在刮与不刮之间来回倾侧，有些时候，摆锤的运行方向仅仅取决于领袖的个人习惯。一位法兰西国王下巴上有个难看的伤疤，于是就蓄上胡子进行遮掩。为了表示对他的景仰，当时的法国男人都选择了胡须满面的形象。一位西班牙国王长不出胡子，全体臣民便以刮得精光的脸蛋向他致敬。

经过几个世纪的演变，刮与不刮的问题变得更加复杂，相关的种种规章制度和惩罚措施，由此便应运而生。有一些宗教团体刮胡子，另一些则蓄胡子。有些僧侣必须每年刮 24 次胡子，也有些是 17 次，还有些则是 6 次。按照某个僧团的规矩，不按章程刮胡子的成员都要挨 6 记鞭子。除此而外，有一些僧侣选择相互剃须，另一些则从无数事故当中吸取了教训，聘用了专业的刮脸师傅。

有一些修道院张牙舞爪地维护自个儿的刮胡子特权，不允许俗世中人追赶神职人员的时尚，并且一口咬定，这样的仿冒行为是一种亵渎。根据一条令人毛骨悚然的相关记载，曾经有一个在俗之人刮掉了自个儿的胡子，由是落下模仿精神导师的罪名，为一个光溜溜的下巴付出了被人挖去双眼的惨重代价。

按照一位历史学家的说法，百年战争①的祸端之一不是别的，恰恰是有个人剃掉了自己的胡子。当时的情形似乎是，法王路易七世②发现自己跟教皇关系糟糕，于是用刮胡子的举动表示悔改。身为王后，阿基坦的埃莲诺③一直没机会仔细研究路易七世的脸，此时却被丈夫的新面貌吓了一大跳，以至于对丈夫退避三舍，搞出一大堆风流韵事。两人离

---

① 百年战争是英法之间的战争，爆发于 1337 年，断断续续打到了 1453 年，是世界历史上时间最长的一场战争。
② 路易七世（Louis VII, 1121—1180），法兰西国王，1137 至 1180 年在位。
③ 阿基坦的埃莲诺（Eleanor of Aquitaine, 1122—1204），当时欧洲最富裕也最有权势的女人之一，1137 至 1152 年为法兰西王后，1154 至 1189 年为英格兰王后。她拥有阿基坦女公爵的头衔，故称。

异之后，埃莲诺带着巨额财富嫁给了诺曼底公爵，也就是后来的英格兰国王亨利二世①。据说，埃莲诺的这次财产转移成为百年战争的催化剂，因为它使得法英双方的实力此消彼长。果真如此的话，这件事情就是个非同寻常的例子，足以向我们证明，刮次胡子也可以导致巨大的灾难。

赶上一些偶然的场合，刮与不刮的选择还可以反映一个人的阶级地位。伊丽莎白时代的英国就是如此，因为当时的政府要求蓄胡子的人交税。要想蓄胡子，每年最少也得缴纳 3 先令 4 便士的赋税。以伊丽莎白时代的情形而论，这可是一个不小的数目。这样一来，胡子就成了上层人物的禁脔，体现着主人雄厚的经济实力。

与此截然相反的是，在另一些情形之下，大胡子会遭遇严重的社会歧视，只有那些最百折不挠、最胆大包天的人才敢于坚持蓄须。1830年的时候，美国马萨诸塞州的一个镇子就有过这么一个例子。镇上的一名男性居民②为自个儿的大胡子吃足了苦头，自家窗子被人砸烂不说，小孩子还朝他扔石头，教堂也不让他参加宗教活动。到最后，有四个男的对他群起而攻之，打算强行剃掉他的胡子。他对来犯的人还以颜色，结果落了个攻击他人的罪名，蹲了一年的监狱。

一般说来，这样的严厉措施完全是画蛇添足，因为大多数男人都会心甘情愿地剃掉胡子，用不着什么外来的激励。只有在军事敌对情绪或大男子主义态度成为社会主流的时候，比如维多利亚时代晚期，大胡子才会大行其道，暂时成为一个社会的仪容规范。

进入现代之后，往昔的种种苛刻规条差不多已经悉数消亡。今天的大多数男人可以在光脸蛋、小胡子、胡茬子和大胡子之间自由选择，不

---

① 亨利二世（Henry II, 1133—1189），英格兰国王，1154 至 1189 年在位。
② 这个人是美国农夫约瑟夫·帕尔默（Joseph Palmer, 1791—1873），他蓄胡子是为了仿效图画里的耶稣和摩西，邻人却认为他古怪邋遢。

需要担心惹祸上身。仅有的例外出现在那些宗教极端分子肆虐的地区，他们至今仍在对人们的外貌实施铁腕控制。在那些地方，衣冠楚楚的宗教狂和虔诚的恐怖分子几乎总是蓄着大胡子，想必是认为这样的一副仪容，可以讨好他们那些神明。

针对那些光下巴的穆斯林，还有人发出了这样的呼吁："我要挨个儿告诉所有的弟兄：蓄起你的胡子吧，因为它可以增进现实世界的兄弟感情……我们能够理解，你的想法是没有胡子更好看，可是，好不好看又有什么关系呢？真正要紧的事情是你在真主眼中的模样。等你下定决心蓄胡子的时候……务必遵循正确的方法，也就是说，要把胡子蓄到拳头那么长。这样的长度才符合规矩，短了不行。"

统治阿富汗的时候，塔利班政权以严刑峻法惩治当地那些胡子不够长的男人，对于光脸蛋的仇恨，在他们手中达到了极致。据说，有一些男人为这项罪名送掉了性命，另一些惨遭痛打，还有些受到了"切除"鼻子的残害。如今，在塔利班影响所及的巴基斯坦部分地区，刮脸的师傅们已经受到了死亡的威胁。

奇怪的是，哪怕你翻遍整本《古兰经》，还是找不出男性穆斯林必须蓄胡子的规定，所以说这条规定的由来，到现在依然不清不楚。另一方面，男性锡克教徒蓄胡子的缘由，倒可以说是毫无疑义。对于锡克教徒来说，蓄长须是教义要求的五大圣事①之一，绝不能有一丁点儿的走样，哪怕是为了适应现代生活的要求也不行。赶上一些特殊的场合，这样的规矩就造成了种种问题。曾经有一位锡克老人住进加拿大的一家医院，那里的一名护士不顾老人的一再抗议，硬是按照正常的医院卫生制度刮掉了老人的胡子，把老人气得发了疯。据报道，出院之后，老人不得不躲进他所属神庙的后堂，因为他无颜面对其他那些来做礼拜的锡克

---

① 锡克教五大圣事为蓄长发长须、携带梳子、戴钢镯、穿特制短裤及佩短剑。

信徒。报道援引老人的话说，医院强行刮掉他的胡子，他的全家都为此蒙受了耻辱。于是乎，老人的家人把院方告上法庭，指控院方侵犯人权，院方则低声下气表示歉意，并且信誓旦旦地宣称："我们的多元文化事务主管已经找那名护士和护士所在小组的全体成员谈了话，给他们做了有关锡克教的培训。"

对于胡子，正统的犹太教徒也有同样苛刻的要求。他们的看法是，按照《塔木德》①的记载，胡子是男人脸上的装饰品，象征着成熟与虔诚，剃掉是万万不行的。他们还说，《托拉》②明文训诫，犹太人"胡须的周围也不可损坏"。所以呢，犹太人里的正统派无不拥有浓密的长髯，外加唇上的髭须。

然而，现代社会的主流态势可谓一目了然：如果可以自主决定的话，绝大多数男人（最接近事实的估计是90%）的选择都会是每天刮胡子，而不是让胡子保持自然的状态。在今天的西方社会，蓄有大胡子的人如果不是宗教极端分子，那就多半是这样那样的社会叛逆。这些人拒绝向剃刀的诱惑俯首称臣，要么是十分看重自身的个性，看重特立独行的生活方式，要么是来自某个大男子主义的群体，打算用胡子昭示男人的侵略性和统治地位，再不然就属于某个特殊的类别，比如大胡子士兵、大胡子水手、大胡子嬉皮士和大胡子艺术家。

气势汹汹的军用须髯，一般说来修剪得十分整齐，表明胡子的主人不光不可一世，而且纪律严明。与此同时，社会叛逆们的大胡子大多处于蓬乱狂野、无法无天的状态，折射着主人对社会习俗和条条框框的

---

① 《塔木德》（*Talmud*）是古代拉比（犹太学者）著作的合集，包括《密西拿》（*Mishnah*）和《革马拉》（*Gemara*）两个部分。它是犹太教的基本法典，为犹太教徒提供了宗教生活的准则和处世为人的道德规范。

② 《托拉》（*Tôrah*）是犹太人的律法，亦即"摩西五经"，是《圣经·旧约》当中《创世记》《出埃及记》《利未记》《民数记》和《申命记》等五部经书的合称。后一句引文即出自《利未记》。

藐视。

今时今日，政治领袖和国家首脑几乎都会把下巴刮得干干净净，因为他们想让大家知道，自己是主流社会的一员。眼下只有一位著名领袖还留着浓密的长髯，那就是古巴总统菲德尔·卡斯特罗。这个人很有意思，因为他不光留胡子，还坚持穿军装，穿的又不是正式的军人礼服，而是野战士兵的服装。靠着这身标志性的装束，他等于是在告诉大家："别看我坐的是总统的宝座，可我的叛逆之心并没有离开外面的战场，战场上炮火连天，压根儿没有刮胡子的时间。"

今天的社会为各位大胡子爱好者提供了许多大胡子俱乐部，这些俱乐部会举办各种国际性的大胡子聚会和竞赛，让毛脸雷公似的一众男人聚在一起交流心得，看看谁的胡子最为壮观。社会上本来还有一些独立存在的小胡子俱乐部，如今也和各色大胡子俱乐部一起，投到了世界大小胡子联合会（the World Beard and Moustache Association）麾下。这样的俱乐部一共有 26 个，分布在 11 个不同的国家，每一年都会齐聚一堂，选出一个新的世界冠军。

许多参赛者都拥有体积庞大、皇皇壮观的本色胡须，另一些却选择标新立异的路线，搞出一些极其复杂的胡须款式，几乎达到了自恋的程度。对于他们来说，蓄胡子不光变成了一种专业嗜好，更是昭示自身极致个性的一份宣言。只不过，这种不同凡响的面部饰品很难打理，总的说来不太方便，因此也就非常罕见。

在这些俱乐部的聚会现场，你可以看到形形色色的胡子，其中最广为人知的兴许得说是以下几种：

络腮胡：特点是鬓脚很长，一直延伸到了下巴下面。

点颔须：特点是别处无须，唯独下巴上留着一撮孤零零的毛。

毛圈子：特点是下巴上的胡子和唇上的髭须在嘴角连为一体，形成了一个圆圈。

加里波第式①：一部宽阔浓密的长髯，与髭须连成一片，底端呈弧形。

山羊胡：留在下巴上的一撮胡子，与公山羊的胡须相似。

凯东式②：一撮山羊胡子，外加从嘴角延伸到下巴底端的两绺胡须。这种款式不允许唇上髭须的存在。

火枪手式：一撮又小又尖的山羊胡子，外加一道又窄又显眼的英国式髭须。

国王式：具体形式可以是下唇下面的一撮胡子，也可以是这么一撮胡子与髭须的组合。

凡·戴克式③：一部浓密的山羊胡子，外加一道两头上翘的髭须。

威尔第式④：一部底端呈弧形的长髯，加上稍稍刮过的双颊，再加十分显眼的髭须。

维京式⑤：一部极其浓密的胡子，彻底盖住双颊、下巴和上唇，让人无法看见胡须下面的皮肤。

话说回来，占总数 90% 的绝大部分男人，成年后天天早上都会产生刮胡子的冲动，这又该怎么理解？他们为什么要这么干？

胡子既然是男子气概的标志，现代社会又没有什么非刮不可的文化观念，刮胡子的举动免不了显得古怪离奇，悖情悖理。时至今日，宗教、阶级和时尚方面的种种古老规矩都已经成为过去，奇怪的是，光溜

---

① 这个名称源自意大利名将加里波第（Giuseppe Garibaldi, 1807—1882），此人就留着这种款式的胡子。

② 这个名称源自电脑游戏《博德之门》（*Baldur's Gate*）当中的角色凯东·费尔康（Keldron Firecam），此人就留着这种款式的胡子。

③ 这个名称源自荷兰画家凡·戴克（Van Dyck, 1599—1641），此人就留着这种款式的胡子。

④ 这个名称源自意大利作曲家威尔第（Giuseppe Verdi, 1813—1901），此人就留着这种款式的胡子。

⑤ 这个名称源自维京人。

溜的脸蛋反倒变成了一种普遍流行的社会准则，并没有停留在地方性奇风异俗的层次。

为什么在这么多的国家里，有这么多的男的想抛弃自己最显眼的性别标志？刮胡子完全是一种自残行为，既不能为身体提供保护，也不能彰显男儿本色。说实在话，此举真的会让男人显得不那么男人。再者说，刮胡子还是件大费周章的事情，算不上什么轻松活计。抛开剃须用品的成本不说，单是看为此消耗的大量时间，代价就已经不容小觑。

成年阶段（姑且按 60 年计算），一个男人如果每天花 10 分钟来刮胡子，最终就会把多达 3 650 个钟头的时间，交托给这件看似无用的事情。按照拜伦勋爵的说法，刮胡子是"一种天天不断的麻烦，累计消耗的时间兴许跟生个孩子差不多"[1]。不过，他这种说法有失夸大：人类的生产过程（他指的是整个孕期）平均需要 265 天的时间，刮一辈子胡子则只需要 152 天。可是呢，我们终归可以不刮胡子，把这 152 天的时间用来干一些更有乐趣的事情。这么说的话，光溜溜的脸蛋虽然乍看起来百无一用，但却一定有一种乃至几种特殊的好处。

根据我们的推测，光溜溜的脸蛋能带来以下好处：

让主人更显年轻。青春年少的男性，脸上都没有胡子。莎士比亚曾在《无事生非》一剧中写道："有胡子的男人青春不再，没胡子的男人不像男人。"[2] 在莎士比亚看来，让男人显得年轻是对成年身份的一种亵渎，然而，今天的社会业已步入一个极度崇拜青春的时期，男男女女无不拼死拼活，想让自己显得尽可能地年轻。所以说刮胡子的作用，就是让成年男性看起来比实际年轻一些。

---

① 引文出自英国诗人拜伦（George Gordon Byron，1788—1824）的长篇叙事诗《唐璜》（*Don Juan*）。
② 这句话出自《无事生非》（*Much Ado About Nothing*）第二幕第一场，是剧中女主人公贝特丽丝（Beatrice）的台词。

让主人显得更讲卫生。胡子是灰尘细菌的容身之地，邋里邋遢的胡子更是如此。17世纪的时候，造访爱尔兰的一名游客发现，当地的男人普遍有拿胡子当餐巾的习惯，会用它来擦拭油腻腻的手指。饶是你吃得小心翼翼，可你嘴唇下边的毛发盘根错节，总难免沾上一点儿汁水残渣。兴许，光溜溜的脸蛋相对比较干净，而且比较卫生。有句古希腊格言是这么说的："**胡子只代表虱子，不代表脑子。**"

让主人更显友善。人类男性如果摆出一种原始的恐吓姿态，胡子就会伸向前方。对于气势汹汹的挑衅架势来说，往前努的下巴是一个关键性的要素，与此同时，浓密的大胡子又可以极大地增强下巴前努的效果。反过来，光溜溜的脸蛋会让人减少许多戾气，增添许多亲切。

让主人拥有更丰富的表情。胡子有助于遮掩面部表情的微妙变化，往往可以藏匿主人的个性，使他显得无动于衷，鬼鬼祟祟。有时候，人们会用"躲在胡子背后"的说法来形容一个男人。与此同时，光溜溜的脸蛋简直是无遮无掩，可以让旁人一览无余。

让主人的体味更好闻。胡子扮演着气味储存器的角色。跟腋下和阴部一样，人的面部也有许多臭腺。除此之外，唾液也携带着一个人的独特体味。面部毛发很容易沾满携有体味的种种物质，而这些物质过不了多久就会酸腐发臭。反过来，光脸蛋的气味可能会好闻一些。

让主人更显温柔。胡子的触感十分粗糙，会让主人的性魅力大打折扣。前戏过程之中，有一些女人喜欢对方面部毛发带来的阳刚感受，但这样的感受不能持续太久，要不然就会使女人的面部皮肤发红作痛。所以呢，对于女人的皮肤来说，刮过胡子的脸是一件更加温柔的物事。当然喽，这种说法只适用于刮得非常干净的脸蛋，因为短茬子的杀伤力比长胡子还要大。

让主人更显坦诚。胡子好比一张面具，可以遮掩男人脸上一些微妙的细节。枝枝蔓蔓的浓密胡须往往会削弱男人的个体特征，使他们的长相彼此混同。除此之外，胡子还会在主人和同伴之间筑起一道心理层面的障碍。相形之下，光溜溜的脸蛋显得比较可信。正是由于这个原因，律师们收到了如下建议："要是碰上了大胡子的客户，你一定要劝他刮掉胡子，不管陪审团的成员都是些什么人，也不管法官是谁。"①

让主人显得更注重自我形象。跟光溜溜的脸蛋相比，大胡子需要的关注要少得多。世上确实有一些蓄须的男人，会花费大量时间来拾掇脸上的毛发，由此拥有一部修剪精细、轮廓整齐的大胡子，但对于为数众多的其他男人来说，浓密的大胡子仅仅是一种懒惰的选择而已。他们的仪容体现着一种马虎散漫的生活态度，与此相反，光溜溜的脸蛋可以留给别人一个高效、干练、严谨的印象。

让主人更具女性特质。刮胡子会造成一种无法避免的后果，那就是让男人的长相变得更像女人。早上起来刮胡子的时候，没有哪个男的会暗自思忖，"这下子我就会更像女人"，可是呢，像女人终归是刮胡子的必然后果之一。光溜溜的脸蛋不那么阳刚，看起来就不那么咄咄逼人，由此也就有助于减少男性之间的竞争。如今有许多人觉得，柔媚是光脸蛋的一个优点，但在过去的一些人看来，这却是一种令人厌憎的特质。詹姆斯·布尔沃②曾经对光溜溜的下巴大兴问罪之师："把自己的长相弄得跟女人一样，在人前展示女人一般的光滑皮肤，说到娘娘腔的表现，还有什么比这种可耻的变形更明显呢？……用光溜溜的脸蛋来仿效那个虚弱的性别，这样的行为何等可耻！"接着他高声怒骂，说刮胡子是"一种荒唐可笑的风气，只会成为众人的笑柄，落下耻辱的臭名……"，顺着同样的一条思路，布尔沃一口气写了 24 页左右。

---

① 引文出自当代美国作家约翰·莫罗伊（John Molloy）的畅销书《成功的穿着》（*Dress for Success*, 1975）。
② 原文如此。詹姆斯·布尔沃应作约翰·布尔沃，引文出自约翰·布尔沃的《变形人》。

说到光溜溜的脸蛋，现代的心理分析家们也没有什么好言好语。按照弗洛伊德的说法，针对梦境象征意义的研究表明，刮胡子这件事情有一种古怪的潜意识含义。胡子形成了一片黑乎乎、毛茸茸的区域，当中又藏着一条长长的红舌头，由此就可以解释为阳物的一个象征。弗洛伊德学派据此认为，刮过的脸等同于阉人的脸，梦见自己的胡子被人刮掉，意味着做梦的人担心自己遭到阉割。一点儿也不出奇的是，弗洛伊德本人就蓄着一部大胡子。

让主人更显循规蹈矩。在以光脸蛋为常规的各个时代当中，遭到社会排斥的人们会特意蓄起扎眼的大胡子。那些个大胡子海盗、大胡子叛军战士、大胡子艺术家、大胡子嬉皮士和大胡子发明家，全都是不乐意循规蹈矩的人物，他们不光拒绝接受社会现状，还要向社会表明这样的态度，方法便是把自个儿的脸弄得跟上流社会的显贵们不一样，差别越大越好。

让主人更显体面。大胡子往往属于那些掉到了社会底层的人物，往往长在流浪汉、无业游民、无家可归者和疯子的脸上。这些人要么是没有刮胡子的工具，要么就是有工具也不会使。他们的大胡子，代表的是极其低下的社会地位。

让主人更显文明。大胡子的人毛多，动物的毛也多，如此看来，毛发髭髯的脸庞只会拉近主人与动物之间的距离。所以呢，刮胡子的举动可以让我们更像"裸猿"，也就是更有人样。古埃及人之所以开始刮胡子，主要的原因就在这里。史前的人类没有剃刀，大胡子是一种无奈的选择，这么说的话，今天的人如果还蓄着一把大胡子，就显得有点儿原始野蛮。既然如此，我们就有了一种下意识的观念，把光溜溜的脸蛋和较为文明的状态联系在了一起。

让主人的本来面目更显鲜明。人们经常用假胡子来伪装自己，由此可知，胡子拉碴的面庞比光溜溜的脸蛋更缺乏个人特色。所以说，光脸蛋更有利于彰显自我身份。

让主人更显温和节制。大胡子经常跟极端的宗教运动扯上关系，举例来说，犹太教哈希德派①就坚守《利未记》载明的训诫，禁止信徒刮掉脸上的胡子。可想而知，诸如此类的宗教关联，难免让胡子本身沾上一点儿宗教狂热和盲从迷信的色彩。反过来，光溜溜的脸蛋则显得比较世俗，比较中庸。

看过了以上这些好处，我们就可以清楚地知道，今天的社会为什么这么流行刮胡子。现在的社会上都是些比较温柔、比较友善的"新男人"，光溜溜的脸蛋远比蓬乱的大胡子适合他们。认真说的话，在今天的人们看来，浓密的大胡子已经越来越像是大男子主义的夸张标志，越来越像是一个气势汹汹的挑衅讯号，越来越具有专横跋扈的味道。与此相反，光溜溜的脸蛋则越来越像是一个文化意义上的和平讯号，选择它的男人希望给人留下友善的印象，不再把炫耀体力优势视为男性的天然权利。换句话说，这样的男性是在用光溜溜的脸蛋发表一篇眼睛看得见的宣言，意在倡导合作，消弭竞争。他们剃掉胡子，等于是告诉同伴："我已经削弱了自个儿的阳刚气概，希望你也能照此办理。这样一来，我们就可以一起工作，一起玩耍，不让那种古老的好斗心理对我们造成太大的影响。"

为胡子说项的人们则认为，蓄胡子可以带来一些好处，即便在今天也是如此。照他们的说法，胡子可以让男人显得更阳刚、更成熟、更有权威。它能让软弱的脸庞变得坚强，让平凡的面孔显出奇崛，给人留下独立、睿智和神秘的印象。纯粹从实际考虑，蓄胡子也可以让主人省下买剃须用品的钱，省下每天早上刮胡子的力气和时间。不刮胡子的男人无需担心在晨间或午后死灰复燃的胡茬子，还可以逃脱刮伤自己的悲

---

① 哈希德派（Hasidism），正统犹太教的一个分支，兴起于18世纪，强调灵性和神秘体验。

剧。胡子可以遮掩脸上的疤痕，补偿谢顶的损失，更有一项附加的好处，那就是给别人额外提供了一样可以抚摸、拉扯乃至吮吸的物事。除此而外，大胡子的男人拒绝向光脸蛋的主流时尚低头，算得上离群绝俗。

让人欣慰的是，生活在今天这个高度发达的世界，大多数男人都拥有自己做主的权利。以往的偏执观念和残酷刑罚已经成为遥远的记忆，就连邋里邋遢的"大牌短茬"① 也得到了大家的宽容，甚至成为某些圈子的膜拜对象。今时今日，男人那张毛茸茸的脸庞可以说花样百出，使我们有机会领略一个更加五彩缤纷、更加崇尚个性、更加引人入胜的世界。

男人的胡子，同样可以用作无声交流的道具，与下巴和胡子拉碴的脸有关的肢体语言，不外乎以下几种：

摸下巴的动作意味着"我正在考虑这个问题"，这种肢体语言是某个往昔时期的遗迹。那时候的胡子是传统上的智慧象征，所以人们喜欢以手捋须，表示自己正在深思熟虑。

胡子可以代表缓慢的生长过程和流逝的光阴，许多种地方性肢体语言都用到了这样的一层象征意义。举例来说，有些时候，德国人和奥地利人会把拇指和食指放到嘴巴两侧，然后就开始捋真实存在或假想之中的胡子。这个动作的意思是："你讲的笑话实在是太老，老得已经长出了胡子。"

在意大利北部和法国，人们会用手背贴住下巴的底部，然后把手往前甩，看着像是在用手背蹭自个儿的胡须。这是个表示厌倦的动作，意思是："瞧瞧我在这件事情上熬了多久，胡子都老长了。"不过，扫下巴的动作如果跟剑拔弩张的架势结合在一起，借用的就是胡子的另外一层

---

① 所谓的"大牌短茬"（designer stubble）是指经过精心设计的短胡茬子，英国足球明星贝克汉姆就用过这种款式。

象征意义，动作的意思也变成了"我要用我的男人气概来对付你！"。如果你觉得某个人在撒谎，或者是招人讨厌，就可以用这个动作发起攻击。原始时期的男性也会用胡子来表示恐吓，这个动作不过是那种远古姿态的现代版本而已。

最后，即便铲除了原始蒙昧的胡须，男人也有机会展示另一个阳刚标志，借此填补胡须留下的空白。男人如果长了个特别突出的下巴，下巴中央就往往有一个小小的凹槽或是凹坑。大家普遍觉得，这样的凹槽非常富于男性魅力——它的魅力着实惊人，以至于迈克尔·杰克逊不惜借助外科手术，给自个儿拉了一道。现如今，你要是没有这样的凹槽，又不怕大老远跑去菲律宾，便可以花区区 450 美元的价钱，请人做一道就是。至于说那些生来就有凹槽的下巴，最出名的例子当数好莱坞影星柯克·道格拉斯（Kirk Douglas）、加里·格兰特（Cary Grant）和约翰·屈伏塔（John Travolta）。

第九章　髭　须

　　剃须之举固然可以让成年男性显得更加友善，更加乐于合作，只可惜也有一个副作用，那就是使他们的长相趋于女性化。私下里，有些男人很为这件事情担忧。这些男人既想拥有年轻的面貌、丰富的表情和干净利落的形象，又想保留那么一点点昭示阳刚之气的毛发，借此对自个儿的性别做一番不太张扬的炫耀。他们的出路是那条著名的中庸之道，也就是髭须。只留下鼻子和上唇之间的一抹胡子，便可以收到两全其美的效果。男人蓄起髭须，一方面是肯定不会被人当成女性，一方面又留住了光脸蛋的表现力和整洁效果。从年龄的角度来看呢，髭须会让人显得成熟，但还不至于造成老迈的印象。

　　许多军界人物都青睐男人味十足的髭须，觉得它既是对男人身份的公开标榜，又和军纪没有半点抵触。他们涂之以蜡，染之以色，修之剪之，捻之捋之，往往把它打造为自身丈夫气概的焦点体现。每个时代都有它独特的髭须款式，从久远时代的上翘式尖梢髭须，到早期电影男主角的铅笔式小窄条，再到二战时期英国皇家空军飞行员的夸张八字胡，如此等等，不一而足。

　　从 19 世纪到一战中期，英国陆军一直有一条规定，那就是不论军衔高低，所有官兵都不得刮去上唇的胡子。这条规定在 1916 年 10 月 6 日宣告作废，将士们这才得到机会，可以在人前展示刮得精光的脸蛋。曾经有人指出，之所以会有这次变革，原因是前线的一些年轻战士长不出像样的髭须。但也有人认为，这是由于战壕里的生活条件太过艰苦，虱子也太过猖獗，出于卫生的考虑，士兵们才不得不尽可能刮净身上的毛发。

在更早的一些战争年代，髭须有时还是军衔的一个标志。身处部伍下层，便只能适当保留一点点髭须，不过呢，随着你在军阶的梯子上越爬越高，有资格享受的髭须规格也就越大越张扬。

按照一种时或露头的说法，髭须象征的是心有余而力不足的男性功能。更有人毫不留情地宣称，男人要是光有髭须没有胡子，性方面一定存在问题。这些说法的依据非常简单：髭须表明主人意欲展示自个儿的男性身份，同时又体现着某种外来的约束和严格的自我克制，因为他做得小心翼翼，把面部毛发限制在了上唇的一块方寸之地。关于髭须的这种阐释不能说毫无道理，但绝不能用作普遍规律。就许多男人的情况而言，蓄小胡子仅仅是跟风的表现，并不是一种个人的选择。

举例来说，髭须的社会含义有时会发生迅速的转变。不久之前，纽约和旧金山就有过一个这方面的经典案例，具体说则是那些较比阳刚的男人放弃了自个儿的髭须标志，把它让给了同性恋的男人。20 世纪 70 年代，纽约和旧金山的男同性恋纷纷留起了小胡子。有一些异性恋的老派硬汉原本也留着小胡子，这时便发现了一件怪事：一些同性恋男人会在大街上追逐他们，向他们毛遂自荐。惊骇之余，他们迅速剃掉了曾经象征阳刚之气的髭须，这两个城市的髭须风尚，从此便进入了一个新的阶段。

有些男人觉得髭须关系到自己的尊严，对它的重视甚至会达到偏执的程度。跟大胡子一样，小胡子也有许多俱乐部，俱乐部的成员也会定期聚会，参与各种甄选最美髭须的国际比赛。这些俱乐部分布在 11 个国家（比利时、法国、德国、意大利、荷兰、挪威、瑞典、瑞士、乌克兰、英国和美国），每年都会在一个不同的城市举办小胡子冠军赛。

八字胡俱乐部（the Handlebar Club）始创于 1947 年，是世界上最著名的小胡子俱乐部之一，成立地点是伦敦苏荷区那家著名的"风车剧院"，具体说则是喜剧演员吉米·爱德华兹（Jimmy Edwards）的化妆室。俱乐部的宗旨当时是、如今也依然是"让小胡子们欢聚一堂……联谊社交，从事体育运动，以及各种吃喝玩乐"。直至今日，俱乐部的成员仍然会在伦敦的温莎堡酒吧举行聚会，还会和世界各地的同类团体——比如马尔莫的瑞典小胡子俱乐部（Svensk Mustaschklubben）、莱利斯塔德的荷兰第一小胡子俱乐部（Eerste Nederlandse Snorrenclub）以及安特卫普小胡子俱乐部（Snorrenclub Antwerpen）——携手组织国际性的联欢活动。

这些狂热的小胡子爱好者有一个值得注意的特征，那就是他们中的一些人会使用欺诈的手段。这倒不是说，有哪个俱乐部成员胆敢拿假髭须来装点自个儿的脸蛋，问题在于组成髭须的毛发虽然不假，但并不是每一根都严格符合长在上唇的定义。有些成员让真正的髭须向两边延伸，最终跟两颊的毛发连为一体，这样才制造出至为壮观的效果。两颊的毛发可以长得非常长，还可以在引导之下朝水平方向发展，最终就使与之相连的浓密髭须显得其长无比，以至于伸出脑袋的范围，从背后都能看见，十分地引人注目。

这种髭须有一个令人叹为观止的样本，主人是现年 62 岁的土耳其人穆罕默德·拉希德（Mohammed Rashid）。此人的面部毛发已经整整10 年不识刀剪，长度达到了匪夷所思的 5 英尺 3 英寸（1.6 米）。为了让自个儿的非凡相貌物尽其用，他正在进行一次环球巡展，按每次 3 英镑的价钱跟人合影。

认真说的话，这种连鬓髭须应该算是髭须和胡子的组合体。更稀奇古怪的是，有一些毛脸男人还对自个儿的整部胡须动了手脚，让它向脸的左右两边水平伸展，光景就像是八字胡掉到了下唇下面。

实际上，小胡子狂热分子们发明了整整一个系列的髭须款式，形形色色的国际比赛也亦步亦趋，为每一种款式设立了单独的比赛项目，以下便是一些最为流行的款式：

狂野西部式：特点是又粗又浓。

傅满洲式[①]：特点是髭须两端又长又尖、垂直向下。

帝国式：特点是髭须两端又粗又浓、弯曲上翘。

海象式：挂在唇上的浓密髭须，往往会盖住嘴巴。

波洛式[②]：整洁的髭须，竖直的两端又细又尖。

鼻髯：极其茂盛的髭须，一直延伸到嘴角下面。

铅笔式：经过精心修剪的髭须，又窄又薄，亦称"唇眉"。

羊排式：特点是髭须与鬓脚相连，下巴却剃得精光。

扎帕式[③]：浓密的髭须，外加下唇下方一小撮方形的山羊胡子。

马蹄式：浓密的髭须，在嘴角垂直向下延伸到下巴边缘，形如一块倒放的马蹄铁。

有一些名人蓄着醒目的髭须，给世人留下了深刻的印象，其中包括众所周知的牙刷式髭须三巨头，也就是阿道夫·希特勒、查理·卓别林和格鲁乔·马克斯。除此之外，萨尔瓦多·达利[④]的髭须也堪称独一无二。达利最为人熟知的面部特征便是他的髭须，打过蜡的长长尖梢翘向天空，看着像某种奇形怪状的收音机天线。有人问他为什么要把髭须弄

---

① 这个名称源自傅满洲博士（Dr. Fu Manchu）。他是英国作家萨克斯·罗默（Sax Rohmer, 1883—1959）在傅满洲系列小说当中虚构的一个中国人，是一个才华卓绝却极度邪恶的罪犯，实际上是所谓"黄祸"的拟人化形象。傅满洲蓄着小胡子，样式如此处所述。

② 这个名称源自英国作家阿加莎·克里斯蒂（Agatha Christie, 1890—1976）笔下的大侦探波洛，他的髭须如此处所述。

③ 这个名称源自美国作曲家、电吉他手及电影导演弗兰克·扎帕（Frank Zappa, 1940—1993），他的髭须如此处所述。

④ 萨尔瓦多·达利（Salvador Dali, 1904—1989），西班牙超现实主义画家，作品以艳丽的色彩和怪诞的形象为特征。

成这个样子，他回答说，他髭须的尖梢别有妙用，可以接收外星人从外太空发来的讯息。还有一回，有人骂他贪财，于是他改口宣称，他之所以留这么两道尖尖的髭须，正是为了把钞票穿起来。

达利享有一项多半是前无古人的殊荣，那便是有人为他脸上的毛发出了一本专著。这本书名字就叫《达利的髭须》（*Dali's Mustache*），书中点缀着由菲利佩·哈尔斯曼①专门拍摄的一些照片。达利那两道声名狼藉的髭须，在哈尔斯曼的镜头下面摆出了一系列稀奇古怪的造型。在其中一张照片里，达利的髭须弯出"S"的形状，跟横在他脸上的两支画笔组成一个完整的美元符号"$"。在其他照片当中，达利的髭须时而被打成一个绳结，时而被压成一支画笔，时而变身为时钟的指针，时而又爬上了蒙娜丽莎的脸。

拍摄过程当中，哈尔斯曼问了达利一些问题，后来还把两人的对答收在了书里。其中一个问题是："按你看，过去这100年当中，共产主义运动的发展势头怎么样？"达利的回答是："从面部毛发的角度来看，这个运动一直在走下坡路。"②

达利的髭须闻名遐迩，主人对它的痴迷也可谓登峰造极，匪夷所思。有一次，俄罗斯作曲家伊戈尔·斯特拉文斯基（Igor Stravinsky）在纽约一家酒店的走廊里碰上了达利，发现他手里拿着一个小小的银质铃铛，看着像是神甫给人做临终忏悔的用具。斯特拉文斯基觉得很是奇怪，于是就问达利，你拿这么个铃铛做什么。达利回答道："我带着铃铛，边走边摇，为的是招呼大家来看我的胡子。"

印度人拉姆纳特·乔德哈里（Ramnath Chaudhary）的髭须长度惊

---

① 菲利佩·哈尔斯曼（Philippe Halsman，1906—1979），拉脱维亚裔美国摄影家，以人像摄影著称。
② 达利这句话应是就共产主义运动领军人物的胡须而言，因为马克思和恩格斯都是大胡子。

人，在世上数一数二。他总是乐于舒展他那条长达 6.5 英尺的髭须，给大伙儿提供一点儿娱乐。照他的说法，他的髭须原本有 11 英尺长，后来赶上他父亲去世，他不得不把它剃掉①，所以呢，他的髭须到现在才刚刚开始恢复往日的荣光。

看情形，印度和长髭须之间确实存在某种关联。卡尔扬·拉姆易·赛因（Kalyan Ramji Sain）的髭须长达 11 英尺 1.5 英寸，印度西部城市阿姆达巴的花甲老人巴达姆辛·朱旺辛·古尔恰（Badamsinh Juwansinh Gurjar）蓄须 22 年，到 2004 年便拥有了长达 12.5 英尺的髭须。拉贾斯坦邦的克姆里镇有位 61 岁的老人，名字叫做巴达姆辛·古尔恰·卡塔纳（Badamsingh Gurjar Khatana），他声称他髭须的长度是 13.5 英尺，足以打破前面那些纪录。他这条髭须蓄了 26 年，也就是每天早上仔仔细细地给它上上油而已，其他都是顺其自然。至于说亚洲人为什么如此迷恋长髭须，卡塔纳的解释是，他村子里的男人都以髭须为豪，因为它是丈夫气概的象征。卡塔纳本人拥有 2 个老婆和 14 个儿女，外加一道壮观的髭须，丈夫气概可以说不容置疑。

说到与髭须有关的肢体语言，人们有两个意义相同的特殊动作，一个是抹髭须，另一个是捻髭须的尖梢。这两个动作都是在拾掇髭须，暗含着准备求爱的意思。意大利男人要是觉得某个女人特别漂亮，就会用这样的动作告诉身边的朋友，自己已经动了春心。捻髭须的动作源自打蜡的髭须随处可见的往昔时期，但却比髭须打蜡的风尚更有生命力。直到今天，脸蛋光光的男人依然会去捻想象之中的髭须尖梢，同伴也依然可以领会其中的含义，即便他们太过年轻，压根儿没见过打蜡的髭须是什么样子。

最后，美国有两条莫名其妙的地方性法律，至今仍然载诸法典，仍

---

① 男性印度教徒为至亲长辈服丧的规矩之一是剃去头发和胡须。

然在影响小胡子们的生活。在内华达州的尤里卡镇，蓄髭须的男人无权亲吻女人，亲了就触犯法律。这一条古怪离奇的地方法规，依据的显然是髭须携带病菌的观念，具体条文如下："鉴于髭须是一种众所周知的病菌载体，经常亲吻他人的男子不得蓄有髭须。"除此而外，亚拉巴马州明文规定，"佩戴使人发笑的假髭须进入教堂，属于违法行为"。

第十章　脖　子

　　人类男性的脖子比女性短，比女性粗，还比女性更有力量。演化历程之所以促成这样的差异，多半是因为原始时期的男性猎手得从事制服大型猎物的危险行当，需要拥有一个不那么容易折断的壮健脖子。到如今，这脖子相对强劲的力量已经没多少用武之地，只不过依旧可以决定冠军级拳手或摔角选手之间的输赢。与此同时，人们仍然在使用"牛脖子"和"天鹅颈子"之类的说法，借以强调男人和女人的颈部差别。

　　从解剖学意义上说，脖子称得上多才多艺，它是座不可或缺的桥梁，把至关重要的脑袋跟身体的其余部分连在一起。进了我们嘴巴的每一样东西，都得从这条狭窄的通道前往胃部，大脑发出的每一条讯息，都得从颈项奔赴身体的其他地方，我们吸入的每一缕空气，都得从颈项进入肺叶，心脏泵向大脑的每一滴鲜血，也都得取道颈项。除此而外，我们的脑袋不管是偏是转，是点是摇，每一个动作都得靠强健的颈部肌肉才能实现。由此可知，脖子好比一幢井然有序的紧凑住宅，收纳了我们的食道、脊髓、气管、主要的动脉和静脉，以及一些复杂的肌肉组织。所以我们很容易想象，"吊索上颈"和"以颈就砧"之类的短语，为什么会有如此险恶的意味。

　　尺寸有别之外，两性颈项最显著的差异在于男人脖子上有一个非常突出的喉结，也就是咽喉部位那个看得见的鼓包。相形之下，女人的喉结要小得多。对于那些靠假扮女人讨生活的男人来说，这个由喉部软骨形成的鼓包是最难掩盖的男性特征之一。

喉结俗名"亚当的苹果"（Adam's apple），个中缘由不难猜想。按照早期的民间传说，上天之所以要在男人的咽喉部位安排这么一个鼓包，正是为了让他们时刻记住亚当的原罪。具体说来，亚当的原罪不是别的，就是把夏娃给的苹果吃了下去。据说，亚当刚咬了这枚禁果第一口，禁果的一部分就永远卡在了他的喉头，再也无法消除。实际呢，《圣经》所载的伊甸园故事，压根儿就没用"苹果"这个词。尽管"苹果"一词是后来的发明，"亚当的苹果"这个名称却我行我素，一直流传到了今天。

男人身体上之所以有这么一个特别显眼的突起，原因正如我们先前所说，在于男性的声带长达18毫米，女性则只有13毫米。与此同时，男性的声带还比女性厚一些，结果呢，作为收纳声带的容器，男性的喉头比女性大了30%左右。再加上男性喉头所处的位置要比女性稍微低一点点，由是就显得更加突出。喉头尺寸的差别，要到男孩进入青春期之后才会表现出来，这时候，男孩的声音会变得低沉沙哑，频率从开初的230赫兹至255赫兹，渐渐下降到130赫兹至145赫兹。这样一来，人类男性就可以发出振聋发聩的深沉咆哮，从很远的地方都能听见。

对于短兵相接的运动员来说，强健的脖子是一份价值无可估量的财富，有助于防止主人严重受伤。"你的颈子难道是铅笔做的？"一名教练用教练们惯用的低沉嗓音吼道，"如果是的话，你该拿你衣领里这根牙签儿一般的该死玩意儿怎么办呢？"教练随即给出答案，要求运动员好好锻炼颈部的四个主要肌群，务必把铅笔颈子变成所向披靡的牛脖子，就算不能粗得超过脖子上方的脑袋，至少也得跟脑袋一样粗。这里说的四个肌群分别是：负责把脑袋往两边转的回旋肌群（rotators）；负责让脑袋往下埋的屈肌群（flexors）；负责让脑袋往两边偏的侧屈肌群（lateral flexors）；以及负责让脑袋往后仰的伸张肌群（extensors）。

即便你已经把脖子练得足够强健，它还是可能在你跌倒或脑部遭受重击时突然折断，随之而来的后果可能是当场死亡，也可能是严重瘫痪。近些年里，公众所知最悲惨的一个例子，莫过于超人扮演者克里斯托弗·里夫（Christopher Reeve）遭遇的那次事故。里夫热衷马术，身体也十分壮健。1995 年，他参加了一场障碍赛马。跑到第三道栅栏的时候，他的马突然来了个急刹车，致使他一头栽到地面，摔断了两根颈椎，脊髓也严重受损，从此便再也不曾行走。事实上，他几乎是再也不曾动弹，连转一转脖子都做不到。

1991 年，美国橄榄球运动员迈克·尤特利（Mike Utley）在赛场上遭遇剧烈冲撞，由此摊上了同样的厄运，但还是勉力竖起两根拇指，做了个浑不吝的手势。几个月的治疗之后，他的下肢恢复了部分知觉，于是他创办了一个基金会，旨在帮助其他那些不幸瘫痪的运动员。冰球明星史蒂夫·摩尔（Steve Moore）与尤特利同病相怜，在比赛当中遭到对手攻击，以至于摔断脖子，职业生涯就此告终。

上文中的三个男人都可谓极其强壮，他们不幸受伤的事实告诉我们，我们的脖子是多么的重要，同时又是多么的脆弱。话又说回来，脖子折断的后果很难预料，可能是当场死亡，可能是全身瘫痪，可能是局部瘫痪，也可能仅仅是脖子痛而已。颈骨折断的时候，后果的严重性完全取决于脊髓的受损程度。有那么几次，断了脖子的运动员仍然能继续比赛，就跟没这回事一样。寇特·安格脖子断了，照样拿到了奥林匹克运动会的金牌。[①] 曼彻斯特城队的守门员伯特·特劳曼（Bert Trautmann），也有这方面的著名事迹。1956 年的足总杯决赛当中，特劳曼在终场前 15 分钟摔断了脖子，尽管如此，他依然坚持到了比赛结束的那一刻。

[①] 寇特·安格（Kurt Angle, 1968— ），美国演员及职业摔跤选手。1996 年亚特兰大奥运会期间，他在颈部严重受伤的情况下夺得了重量级摔跤金牌。

更近的例子出现在 2003 年，主角是特立独行的摇滚明星奥兹·奥斯本。事发当时，奥斯本让"重金属"一词有了一个全新的意义，因为有那么一块重金属砸到了他的脑袋，具体形式则是他那部四轮摩托。幸运的是，尽管他跟那些强壮无比的运动员差了十万八千里，也没有百炼成钢的颈部肌肉，但他的脖子还是痊愈如初，并没有造成瘫痪。奥斯本的遭遇凸显了一个事实，那便是脖子折断的后果无从预料，严重与否全凭运气。

以上事实还可以说明，20 世纪上半叶，那些个"人道的"绞刑吏为什么要煞费苦心，把自个儿的活计做成一次力道强劲的"坠落"，借此保证受刑者须臾毙命。长距离坠落的绞杀方法会使犯人脖子弯折，脊髓断开，即刻达到处决的目的。在此之前，公开执行绞刑的做法十分流行，绞刑吏们用的是短距离坠落的绞杀方法，目的是让受刑者窒息而死。这个过程比长距离绞杀缓慢得多，对围观的人群来说也更有娱乐价值，因为他们喜欢看受刑者在空中疯狂挣扎，还没心没肺地称之为"绞刑吏的角笛舞①"。直到今天，伊朗伊斯兰共和国依然在举行这种野蛮的公开表演，会使用马力强劲的伸缩臂起重机，将受害人高高吊起。

转到另一个伊斯兰国家，也就是沙特阿拉伯，男人的脖子仍然是公开处决的主要看点，具体方法则换成了用剑斩首。往昔时代的欧洲曾经采用斧劈颈子的刑罚，效率却低得可怜，经常都得劈那么好几下，才能把脑袋彻底砍下来。到最后，一位名为吉罗廷②的仁慈医生不得不推出一种更为高效的方法，具体说就是让一把沉重的锋刃从很高的地方猛然下坠，落到死囚的后颈。他本以为这样就可以让死亡顷刻来临，只可惜

---

① 角笛舞（hornpipe）是自 17 世纪晚期开始在英国等地流行的几种舞蹈的合称。
② 吉罗廷（Guillotin, 1738—1814），法国医生，首先倡议用机械的断头台来处决死囚，认为这是比较人道的一种做法。吉罗廷对死刑持反对态度，也不是断头台的发明者，但由于断头台的倡议由他提出，法文和英文都用他的名字来表示"断头台"的意思，下文中的"吉罗廷"便是指断头台。

实际的情况并非如此。"吉罗廷"十分高效，脑颅在斩首过程中受到的损伤相对较小，结果是砍下来的脑袋继续存活，时间可以长达7秒，因为斩首导致的脑部血压急剧下降，需要这么长的时间才能使人失去意识。所以呢，在法国的公开斩首现场，观众经常声称他们见到了咄咄怪事：落了地的人头嘴部还有动作，眼珠子还在转，眼皮也还在眨巴。

诸如海地伏都教①之类的神秘宗教认为，人的后颈是灵魂的栖居之所，换句话说就是脖子宝贵无比，必须受到特殊的保护。由此我们不难想见，在变成纯粹的装饰品之前，项链的价值在于何所。刚开始佩戴项链的时候，人们的如意算盘是项链具有一种特殊的功能，可以抵御"凶眼"之类的恶灵，不让它们伤害这个至关重要的人体部位。

进入现代之后，装饰性的项链在很大程度上变成了女性专用的物品。几个世纪以来，大多数男人渐渐转向另一种颈部装饰，也就是领结或领带。弗洛伊德的信徒始终认为，领带是阴茎的象征，至于说领带色调的明暗选择，则是主人性态度的一种下意识反映。有人曾经指出，"V"形的领带末端好比一个箭头，正好指向真实的阴茎，似乎是在提醒我们，不要忘了领带的真正含义。

一些女权主义者认为，领带不停地摇来摆去，等于是在吹嘘男性阴茎的尺码。德国某政府部门的女主管甚至发布了一条命令，要求本部门的男性文员摘掉脖子上的领带。事实证明，她这条禁令非常地不受欢迎。

另一些人则认为，领带象征着既有体制的僵化统治。一位评论人士抱怨道："领带时刻提醒佩戴者，你的老板……把你的脖子捏在手心。领带的功能，跟牛鼻环和马嚼子没什么区别。领带就是套上脖子的一根

---

① 伏都教（voodoo）是由罗马天主教和西非原始宗教混合而成的一种宗教，主要流行于加勒比海地区，尤其是海地。

绳索，好比拴狗的松紧项圈，不啻向别人表示，自己时刻乐意接受奴役……"① 另一位评论人士也表达了相同的观点："对于那些系领带上班的人来说，领带完全是一种负担……它体现了什么才叫真正的不舒服，因为它对我们大家赖以呼吸的管道造成了轻微的压力，时刻提醒我们，系上领带，我们就变成了资本主义的终身奴隶……它是顺民心态的极致体现。"

这样看来，男人系上脖颈的领带可不仅仅是件装饰，似乎还承载着两种大相径庭乃至相互矛盾的象征意义：一方面是神气活现的阳物炫示，一方面又是卑躬屈膝的奴性标志。由此可知，如果一个男人摘掉领带，换上一件开领衬衫，既可以是为了表示谦逊，也可以是为了表示反叛，还有可能，他这个举动仅仅是为了给脖子留出更大的空间，让自个儿舒服一点儿。

不容否认，男人戴项链的风气偶尔会有复兴的势头，只不过拥趸有限，通常只包括一些特殊类型的男人，比如 20 世纪 70 年代的"奖章男"（medallion man），90 年代的"闪闪男"（bling bling man），以及 21 世纪的"新好男人"（metrosexual）②。"新好男人"的定义是"与自己内心的女性一面藕断丝连的异性恋男性"，实际上就是以前那种花花公子的现代版本。这种男人对仪表的注重达到了自恋的程度，佩戴首饰自然是题中应有之义。他们的首饰包括项链，但他们的项链款式，一般不会像"奖章男"或"闪闪男"前辈那么夸张粗鄙。

70 年代"奖章男"的定义是："通常年纪较大、喜欢按一种自以为吸引女性的方式打扮自己的男人。这样的男人往往穿一件敞胸衬衫，以

---

① 引文出自《华盛顿邮报》于 1994 年 12 月 23 日刊发的文章《胜出者是……》（*And the Winner Is . . .*）。该报举办了一次"男人为什么系领带"答题竞赛，并以《胜出者是……》一文揭晓竞赛结果，文中列举了一些参赛者提供的应征答案。

② 这个称谓的英文实际上是由"metropolitan"（都市的）和"heterosexual"（异性恋）二词组合而成，"新好男人"是中文里的通常意译。

便展示自个儿的胸肌，以及为数众多的黄金首饰。"在沦为众人的奚落对象之前，"奖章男"有一个最为典型的代表人物，那便是《阁楼》杂志①的创办人鲍勃·古奇奥内（Bob Guccione）。

"闪闪男"的传统源自美国的说唱文化和嘻哈文化，首选配饰是"纯银狗牌"和"晶钻十字架"之类的耀眼物件。"闪闪"（bling bling）一词出现于 90 年代晚期，是新奥尔良一名说唱歌手的发明，这名歌手创作了一首名为《闪闪》的歌曲，使"闪闪"变成了美国人家喻户晓的词汇。②从那以后，佩戴这一类昂贵招摇首饰的风气渐渐席卷职业拳坛，举例来说，臭名昭著的拳赛推广人唐·金（Don King）就"拥有各式各样的镶钻十字架⋯⋯加上两条带有皇冠标志的著名项链，大的那条坠子上镶了颗四克拉的钻石，链子长 36 英寸，由白金镶钻的子弹形链环连缀而成"③。倘若项链果真具备古人所说的保护力量，唐·金肯定得是个金刚不坏的人物。

另一种颈部装饰并不是珠宝店发售的货品，而是文身铺子的杰作。当然喽，这样的永久性标记比较少见，个中缘由也相当明显。不想让人看见的时候，主人可以把胳膊、胸口、背部或腿部的文身藏到衣服下面，脖子上的文身却没有什么顾忌场合的观念，总是会从衣领上方或头发底下探出头来。

足球运动员大卫·贝克汉姆的后颈刺着一个带翅膀的十字架，兴许可算是最著名的脖子文身。他本意是想用这个文身充当护符，为他的孩子提供保护。可是呢，在他第一次公开展示这个文身的时候，媒体的反应一定让他十分扫兴。有一家报纸给他安上了小流氓的头衔，另一家则

---

① 《阁楼》（*Penthouse*）是美国的一本著名成人杂志。
② 这里说的是新奥尔良说唱歌手 BG（Baby Gangsta, 1980—　）及其 1999 年专辑主打单曲《闪闪》（*Bling Bling*）。
③ 引文出自英国《卫报》2005 年 1 月 9 日刊发的文章《"闪闪"如何风靡拳坛》（*How Bling-Bling Took over the Ring*）。

说他的模样活像个地狱天使飞车党①。没过多久，他就把自个儿的寸头换成了一款长得多的发型，遮住了这个招人讨厌的标记。又过了好一阵，文身的闹剧已经归于沉寂，他这才重新留起了寸头。

脖子还卷入一些稀奇古怪的性活动，在其中占据了显眼的位置。有一些男的胆大妄为，放手探索性爱游戏的黑暗一面，由此发现，如果压住某人脖子侧面负责脑部供血的大动脉，就可使之晕眩迷乱，易于接受他人的性暗示。当然喽，其中奥妙不过是受害人的大脑开始缺氧而已。受害人一旦陷入这种状态，就会答应一些神志完全清醒时不会答应的性要求。

这当然是一种非常危险的做法，原因在于，稍微做得过火一点儿，就会死亡。有鉴于此，你可能会认为，只有那些残忍野蛮的强奸犯才会这么干；不幸的是，控制得当的话，这种做法还会带来相当大的性快感，因此就并不是那么罕见。事实上，为了获得更加强烈的性享受，今天已经有越来越多的年轻男人用上了半窒息（partial asphyxiation）的手段。他们会用绳索套住对方或自己的脖子，然后收紧绳索，借此求取所谓的"缺氧欣快"（hypoxic euphoria），也就是一种丧失自控、头晕目眩、飘飘欲仙的状态。这种欣快状态据说能增强性高潮时刻的快感，所以对那些喜欢玩火的人产生了无法抵挡的吸引力。

有些男人发现，一旦迷上了这种做法，久而久之，自己就很难找到性兴奋的感觉，**只有**进入半窒息状态才行。此种病态学名"性窒息依赖"（Asphyxiophilia），俗称"卡脖子成瘾"②，经常会致使瘾君子死于非命。原因在于，重复的次数太多的话，总有一次会不小心做过了头。

---

① 地狱天使飞车党（Hell's Angel Motorcycle Club）是一个国际性的摩托车犯罪团伙，该团伙的标志名为"死亡之首"，由一颗小小的人头和一只巨大的翅膀组成。

② "卡脖子成瘾"原文为"scrafing"，是英文中的俚语新词，指自我窒息以求性快感的行为，可能是由"scrag"（卡脖子）和"scarf"（围巾）二词演变而来。

每年都有数以百计的年轻男人，为这件事情丢掉自个儿的性命，新近就有一个著名的例子，事主是摇滚明星迈克尔·哈钦斯（Michael Hutchence）。人们刚开始以为他死于自杀，因为他死在悉尼的一家酒店里，吊在自个儿卧室的门上，用的也是自个儿的皮带。然而他并没有自杀倾向，也没有留下遗书，当天晚些时候还安排了活动，死的时候又是身无寸缕，有鉴于此，事情的大致结论正如一则报道所说："他死于一次意外失控的性窒息，那是一种危险的手淫方法。"几年之前，英国的一名保守党男性议员猝然身死，死状与哈钦斯大同小异。这名议员死于窒息，死的时候脖子上拴了根电线，脑袋上罩了个黑色的垃圾袋，身上只穿着长丝袜和吊袜带，种种特征无不"与自我刺激的性活动相吻合"。

　　说到肢体语言，从颈部发出的讯号共有两类，第一类是单手或双手接触脖子的动作，第二类则是颈部肌肉收缩所导致的头部运动或头部姿态。以下是一些较比有趣的第一类颈部肢体语言：

　　首先是抓脖子，也就是把一只手伸到脖子侧面紧挨耳背的地方。突然间出了什么大问题的时候，人们就会做出这种自我安慰的动作，一把抓住自己的脖子，似乎是打算自己给自己一个宽心的拥抱。这个动作相当普遍，但却在犹太人聚居区最是盛行。

　　在中东，男人如果用一只手轻轻叩击自个儿的后颈，意思是他觉得某个旁人是同性恋。

　　用食指轻弹别人的后颈，这样的肢体语言是一种东欧特色。这是个男人对男人的动作，意在请对方过来喝一杯，但只适合老朋友之间的交流，用到陌生人身上就属于无礼之举。

　　抹脖子的动作意在恐吓，做动作的人虽然是在冲自己比划，想的却是用这个动作对付别人。他会举起挺直的食指，沿水平方向划过自己的脖子，一如用刀子抹过别人的喉咙。这个动作的变体是以平放的手掌边缘替代食指，在电视摄影棚里用得非常普遍。预定时间到了的时候，人们往往会用这个动作来提醒发言人赶紧结束，否则就要切掉他的镜头。

抓喉咙是又一个项庄舞剑意在沛公的动作，具体含义则因地而异。在许多地方，这个动作透露的是"我要掐死你"的意思。但在另外的一些地方，同样的动作却可以用来表示自杀，意思可以是做动作的人自个儿想要寻死，也可以是叫别人去自寻了断。在意大利，抓喉咙的意思多半是"我已经受够了"，或者是"我再也受不了了"。在南美，这个动作可以表示某人已经遭到逮捕，即将面临牢狱之灾，也可以是一种警告，意思是眼下的勾当会导致银铛入狱的后果。到了北美，抓喉咙又成了运动员形容自个儿表现糟糕的动作。此外，美国红十字会建议把这个动作列为一个正式的求救讯号，用来直白地表示有人处于窒息状态。照他们的说法，你要是被食物卡住了喉咙，就应该用这个自扼咽喉的动作示警求救。问题在于，既然这个动作在世界各地拥有这么多不同的含义，别人不一定能正确领会你的意思。当然，在旁观者努力揣测你的疯狂动作用意何在的时候，你完全可以用憋得发紫的脸膛来消除可能的误会，原因在于，很少有人会误读这样的讯号。

除了这些以手加颈的动作之外，还有一些无需动手的颈部肢体语言，具体说就是颈部肌肉按各种不同的方式进行收缩，让脑袋做出各种不同的动作，比如点头、摇头、低头、扭头，如此等等。第二类颈部肢体语言总共有 20 多种，以下则是几个比较重要的例子：

点头的时候，脖子驱使脑袋沿垂直方向上下运动，可以只点一次，也可以连点几次，可以是上行下行力度均等，也可以是下行力度略强于上行。这是最常见也最普遍的一种赞成动作。有些文化还用其他一些动作来表示同意，但我们依然可以得出这样的结论：一旦有人点头，意思就必然是"是"。点头的动作通行全球，根据古代旅行家的见闻，一些从未接触西方文化的偏远部落，同样在用点头表示许可。

关于点头这个动作的起源，人们有两种说法。按照第一种说法，点头是鞠躬的变体，也就是经过大幅度简化的躬身动作，本意是表示顺从。用点头说"是"，相当于暂时屈己从人。

第二种说法回溯婴儿时期，把点头的动作跟吮吸母乳的行为联系到了一起。按照这种说法，想吃奶的时候，婴儿总是会用嘴巴上上下下地搜寻乳头，所以呢，点头的动作源自婴儿接纳乳房的表示。与此相反，婴儿如果不想吃奶，就会把脑袋偏到一边，或者把脑袋仰起来，据说这可以解释，成年人为什么用偏头或仰头的动作表示否定。

点头之外，有些文化还会用别的动作来表达"是"的意思，但这类动作通常只是一种额外的选择，并不会让点头的动作失去原有的地位。举例来说，在斯里兰卡的一些地方，如果要肯定某个事实，人们用的是点头的动作，如果要赞成某项提议，动作却变成了把脑袋朝两边偏。两个动作都表示"是"，两个"是"的含义则有所不同。

颔首致意的时候，人们会把脑袋埋得很低，然后再往上抬。跟点头不同，颔首致意的过程永远只包括一下一上两个动作，姿势也较比僵硬，较比刻意。看情形，颔首致意的动作几乎是一个世界通行的欢迎信号，显然是由表示恭顺的普通鞠躬礼简化而成。只不过，颔首的基本含义虽然是"我向你低头"，做动作的人却不是非得处于从属的地位。地位相当于乃至高于对方的时候，人们仍然会使用这个动作，此种情形之下，它的含义就变成了否定形式的"我不打算在你面前摆架子"，后来又泛化为"我会跟你友好相处"。从力度上说，颔首致意的动作千差万别，有时是脑袋轻轻一抖，让人难以察觉，有时又是脖子猛然一弹，十分引人注目。就这个动作而言，各文化之间的主要差异似乎是动作的僵硬程度有所不同，同样是颔首致意，东方人的动作要比日耳曼民族柔和得多。

脑袋猛然后仰的动作，与颔首的动作恰恰相反，表现为脑袋向上仰，而不是往下埋。这个动作兼有几种大不相同的功用，有时候难免造成混乱。绝大多数情况下，仰头是一个远距离的欢迎信号，出现在彼此刚刚碰面、还没有凑到近前的时候，意思则是"见到你我又惊又喜"。这个"惊"字非常关键，因为仰头的动作实际上是一种极度简化的震惊姿态。仰头和颔首这两个相反的动作都可以用来打招呼，原因是仰头只用在双方距离较远的场合，颔首则用在近处。除此之外，仰头包含着熟不拘礼的意味，颔首则更为正式。

仰头动作的第二种用途是表示自己有所领悟，通常出现在这样的一个时刻：对话过程之中，某人突然想明白了什么事情，于是便大叫一声，"噢，没错，就是这样!"跟仰头打招呼的时候一样，这也是一个惊愕的时刻，情形就像是做动作的人一下子心生警觉，所以突然摆出了惊跳退缩的架势。不过，惊愕的感觉瞬间消失，此人的脑袋随即回复正常的状态，只有那一闪而过的仰头动作，依稀透露了曾有的退却意图。

在希腊及其邻国，脑袋后仰的动作是说"不!"的一种方式。许多造访地中海东部的游客，刚开始都会被这种希腊式的"不"弄得莫名其妙。如果他们问的是一个客客气气的问题，对方的回答却是猛地一仰脑袋，他们免不了以为自己得罪了对方，却又不明白原因何在。之所以会有这样的情形，是因为欧洲其他地方有一个司空见惯、大家都懂的恼怒表示，那就是仰起脑袋，眼望天空，舌头"嗒"地一弹。这个动作的意思是"你可真够蠢的!"，希腊式的"不"又跟这个动作特别相似，难怪游客们会觉得，对方是让自己的问题给惹火了。实际呢，对于希腊人来说，这个动作仅仅是单纯地表示"不"，并没有任何无礼内涵。

追本溯源，希腊人这种表示否定的仰头动作，似乎直接脱胎于婴儿拒绝吃奶的原始反应。父母如果强行喂东西给不饿的婴儿吃，婴儿往往会做出类似的仰头动作，所以说道理非常明显，成人的否定姿态就是从这种动作发展来的。

更为普遍的一种否定表示，当然得说是把脑袋往两边转，至于说这个动作的源头，同样是婴儿对强灌乳汁或食物的排斥反应。有人说，有些国家的人会用摇头的动作来表示"是"，但这种说法有悖事实，起因不过是观察太不仔细。有些时候，脑袋的横向运动的确可以表达肯定的意思，可那是把脑袋往两边偏，不是往两边转。

把脑袋侧向一边，远离某件引起你注意的事物，基本上只是一种自我保护的反应，但要是你目标明确，而且出于故意，这个动作就意味着拒绝，好比一把用来划清界限的"刀子"。这样的情形之下，侧头相当于一句无声的辱骂，意在告诉对方，你准备跟他们一刀两断。只不过，你必须高质量地完成这个动作，如其不然，人家就意识不到你是在刻意让人难堪，没准儿还以为你是害羞地扭开了脸。由此可见，要收到辱骂之效，你这个动作必须做得夸张大胆。不幸的是，那样又显得有点儿太狂太傲，所以呢，现代人不怎么喜欢使用这个动作。但在19世纪，这个动作却曾经极度流行，主要的用途则是打击那些刚刚富起来的暴发户，让他们搞清楚自个儿的身份。那时候，工业革命使得中产阶级的财富大幅增长，他们最迫切的愿望就是以新近取得的经济地位为跳板，提高自己的社会等级。上流阶层拒绝接纳他们，于是用上了这样的一把"刀子"。关于"刀子"的使用技巧，形形色色的礼仪指南给出了如下建议："（做动作的时候）你得让对方看个明白：你注意到了他正在走近，所以才故意把脸扭开。"今时今日，这样的"刀子"在正式的场合已经十分罕见，在家庭纠纷的赌气时刻却依然屡见不鲜。

势利鬼或自大狂有一种鼻孔朝天的姿势，也就是脑袋后仰，仰起便放不下来。同样是鼻孔朝天，背后的情绪却可谓千差万别，可以是矫情，可以是傲慢，可以是高人一等，也可以是存心挑衅。但从根本上说，这种姿势意味着主人觉得自己受了冒犯，并不能体现泰然自若的优势地位。它的好处在于眼睛的高度略有增加，由此制造出身高也有所增加的假象。矮个子男人跟人说话，不得不抬头仰视对方，结果是常常给人留下骄傲自大的印象。事实当然并非如此，因为他们脑袋后仰的姿势完全是身材所限，不过是一种自然而然的反应而已。

要是眼睛也跟着脑袋往上抬，不看周围的同伴，或者是实实在在闭了起来，仰头的姿势就有了十分不同的意义。这样的情形之下，做动作的人必定是体验到了一份剂量惊人的痛苦或喜悦，进入了肝肠摧折或心醉神迷的状态。他们是遭受了突如其来的过甚刺激，所以才打算切断自己与周遭世界的联系。不管是大悲还是大喜，只要情绪足够强烈，脑袋后仰的动作就会出现，让主人借此躲开刺激的来源，求得暂时的解脱。

把脑袋歪到一边的动作，源头是孩提时代的一个习惯，小孩子要是想寻求慰藉，常常会把脑袋靠向父母的身体。成年男性用这个动作挑逗异性的时候，倾侧的脑袋就有了一种假扮天真的意味，等于是告诉对方："我只是由你摆布的一个小男孩，想把脑袋靠上你的肩膀，就像我现在这个姿势。"如果是用来表示顺从，歪头可以表示这么一个意思："在你面前，我不过是个孩子。眼下我全得靠你，就像我当初把脑袋靠在妈妈身上一样。"那些个老派的店员和谄媚的领班，特别爱用歪头的动作表示顺从，用意则是奉承顾客，使他们倍感优越。

头部的姿势和动作种类繁多，以上的寥寥数例足可表明，人类的颈部肌肉是多么的复杂，为颈子上面的脑袋提供了多么巨大的灵活性。相较于鳄鱼犀牛之类的动物，人类的头部动作可以说极其微妙，极富表达能力。与此同时，不管是有意识还是无意识，我们总归会从同伴的头部动作获取大量的信息，借此体察他们的情绪和意图。

最后，男性身体上这个纤细却有力的部位还为英语贡献了几种习惯说法，比如"redneck"（红脖子）、"rubberneck"（橡皮脖子）和"necking"（搂脖子）。

"红脖子"是个侮辱性的称谓，指的是"美国东南诸州的下等白人"。之所以会有这样的一个称谓，是因为这些人通常得在户外干体力活，脖子被太阳晒得红通通的。

"橡皮脖子"本来是指那些造访纽约的观光客，因为他们会把脖子抻得老长，使劲儿仰望周围的高大建筑。从这个意义扩展开来，如今你可以用它来形容任何一个伸着脖子看稀奇的人，比如从事故现场路过的汽车司机。最后，"搂脖子"说的是 20 世纪 40、50 年代那些热恋情侣的动作。那时候，更加深入的亲密行为还是一种普遍的禁忌，情侣们要用嘴巴探索彼此的身体，通常只能停留在穿着衣服亲脖子的程度。

第十一章 肩　膀

　　肩膀的主要功能，是为用途广泛的双臂提供一个牢固的支撑。从我们祖先挺直腰杆的时候开始，我们的两条前腿越来越灵巧，一天比一天多才多艺。为了让前腿更好地施展五花八门的才艺，我们的肩胛带（shoulder girdle）或称胸带（pectoral girdle）不得不与时俱进，提高自身的灵活性。我们的肩胛骨可以扭转大约 40 度，上面还长着强健的肌肉，由此可以让双臂或甩或扭，或举或转，做出一大批花样繁多的动作。

　　两块肩胛骨分别通过锁骨与躯干正面相连，又通过杵臼关节①与上臂接在一起。

　　远古时代，我们这双灵活手臂的首要职责之一是携带武器，为的则是打猎，而不是打仗。打猎既然成了男性的专责，男人自然需要更加强健的双臂，由此便有了更加宽阔的肩膀，结果呢，肩膀部位的男女之别，成为人体最引人注目的非生殖性性别差异之一。男人的肩膀比女人宽，比女人厚，还比女人结实，再加上女性的髋部相对较宽，两性的肩部差异就变得越发明显。通常来说，男人身体的正面轮廓呈现为倒三角的形状，女人则是梨形。

　　平均说来，男人的肩膀要比女人宽 15% 左右。不过，肩部的性别差异并不仅仅体现在宽度上，更重要的体现在于厚度。从厚度上说，两性的肩膀差异更大，反映着女性肩部肌肉相对柔弱的事实。

　　身体方面存在这样的性别差异，人们自然要借题发挥，做各种社会文化方面的文章。男人想显得雄姿英发，给肩膀添点儿人造的宽度就行。这方面最明显的例子，莫过于军人的肩章，它既可以让肩部的线条变得挺拔，又可以通过往外支棱的边缘增加肩膀的宽度。为了让大伙儿加倍留意这个男性的特征，人们还经常给肩章加上一些特殊的徽记或军衔标志，让你的目光不得不在人为增大的肩膀上长期逗留。

今时今日，最夸张的加强版男性肩膀出现在以下三个风马牛不相及的场合：日本戏剧表演、阅兵典礼和美式橄榄球比赛。

在传统的日本歌舞伎表演（*kabuki*）当中，饰演刚毅男角的演员会穿上挺括锦缎制成的翼状服装，宽度几乎是真实肩膀的 2 倍。这种服装名为"肩衣"[②]，可以让演员立刻拥有威风凛凛的气势。

肩衣产生于 17 世纪，原本是日本武士的户外礼服，礼服的质量反映着主人的地位。当时的武士十分注重上下等级，同时又对自己的个人风格非常在意，肩衣之所以如此夸张，如此硬挺，原因兴许就在这里。除此而外，斗篷一般的肩衣上身之所以能够保持硬挺，靠的是鲸须和纸板的撑持。

这些肩衣有一个奇怪的特征，那就是它完全不打算掩盖肩膀的真实宽度。肩衣正面有两条形如宽吊带的物事，将上身那两个巨大的翅膀与下身的衣服连为一体。从正面看的话，这两条吊带会让主人圆溜溜的肩头暴露无遗。看样子，他们是觉得人工制造的超宽肩膀具有极其强大的震撼力，自己压根儿不需要费心隐瞒真实的肩宽，把假肩膀弄得更像真的。这是一份傲慢的宣言，等于是说："宽肩膀的震撼让人根本没法抵

---

① 杵臼关节（ball-and-socket joint）指一根骨头的圆头和另一根骨头的圆窝组合成的关节，比如肩关节和髋关节，因形如杵臼而得名。

② 肩衣（*kamishimo*）又称"上下身礼服"，是日本戏剧中常见的一种两件套装束，起源如文中所述。肩衣上身的两片前襟呈三角形，两个三角形的里侧边缘各有一条吊带。吊带从肩膀位置竖直向下，与肩衣下身相连，下身可以是裙子，也可以是裤子。

抗，弄个象征性的假玩意儿也就够了。"

日本人的肩衣风尚兴起于 17 世纪伊始的江户时代①初期，从此延续不衰，几乎没有任何变化。直到 20 世纪上半叶，这种让人过目难忘的男性标志才开始逐步消亡，渐渐变成了舞台表演和特殊仪式的专用物品。

肩章的形式跟肩衣大不相同，虽然说两者的效果相去无几。肩章制造效果的具体方法，无非是顺着上衣的肩线贴一块又硬又平的长条板子，再在板子末端缀上飘飘摆摆的金色流苏。鉴于极度夸张的肩膀象征着男性的威权，不足为奇的是，肩章专属于地位较高的军界人士。

"epaulette"（肩章）这个名称来自法文，原意是"小肩膀"，大概是说这东西好比一对额外的小小肩膀，可以往真正的肩膀上装。肩章的具体样式因时代和军队而异，存在的理由却始终不变，说白了就是人们非得弄出一些微妙的区别，让军衔的高低有所体现。肩章的具体位置和颜色，还有金银流苏的长度和宽度，都可以用来显示主人的军衔。到了今天，配备齐全的肩章只会出现在一些正式的场合，充当礼服的一个组成部分；在过去，这一类的家什却会去战场上露脸。迟至 1855 年，英国陆军才废除了在战场上佩戴肩章的规定。

美式橄榄球运动员把肩膀垫得极度夸张，由此便同样显得来势汹汹，英气逼人，哪怕他们站在场边一动不动，震撼效果依然不减。他们的球服垫肩，复杂得简直叫人惊叹。举例来说，按照一则垫肩广告的说法，该产品配有"高强度塑料骨架和配件，以及带空气调节功能的衬垫内胆，外加高强度防水尼龙制成的衬垫外壳，撞击区域还填了密度加倍的泡沫材料"。

这一整套高科技的护身铠甲，有一个令人不解的特征，那就是其他

---

① 江户时代是指德川幕府统治日本的时代，起于 1603 年，讫于 1873 年，是日本历史上最后一个封建时代。

类型的橄榄球运动员居然冥顽不灵，完全无视它的存在。对于美式橄榄球运动员来说，垫肩似乎是一件攸关生死的东西。果真如此的话，在澳式橄榄球、联合式橄榄球和联盟式橄榄球比赛当中，运动员们冲撞起来也是同样凶狠，上场时却不会佩戴任何垫肩，这又是为什么呢？不用问，答案可以说一目了然：美国人的垫肩虽然是官方口中的一种护具，实际上却是个炫示阳刚的物件。

除了军人和运动员之外，今天的大多数男人并不会刻意夸大肩膀的尺码，不管他们穿的是普通的工作服，还是笔挺的商务套装。有一些正装外套确实缝有很不起眼的小小垫肩，为肩部线条增添了那么一点点分量，但这基本上已经是大伙儿容忍的极限，再越雷池半步，就会被人们看成炫耀男性气概的滑稽表演，看成硬充铁汉的一种表现。平凡的日常生活，可容不下这么不含蓄的做派。

现代女性决意确立自主地位，与男性平等竞争，有时就选择了以假充真的男性肩线，用垫得鼓鼓的衣装告诉众人，自己的肩膀跟男性一样宽。19 世纪 90 年代的"翻身女性"，二战期间的战斗女性，以及 20 世纪 80 年代的"解放女性"，个个都端着一字形的肩膀，以此彰显迫人的气势。

世界各地的男人使用五种涉及肩部的肢体语言，例子之一是南美男人掸肩膀的动作，具体说就是用手在肩膀上轻轻一扫，拂去假想之中的灰尘。这是个挖苦他人的动作，生动地再现了谄媚下属帮老板掸灰的行为，意在讽刺某人表现得奴性十足，打算从上司那里讨点儿甜头。当地人管这种行为叫"瑟皮拉"（*cepillar*），意思是"擦苹果"。之所以会有"擦苹果"一说，是因为班上那些听话的乖孩子会拿苹果去讨好老师，之前还会把苹果擦得干干净净。

第二种肩部肢体语言是流行于欧洲和美国的拍肩膀动作，具体说就是伸手去拍自个儿肩膀的背面。这是一种戏谑式的自我庆祝，出现的场合通常是做动作的人刚刚做成了一件事情，或者是猜对了一个答案，但又没得到其他人的拍背称许。这个动作之所以成为肩部的一种肢体语言，仅仅是因为人的胳膊伸不了那么长，够不到自个儿后背的中央区域，只能够拍拍肩膀了事。

第三种肩部肢体语言出现在冰封北地，是因纽特人的习俗，形式表现为捶打肩膀，使用场合则是两个男人相遇的时候。为了抵御严寒，因纽特人不得不穿上极其厚重的衣物，以至于普通的招呼手势要么是不好操作，要么就没有什么效果。所以呢，因纽特男人会以泰山压顶的势头用力捶打彼此的肩膀，以这种方式表达友好的问候。

第四种肩部肢体语言是马来西亚人的抓肩膀动作，具体说就是双臂交叉在自己的胸前，双手分别抓住自己的双肩。这是一种恭敬得体的问候动作，因为孕育它的这个亚洲社会有条规矩，那就是轻易不要去触碰别人的身体。这个动作等于是说："我给你一个这样的拥抱，而且让它着落在我自己的身上，以免侵入你的领地。"

第五种肩部肢体语言是耸肩膀，很多地方的人都把它用作一份免责声明。做动作的人会短暂地耸起双肩，跟着又放下来，意思可以是"我不知道"，也可以是"我没办法"，总之是在承认自己的无知。承认自己无知，等于是暂时降低自己的地位，地位降了下去，肩膀便抬了起来。

最流行耸肩膀的地方是地中海沿岸的各个国家，以及那些拥有地中海渊源的国家。最不爱用这个动作的则是东方诸国，尤其是日本，因为日本风气保守，严禁人们做各种情绪外露的身体动作。只不过近些年来，就连日本人也在西方文化侵袭之下发生了改变。前一阵在日本，有人无意中听见一位老先生说了这么一句，语气很是嫌恶："现在倒好，我们的小伙子们居然开始耸肩膀了。"

追根溯源，耸肩膀本来是一种自卫的姿势。如果身体遭到攻击，或者是觉得自己即将跟某物或某人撞在一起，我们会飞快地耸起肩膀，摆出一种防御性的姿态。耸肩膀是这种姿态的一个象征性版本，等于是暂时承认，局面已经超出我们的控制范围。

如果碰上了更加严重的冲击或威胁，男人的反应就不再是肩膀一耸，而是长时间端着肩膀，直到威胁消失为止。有一些男人的成年生活里充满了真实存在或出于臆想的威胁，往往会一天到晚保持一种肩膀半耸的姿势。如果在工作环境或家庭生活之中扮演臣属的角色，在他人的恶意与嘲弄之中受尽践踏和凌辱，男人很容易变成永久性的驼背，再不能让耸起的肩膀自然下落，回到放松状态下的正常位置。他没法骄傲地昂起头颅，只能够耷拉着脑袋，与自怨自艾的挫败感长相厮守。

按照普遍流行的象征解释，男人的肩膀通常是力量和支持的同义词。我们会说"肩扛手提""并肩前行""肩头开火"，也会说"肩扛责任""让你靠在我肩头哭泣"。[①] 英雄在世之时，我们会把他本人抬上肩膀；英雄去世之后，我们又会把他的棺材抬上肩膀。节庆期间，一些天主教国家的男人会争先恐后把沉重的神像扛上肩头，抬着它穿街走巷。要搬移这些庞大的圣物，今天的人们有的是其他办法，尽管如此，他们还是认准了人的肩膀，视之为唯一一种可以接受的运载工具。抬神像抬得多了，这些男人的一边肩膀就会被压出一个巨大的凹痕，而且会塌下去，再不能与另一边肩膀看齐。他们的这副担子，分量可着实不轻。

---

① "肩扛手提"原文为 "put our shoulders to the wheel"，直译为"用我们的肩膀去拉车"，喻义为"让我们全力以赴"。中文里似乎没有带"肩膀"字样的同义说法，"肩扛手提"一词的喻义与此差似；"肩头开火"原文为 "hitting straight from the shoulder"，喻义为"正面出击"，因为通常来说，开火之前先得把枪举到齐肩高的地方；"让你靠在我肩头哭泣"原文为 "offering a shoulder to cry on"，即流行语所云"借个肩膀让你哭"，喻义为"给人一点慰藉"。

第十二章 胳　膊

　　人类男性的强健双臂，在智人[①]的早期演化历程中扮演了一个重要的角色。远古的某个时刻，我们的祖先对尼安德特人[②]钟爱的原始狩猎方法做了一些改进，不再抄起尖利的武器实施近身攻击，转而依靠精准的投掷杀死猎物。从那一刻开始，他们的狩猎生涯有了一个戏剧性的飞跃。技艺精进的猎手们开始抡起强壮的右臂，从远处向猎物投掷标枪，由此而来的狩猎成果，想必比先前丰硕得多。

　　在当初那个猎手-采集者社会当中，担纲专职猎手的是我们的男性先祖，正因如此，男性和女性的臂力有了相当大的差异。认真细致的相关研究业已表明，平均说来，男性的胳膊由72%的肌肉、15%的脂肪和13%的骨骼组成，女性的胳膊则只包含59%的肌肉，外加29%的脂肪和12%的骨骼。此等差异的体现之一，便是男女标枪世界纪录的对比：男运动员投掷标枪的距离要比女运动员远33%，这个数字比男女运动员在径赛当中的速度差异大2倍不止。

　　男性胳膊的力量来自一块块鼓凸的三角肌、二头肌和三头肌，三角肌的作用是让胳膊侧向抬起，二头肌的作用是让胳膊弯曲，三头肌的作用则是打直胳膊。这些肌肉都附着于上臂的粗大肱骨，前臂的桡骨和尺骨则比较细，这两根骨头可以扭转，驱使手掌翻来翻去。

　　在新近的一次调查当中，调查人员让女士们选出男人身上最让她们心动的肌肉。女士们把二头肌排在了亚军的位置，仅次于当仁不让的腹肌，因为那些把身体保持在绝佳状态的男人一运气，肚子上就会出现名闻遐迩的"六听啤"③。

胳膊肘连接上臂和前臂，经常被人们用作一件天然的武器。手臂一旦弯曲，胳膊肘就变成一个骨质的突起，此时你要是又快又狠地把它往后捣，便可以造成相当大的伤害。如果有人从背后发起袭击，你可以奋起自卫，把弯起来的胳膊猛然捣向后方，对他的腹腔神经丛痛下杀手。这一招要是没见成效，你还可以发动第二次反击，把胳膊往上一抬，以便让胳膊肘自下而上，击打他的下巴颏儿或者腮帮子。前面这些都是自卫培训课上教的方法，适用于有人企图从背后攫住你的时候。叫人惊讶的是，单凭一只胳膊肘，我们就可以使他人遭受重创。

有些时候，上述的防御动作也会出现在绿茵场，具体情形往往是某个球员受到一对一的贴身防守，发现对手跟自己如影随形，鼻孔里的气息实实在在吹上了自己的脖子。遇上这样的情况，经验老到的球员会等待一个合适的时机，等场上其他地方的意外转移裁判的注意力，然后再把胳膊肘捣向后方。这么个小动作，有时可以将盯防者一举放倒，但等裁判看见有人倒地，胳膊肘的主人已经一脸无辜地跑去别处。与此相反，刚入行的球员往往会不堪对手又推又挤，一怒之下便直接选择肘击对手面部的动作，全不顾个儿就在裁判的眼皮底下。这样子蛮干，自然是很难逃脱严厉的处罚。

肘击行为对职业足球造成了十分严重的危害，以至于前些日子，负责监管此项运动的国际足联不得不把它单独拎出来说道一番，要求大家给予特别的重视："医疗委员会敦促我们关注绿茵场上的一种新生恶魔：

---

① 智人（*Homo sapiens*）是现代人类的生物学名称。
② 尼安德特人（Neanderthal）是约 13 万年前至 3 万年前生活在欧洲及西亚的古人类，因其遗迹最早发现于德国的尼安德特河谷而得名。
③ "六听啤"（sixpack）通常指半打一包的听装啤酒，可用来形象比拟鼓起的腹肌。

肘击行为……我们将特别提醒各队教练，要求他们告诫本队球员，不要在场上使用胳膊肘。"尽管如此，这样的攻击行为依然持续不断，还导致了一次臭名昭著的事故。这次事故当中，抬起的胳膊肘结结实实捣了个正着，致使对手不省人事，后来还因为脑震荡进了医院。这是个惊心怵目的实例，足证男人身上这件天然的武器，杀伤力确实不容小觑。

男人胳膊上有个部位常常被人忽视，却值得我们稍作研究，这个部位就是腋窝。今时今日，大多数女性都会刮掉腋毛，好让自己显得更加女人。女人的体毛本来就少于男人，所以呢，身上的毛发越是稀少，女人的味道就越是浓厚。不过，男人可没有这方面的追求。绝大多数男人都会留着自个儿的腋毛，让人看见还挺高兴。面对当今时代的卫生标准，他们只做了两点妥协，其一是清洗腋毛，通常是每天一次，其二则是喷一点儿止汗或除臭药剂，作为参加社交聚会的一项准备措施。

如今的人们孜孜以求，务必遏制腋下的气味信号散播活动，以至于20世纪末期，排名前6位的除臭/止汗产品实现了每年85亿美元的全球总销量。腋下气味引发的焦虑，源头是现代人穿着有袖衣服的习惯，因为袖子圈出一个小小的封闭空间，里面充满了热量和汗水。这样一来，来自腋下臭腺的清新汗液就会迅速腐败，受到各种细菌的侵袭，从一个撩人的性信号变质为一种恼人的体味。

腋下这些特殊的汗液，全都是顶泌汗腺①的产物。在我们一丝不挂的远古时代，顶泌汗腺原本是前戏活动当中的有功之臣，因为它分泌的汗液与普通的散热汗水大不相同，带有一种意识难以察觉的气味，由此变成了一剂重要的催情药物。

顶泌汗腺分泌的东西，男女各不相同。男人身上的顶泌汗腺相对较少，但在近距离接触的时候，它的分泌物却会让女人产生强烈的反应。

---

① 顶泌汗腺（apocrine gland）是分布在腋窝、乳晕、肛门等处的一种汗腺，也称大汗腺，与人体其余部位的小汗腺相对。顶泌汗腺比小汗腺大，是体臭的主要来源。

女人若是把鼻子凑近男性伴侣刚刚洗过的赤裸身体，马上就会受到这些原始嗅觉信号的影响，哪怕她并不知道信号从何而来。性行为之前，男人如果是刚洗过澡，然后又临阵磨枪往腋下喷了点除臭剂，等于是自动放弃了这种古老春药的帮助。

新近的一些对照实验，无可辩驳地证明了男人身上这些臭腺的重要意义。实验表明，这些臭腺制造的信息素①能够影响女人体内的激素平衡。实验过程当中，研究人员用棉片从男性志愿者腋下收集新鲜汗液，然后对棉片上的汗液进行浓缩，再把浓缩产物放到女性志愿者鼻子底下，让她们连续闻上 6 个小时。实验结束之后，女性志愿者都说自己感觉比实验之前放松，心情不那么紧张了。更重要的是，她们体内那种刺激排卵的雌性荷尔蒙发生了显著的增长。由此可见，将来的某一天，研究人员如果能成功分离男性腋下腺体分泌的各种关键性化学物质，没准儿就可以用以制造新型的促孕药物，或者是具有安神作用的女用香水。

另一项实验表明，男性腋窝分泌的雄甾烯醇（androstenol）能对排卵期的女性产生很大的影响，效果比上文说的还要明显。雄甾烯醇是一种人体信息素，化学成分与睾丸激素相似。

科学家们研究了腋下气味的作用机制，发现这些气味只有在非常近的距离才能产生效果。从嗅觉上说，信息素的传播距离不过是几厘米而已。除此而外，厚厚的衣物不光会导致信息素迅速腐败，还会将新鲜出炉的信息素彻底封锁。即便是在光着身子的时候，要想让信息素发挥作用，热恋的情侣也得躺成一种合适的姿势，好让女人的鼻子尽可能靠近男人的腋窝。由此我们可以拿出一个不太离谱的猜测，也就是说，这一事实足可解释，为什么女人平均要比男人矮 7%。反过来，如果女人的矮个子另有原因的话，我们又可以从这 7% 的身高差距推断，男人发射

---

① 信息素（pheromone）也称外激素，指生物个体制造并散播的一种可以影响其他个体行为的化学物质。

气味信号的活动之所以集中在腋窝，恰恰是因为这个部位离女人的鼻子比较近。

已经有人指出，男性体味的遗传差异，可能在不知不觉当中左右着性选择的结果。换句话说，只要你身为男性，你对特定女性的嗅觉吸引力就可能受到遗传基因的影响。根据一项严谨的实验研究，对于那些气味跟自己相似却又不完全相同的男人，女人的反应最是强烈。有意思的是，对女性来说，跟自己完全一样的体味等同于跟自己截然不同的体味，两者都是最没有吸引力的东西。由此可知，女人最中意的交配对象是那些跟自己血缘很近、同时又不算太近的男人。这样的选择倾向，可以说合情合理，原因是这样一来，她们一方面会对乱伦的行为产生反感，一方面又会跟那些八竿子打不着的男人保持距离。需要补充的是，女人自己当然是对这个过程不甚了了，既不知道自己能嗅出男人身上的遗传差异，也不知道这些差异能左右自己对男性伴侣的选择。说到银幕上那些感情真挚可信的爱侣，好莱坞电影里有一句用烂了的套话，那就是"他俩之间产生了激烈的化学反应"。说不定，这句话还真有几分字面意义的道理哩。

男人腋下的这种气味信号散播活动，存在着巨大的种族差异，简单说就是西方人腋窝里的臭腺，通常要比东方人多一些。结果呢，东方人往往觉得西方人身上味道太重，却又总是拘于礼数，不好意思这么说。到了有些国家，这方面的差异更叫人瞠目结舌。举例来说，韩国的一半人口，身上压根儿就没有顶泌汗腺。

据我们所知，率先起意遮盖体味的是古代的埃及人，所用法宝则是柑橘油和香料的混合物。除此之外，古埃及人已经发现腋毛是孳生细菌的温床，培养起了刮腋毛的习惯。当然喽，这些超前的文雅习惯都是埃及社会上层人物的专利，没多久就跟崩溃的古埃及文明一起成为历史，取而代之的是臭气熏天的欧洲做派，一直持续了几个世纪。一些较比讲究的欧洲人对周遭的难闻气味起了反应，于是推出精心制作的香水，以收遮盖之效。从那以后，香水一直是对抗恶臭的首选利器，到 20 世纪才让位于现代卫生体系、先进管道设施和化学除臭药剂。

今天的社会上有那么几种另类的男人，他们与别的男人不同，拒绝用乱毛丛生的腋窝来展示自个儿的须眉气概。举例来说，按照伊斯兰教规，只要能找到不太困难也不太疼痛的方法，穆斯林男子就应该除去腋毛。除此而外，教规建议他们采用拔、刮、剪之类的方法，使上脱毛蜡、脱毛胶带、特制脱毛药膏之类的家什，腋毛一长就下手清理，每40 天至少清理一次。

西方也有一些崇尚腋下无毛的男人，他们属于形形色色的男同性恋群体，以及各种迷恋性虐及受虐的亚文化圈子。最后，无毛腋窝的拥趸还包括一个新兴的群体，那便是所谓的"新好男人"。"新好男人"的概念出现于 1994 年，当时指的是城市里的一类男性，他们极度唯美，会为自个儿的外表和生活情调花费大量的时间和金钱。一位关注当代男性时尚的观察家指出，"新好男人"是"这样一种男人，他们有着异性恋的性取向，会用三种不同的美发产品来打理自个儿的头发，喜欢衣服，也喜欢买衣服的过程，还会以敏感浪漫自许。换句话说，除了性取向之外，他们跟典型的男同性恋没什么区别"。①

"新好男人"取代粗犷汉子的趋势，乍看起来似乎是男性美容业的福音，话又说回来，这股新潮流暗藏着一个机关。"新好男人"的代表人物是一些足球运动员，比如大卫·贝克汉姆和弗兰克·兰帕德（Frank Lampard）。每一次打完一场重大比赛，跟对手交换过了球衣，光着上身的贝克汉姆和兰帕德就会举起双臂，向观众鼓掌致意。这样的情形之下，两个人展露的都是寸草不生的腋窝。当然喽，这两个人一方面

---

① 引文出自《华盛顿邮报》2003 年 11 月 17 日刊载的文章《虚荣，你的名字是"新好男人"》（*Vanity, Thy Name Is Metrosexual*）。

是社交名流，一方面又是众所周知的球场铁汉，男子气概可以说无可置疑。除此之外，各式各样的八卦杂志早已将他们激情四溢的异性恋倾向展现人前，大伙儿都看得见。所以呢，即便他们对仪表和时尚太过在意，人们也不会产生什么误解。可要是一个寂寂无名的异性恋男子也来搞这一套，表现出过分修饰的自恋倾向，谁见了他都难免稀里糊涂，对他的性取向作出错误的判断。这样一来，"新好男人"做派就在很大程度上变成了一种专用的物事，只适合那些异性恋倾向世所公认的著名人物。

第十三章　手

　　演化过程中的某个时刻，我们靠两条后腿的支撑站了起来，我们的两只前脚，从此就变成了两只手。直到这一刻，我们才变成了真正的人。这之前，我们的两只前脚不得不同时承担爬行与抓握两种职能，眼下它们只需要做好抓握的工作，于是就为这项单一的任务作出了适应性的改变。我们的拇指成功改良，可以和其他任何一根手指对起来。有了这样的两根拇指，不管是从比喻意义上说，还是从字面意义上说，我们都有了牢牢把握周遭环境的能力。

　　这之后，我们渐渐习得了两种性质不同的抓握动作，一种是强力抓握，一种是精准抓握。从这个方面来说，男人的手和女人有所不同。男人远比女人擅长强力抓握，女人则以精准抓握见长。男人的手胜在有力，女人的手胜在灵活。这方面的差异相当不小，因为男人手上的力量大约是女人的 2 倍。即便是在今天，做妻子的就算活泼好动，有时也不得不叫做丈夫的来对付横竖不肯开启的瓶盖，哪怕做丈夫的生性怠惰，压根儿不知道健身房里边儿是什么光景。

　　文明的历程，对男人的双手相当绝情。曾几何时，它们是支撑部落繁荣的中流砥柱，因为它们承担着制造、抓握和投掷武器的重要职能，离了它们就谈不上什么狩猎。扮演这个原始角色的时候，它们是男性躯体的高贵构件，只可惜时至今日，"体力活"这个字眼儿已经不再像以往那么动听。现如今，最成功的男人只有在闲暇时刻才会用到强力抓握，抓握的物事则要么是网球拍，要么就是高尔夫球杆。

男人的手不光比女人有劲儿得多，而且比女人大得多。这样一来，相较于女性同行，男性钢琴家就有了一种不公平的竞争优势，因为他们的手指可以覆盖更大的范围。对于男性拳手来说，大手也相当有用。你要是跟哪位重量级拳击冠军握过手，那你就一定有所体会，自个儿的手消失在一大坨肉包袱当中，那样的感觉是多么地怪异。穆罕默德·阿里①的拳头尺码，据说是普通男性的 1.5 倍。

男人的手虽然在演化历程中增长了许多力气，倒也没有顾此失彼，丧失它原有的敏感性。看一看失明男子用双手飞速识读布莱叶盲文②的光景，你就会对这一点深有体会。另一方面，只需要摸一摸滚烫的炉子，你马上就会明白，指尖不光敏于辨别，对疼痛也非常敏感，因为它实实在在汇聚了数以十万计的神经末梢。

男人身上始终不长毛的地方为数不多，其中包括手指的内表面和手掌。手掌不光不长毛，而且永远晒不黑，哪怕是那些深色皮肤的人，照样长着浅色的手掌。除此而外，手掌还有一个跟大多数身体部位都不一样的特性，那就是它从来不会热得冒汗，冒汗只会是因为心理压力。心情一紧张，我们的手掌就会出汗，对于那些即将跟大人物握手的惶恐男人来说，这是个难以消除的隐患。你那只黏糊糊的手掌，将会告诉对方一个不容抵赖的事实：这个人脸上虽然堆满轻松愉快的笑容，心里却紧张得要命。你尽可以千方百计擦干手掌，可是，不管你怎么擦，它终归会再次泄露你心里的畏惧，让对方即刻看清，他对你造成了怎样的压力。

---

① 穆罕默德·阿里（Muhammad Ali, 1942—2016），美国著名拳手，曾三次赢得世界重量级拳击冠军。
② 布莱叶盲文（braille）是供失明者阅读的文字，因发明者路易·布莱叶（Louis Braille, 1809—1852）而得名，以凸起的点代表字母和数字，阅读的方式是触摸。

今天看来，掌心的汗水完全是一个烦人的玩意儿，回到远古时代，这东西却具有非常大的价值。那时候，紧张的感觉通常预示打猎过程中的剧烈身体活动，掌心的汗水由此就派上了用场，因为它可以润滑双手，便于抓握。今天的紧张感觉既然大多产生于与身体无关的心理因素，掌心的汗水自然变成了一件不受欢迎的遗物，徒然纪念着人类男性的往昔，纪念着那种勇武剽悍的生活方式。

手指和手掌上还有一样方便我们抓握的物事，那就是一条条细小的乳突线（papillary ridge）。手上的这些线条从胎儿约摸 3 个月大的时候开始成形，起初是一个个微小的鼓包，每个鼓包的顶端都有一个汗孔。胎儿 4 个月大的时候，这些小小的火山渐渐连成一座座山脉，连成一根根具有摩擦力的线条，最终的形式就是山脊一般的乳突线。我们所说的指纹，就是这些乳突线的排布格局，而我们的指纹之所以各不相同，原因是乳突线的生成方式相当随意。即便两个人是一对同卵双胞胎，指纹也会有细微的差别，因为这些汗孔连成线条的时候，具体的方式并不完全取决于遗传基因。胎儿舒舒服服躺在子宫里的时候，手掌皮肤所受的压力会有微小的个体差别，正是这种随机变化的压力状况，决定了指纹的细枝末节。

每当我们拿起一只玻璃杯，或者是别的什么坚硬平滑的物件，物件表面就会留下我们的指纹。之所以如此，是因为乳突线上的小小汗孔总是会分泌出分量恰到好处的液体，让乳突线的顶端保持润滑的状态，在我们自以为手很干燥的时候也不例外。

指纹一旦形成就至死不变，由此为我们提供了一种最为简便的可靠方法，能帮助我们确定任何个体的身份。轻微的割伤或磨损不会导致任何改变，因为指纹会原封不动地长回受伤之前的模样，伤口必须得非常深，才能在指尖留下永久的印记。

指尖的外表面是坚硬的指甲，它为我们的手提供了两方面的帮助。

首先，它相当于一片铠甲，承担着保护指尖的职责。要是你因为受伤掉过指甲，那你一定有过这样的体验：指甲长好之前，指尖受到的任何强力冲击都会造成格外强烈的疼痛感。其次，指甲的前端可以用来夹东西。可想而知，在指甲刀之类的修甲工具尚未出现的时代，各式各样的自然损耗一定足以调整指甲的长度，使之维持在方便使用的水平。自然的损耗如果跟不上形势，总还可以自个儿用嘴巴咬。

关于指甲的长度，男人当中有一种值得一提的古怪习俗。这种习俗在中东、印度和东南亚最是盛行，具体说来就是剪短九枚指甲，只容一枚长长。一般情况之下，获得特殊待遇的始终是右手小指的指甲。说到其中的道理，人们有几种相互矛盾的解释：

最简单的解释是，留一枚长指甲可以证明你地位高贵，无需从事体力劳动。它本是中国官僚的做派，后来又蔓延到远东的其他地方。在古代的日本，神职人员、富商和贵族往往会留长至少一根小指的指甲。在泰国，过去有一种说法，长指甲表示你没有在稻田里干过活。

长指甲还有个比较"专业"的功能，这个功能与毒品贸易有关。此种情形之下，长指甲好比一把天造地设、方便好使的可卡因勺子，瘾君子们可以用它来舀取这种白色的粉末，再把它凑到鼻子下面去吸。所以说有些时候，人们干脆把单独留长的指甲命名为"可卡因指甲"。眼看长指甲的这种用途如此泛滥，美国的一所学校惊骇万分，以至于给本已冗长的校规添加了一道直言不讳的命令："本校严禁单留一枚长指甲的做法，因为它指涉吸毒行为。"

还有人为这种做法给出了第三种解释，说单独的一枚长指甲具有性方面的功用。具体是什么功用我们不太清楚，想来应该跟那些略带性虐意味的掐啊戳啊脱不了干系。说起来，长指甲在这个方面的功用，兴许牵扯到人们对长指甲的另外一种解释，也就是说，单枚长指甲是男妓的身份标志。除此而外，有位女士用她亲身的经历，为长指甲的性意味提供了一个具体的说明：她新交的男友要求她把一根小指的指甲留长，并在上床时把长指甲戳进他的肛门，达到刺激前列腺的目的。

一位热衷于观察指甲的人士，根据他亲眼所见编了一本东西，里面列出了男人小指的长指甲在实际生活当中的一些小小用场，其中包括清洁鼻孔、清洁耳朵、清洁孩子的耳朵、拆信封、抠掉粘在鞋底的口香糖、划开热缩塑膜包装、从光滑物体的表面捡取细小物件、搔头，以及充当坐牢期间的自卫武器。还有个男的更让人觉得不可思议，因为他信誓旦旦地宣称，他之所以把一根小指的指甲留到 2 英寸长，为的是能有地方画一面哥伦比亚国旗。

男女之间有一个重大的文化差异，表现为手部装饰的多与寡。一直以来，指环、手镯、指甲油和指甲颜料主要是女性饰品。人们给这些饰品贴上了十分牢固的女性标签，以至于一般而言，只有那些最女性化的男人才乐意使用它们。只不过，这条准则也有一些意义重大的例外。

最重要的例外是佩戴图章戒指的习惯，男人把这种戒指戴在手上，起初是为了签署重要的文件。古人不用手写的签名，用的都是正式的图章，他们把图章刻上戒指，这样就不那么容易丢失。古代贵族会佩戴刻有家族纹章或其他徽记的戒指，签封文件时就可以把封蜡烤软，再用戒指在蜡上盖印。此外，他们的忠实仆从可以亲吻这枚戒指，以此向他们宣誓效忠。

今时今日，最著名的图章戒指是教皇佩戴的"渔夫之戒"，也就是意大利人所说的"*Pescatorio*"①。见到教皇的时候，正确的问候礼节不是握手，而是左膝跪地，然后亲吻他手上的"渔夫之戒"。要是你自己也是个了不起的领袖人物，感觉自己的地位等于乃至高于教皇，这样的礼

① "*Pescatorio*"是"渔夫之戒"的意大利文。之所以有这个名称，是因为人们认为教皇是圣彼得的后继者，而圣彼得做过打鱼的行当。此外，按照《圣经·新约·马可福音》的说法，传道的使徒好比"得人的渔夫"。

节就有点儿不好接受。不过，教廷的外交礼仪已经解决了这个问题。如果让客人下跪不合适的话，教皇就会抬起手来，让戒指升到嘴巴的高度。这一来，客人亲吻戒指的时候就不需要放低身段，把自个儿搞得形同臣仆。举例来说，雅瑟尔·阿拉法特（Yasser Arafat）拜访教皇约翰·保罗二世的时候，用的就是这种变通的礼节。然而，尽管戒指业已升高，阿拉法特还是低下了头，原因是不低头就吻不到。结果呢，从照片上看，当时的情形就像是一位穆斯林领袖正在向一位天主教领袖鞠躬。

教廷会为每一位新教皇新造一枚戒指，在加冕礼上呈奉教皇，戴到他右手的无名指上。教皇去世之后，教廷会举行一个摧毁戒指的仪式，各位枢机主教必须全体到场。摧毁戒指原本是为了防止有人拿死去教皇的戒指去倒签①或伪造文件，如今则只是一个过场，因为教皇的戒指不再具有印鉴的功能。从 19 世纪开始，教廷已经把教皇的印鉴换成了一枚使用红色墨水的图章。

直到今天，佩戴图章戒指的男人仍然不在少数，尽管他们跟教皇一样，不会再用戒指来签署文件。不过，图章戒指虽然失去了原有的功能，却仍然保留着原有的款式，戒面又宽又平，通常还装饰着这样那样的徽记，或者是主人姓名的缩写。就连现今社会的各位"闪闪男"，指环也沿用了粗重敦实的平头外观，看着跟早期的图章戒指相去不远。这种情形之下，现代男人的戒指虽然是一种纯粹的装饰，形式上却依旧具备传统的男性化特征。

图章戒指的具体位置因传统习惯而异。举例来说，英国男人会把它戴在左手的小指，法国贵族选的是左手的无名指，瑞士男人则是右手的

---

① 这个词原文为"backdating"，指的是盗用死去教皇的戒指签署文件，以图造成该文件签署于教皇在世之时的假象。为免文字繁冗，译者在此处借用了国际贸易术语当中的"倒签"一词，因为此种行为的实质与国际贸易当中倒签提单的做法相似。

无名指。

男人戴结婚戒指的习俗比图章戒指晚近得多，历史只能追溯到 20 世纪。这种习俗起源于战争年代，那时的许多男人不得不与妻子长相别离，所以感觉自己得戴点儿什么东西，好提醒自己别忘了婚姻的盟誓。战争虽然结束，不少男人还是延续了这样的习惯，不用说，原因之一是他们有珠宝商和妻子的支持，从中得到了一点儿小小的鼓励。

说到男人的结婚戒指，东欧人有一种古怪的迷信。以前的东欧人相信，如果你每天佩戴结婚戒指的时间超过 4 个小时，性能力就会受到损伤。结果呢，斯拉夫男人总是会定时取下手上的结婚戒指，为的是逃脱这种想象中的厄运。生性多疑的人多半会由此推断，手上没了结婚戒指，确实有助于离家在外的已婚男人保持自个儿的性能力。

截至晚近时代，男人戴手镯一直是一种罕见的做法，虽说在今天的年轻男人当中，戴手镯正在成为时尚。男人戴装饰品往往会拿某种特殊的功能来当借口，戴手镯的时候也不例外。手镯起源于古代的埃及，那时的男性显贵之所以戴手镯，是为了保护自个儿不受邪灵的伤害。

今时今日，刚从非洲回来的旅行者往往会戴着象毛手镯招摇过市。手镯上的毛来自大象的尾巴，因为那里的毛一方面相当粗大，一方面又仍然可以弯曲。跟古埃及人的手镯一样，这样的饰品据说也具有保护作用，可以让主人远离疾病、灾祸和贫穷。根据一个古老的传说，象毛手镯上的结象征着生命的力量，一丛丛象毛则代表一年之中的各个季节。

为了把花哨的腕饰伪装成实用的物品，男人还有一个最后的招数，那就是佩戴各种价格高昂或款式时尚的手表。他们戴的可以是钻石镶嵌的天价手表，也可以是体积庞大的运动手表，款式再花哨也不怕，因为它们都具备一个理论上的功能，可以用来看时间。这样一来，手表就有了一种跟图章戒指相类似的男性化特质，使男人既可以像女伴那样讲究打扮，又不用感觉自己女里女气。

说到肢体语言，我们的双手可以向同伴发出多种多样的视觉讯号，在这个方面的本事仅次于我们的脸。要是看面部的表情，女性固然比男性丰富，但以手势的多样性而论，男性却高出女性一筹。实在说的话，在有些社会当中，女人压根儿就不可以做任何手势。

手势可以分为两类，第一类是我们说话时的无意识动作，可以增强我们的言语气势，也可以反映我们的情绪。这一类动作名为"指挥棒手势"，因为它们的节奏对应着言语的节奏，强度也会随言语包含的情绪强度一同攀升。

说话时的手掌朝向，可以反映说话人的心绪。掌心向上是乞丐的手势，表明说话人正在乞求对方的赞同，掌心向下表明说话人想让对方平静下来，正在用向下的手掌压制对方的情绪，掌心向外则表明说话人想把对方往外推，包含着抵制或拒绝的意图。说话人如果将掌心相对的两只手掌伸向对方，意思是他准备向对方兜售自己的主意，如果让掌心冲着自己的胸膛，意思就是他想要保护自己，或者想把对方拉到自己这一边。

以上这些"指挥棒手势"总是与言语相伴相随，另一类手势却起着替代言语的作用。我们会借由一些象征性的动作传情达意，尽管我们完全可以用言语表达相同的意思。我们之所以用手势代替语言，通常是因为对方听不见我们的声音，具体情形可能是对方离我们太远，或者跟我们隔着玻璃，也可能是周围噪音太大，还可能是我们身在水下。

我们的每一根手指都有它自个儿的特殊意义，也都有一些专属的手势。第一根手指，或者说拇指，就能够传达几种重要的讯息。你可以用拇指指路，可以翘起两根拇指表达"万事大吉"的意思，可以用拇指冲下的动作贬低某件东西，还可以竖起拇指，用这个象征阴茎的手势辱骂他人。

如果要指路，我们多数时候是用食指，用拇指指路不光是比较少见，一般来讲还会给人留下粗暴无礼的印象。到了公路边上，我们却可以看到这条规矩的一个例外情形：当今时代，想搭顺风车的人个个都会翘起拇指，好让别人知道他们想去哪个方向。

在古罗马时代的角斗场上，如果角斗士被对手击倒，观众们又用冲下的拇指指着他，那他便注定在劫难逃。观众们做出这个动作，意思是希望看到他死在对手剑下。反过来，观众们如果打算饶他一命，就会把自个儿的拇指遮盖起来。到后来，遮盖拇指的动作被错误地演绎成了把**拇指往上翘**，我们才有了近些年这种双挑拇指的赞许手势。有一些国家的人没有犯这样的错误，到现在依然一如既往，还在用上翘的拇指表示"过来受死！"的意思，由此就让外来的游客完全摸不着头脑。在地中海周边的一些国家，一些想搭顺风车的游客冲当地的司机翘起拇指，结果是被对方的暴怒反应弄得莫名其妙，因为他们没意识到，自己是在用一个下流的手势辱骂对方。

除了拇指之外，食指是我们最重要的一根手指，扣扳机的是它，指点江山的是它，拨电话号码的是它，示意别人靠近的是它，摁下原子弹发射按钮的也是它。往古时代，人们还一度认为食指有毒，禁止用食指触摸药物。

男人的食指跟女人有所不同，不同之处还非常古怪。45%的女人食指比无名指长，男人当中却只有 22%有此特性。这样的差异原因何在，迄今不得而知。

除了普遍通行的指点和召唤手势以外，食指还可以用于一些淫秽下流的动作。这些动作跟其他许多粗野手势一样，基本上属于男人的专利。其中最广为人知的一个名为"活塞手势"（*pistola*），具体说就是把一只手的食指打直，然后让它从另一只手的手指之间穿过，或是穿过另一只手的拇指和食指围成的圆圈。这个动作模仿的是阴茎插入阴道的过程，而且模仿得极其露骨，以至于不光能让世界上绝大多数地方的人心领神会，还在至少一个事例当中造成了动作主人的死亡。

　　这一次"活塞手势死亡事件"可以说十分特异，因为它牵涉到历史上唯一一种淫秽钞票的诞生过程。二战前夕，日本人侵入中国，在中国的一些城市设立了傀儡银行。银行虽然由日本人控制，负责印制新版钞票的却是中国人。有个制版工人深以自己的工作为耻，于是在钞票图案里添加了一个起初没人注意的小小细节：钞票上印着一位年迈的圣贤，圣贤的双手却没做原本该做的正统礼敬手势，做的是上文说的这个下流动作。日本当局最终查到了这个大逆不道的制版工人，当众砍掉了他的脑袋。就这样，他为一个快心惬意的粗野手势付出了高昂的代价。①

　　阿拉伯男人另有一种下流的食指动作，用的不是地方的话，同样会给主人招来即刻的报复。从表面上看，这种动作相当干净，不过是把一只手的五个指尖攒在一起，用另一只手的食指去点一点。可是呢，做这种动作的时候，食指已经不再是阴茎的象征，转而变成了对方母亲的代表符号，与此同时，攒在一起的五根手指代表的是与对方母亲有染的一众男人。如果把这种动作换成言语，说的就是"你有五个爹"。这种动作导致死亡的案例虽然不见记载，推想起来却是很有可能的事情。

　　中指是最长的一根手指，古人给它取过一系列五花八门的名字，最著名的例子莫过于古罗马人取的"下流之指"（Impudicus）、"无耻之指"（Infamis）和"淫秽之指"（Obscenus）。古罗马人之所以说它下流，说它无耻，说它淫秽，是因为它不光会参与他们最最粗野的一种手势，更是这种手势当中最抢眼的一个角色。这种手势在 2 000 年之后的美国依然盛行，名称则已经简化为"中指"。做这个动作的时候，人们会中指直

---

　　① 据美国学者约翰·桑德罗克（John E. Sandrock, 1926—2012）《日本在中国占领区发行的硬币和纸币》（*Japanese Sponsored Coin and Banknotes Issues for the Occupied Regions of China*）一书所说，文中说的钞票是日伪政权于 1938 年发行的"中国联合准备银行"一元纸币，钞票上的人物是孔子，惜乎刻工姓名不传。

竖，蜷起其余的四根手指，制造出勃起阴茎挺立于阴囊之上的效果。

古罗马人称无名指为"医疗之指"（digitus medicus），用它来操办各种各样的医疗仪式。至于说其中的道理，多半是无名指用得最少，所以就最干净。除此而外，无名指还是最不独立的一根手指——在五根手指当中，要让它单独动起来最是费劲。正是由于这个原因，新郎和新娘才会把结婚戒指戴上这根手指，以此表示双方都放弃了自己的独立地位。

人们经常把小指称为"pinkie"，这个名字的由来有两种说法。按照第一种说法，"pinkie"一词来自苏格兰语。出版于1808年的一本苏格兰语词典载有相关的条目，表明当时的爱丁堡儿童已经在用"pinkie"这个词指代小指。人们由此推断，这个词先是被苏格兰移民带到纽约，后来从纽约蔓延到整个北美，最终又覆盖了英语世界的其余部分。第二种说法是"pinkie"源自荷兰语词汇"pinkje"，当初是被早期的荷兰移民带到了纽约，这个词进入北美的时候，"纽约"还叫"新阿姆斯特丹"① 呢。

玩游戏的时候，孩子们偶尔会提出"拉钩"的要求，叫对方跟自己勾勾小指，然后再发个誓。这样子立下的誓言，据说是牢不可破，万一破了的话，背誓者就得采取一种可怕的赎罪措施，把自个儿的小指给切掉。

这虽然只是一种儿戏，却也有一个并不儿戏的渊源。许多年以前，那些人称"博徒"② 的日本赌棍都知道，自己要是拿不出还赌债的钱，那就得切掉一根小指来抵偿。切掉小指不仅会让手变得残缺丑陋，还会削弱主人握剑的力道，以后跟人斗剑的时候，不等开打就先输一着。

---

① 1613年，荷兰人在今日的美国东北部建立了一个名为"新阿姆斯特丹"（New Amsterdam）的殖民地。英国人于1664年征服该殖民地，并将它改名为"New York"（纽约，字面意义为"新约克"），因为英国有名为"York"（约克）的城市。
② 这里的"博徒"（bakuto）特指18世纪至20世纪上半叶日本的一些流浪赌徒，后来结成团伙，兼做高利贷之类的营生，成为现代日本黑帮的基础力量。

后来，名为"亚库扎"① 的日本黑帮把切小指的做法发展成了一种特别的仪式。这种仪式叫做"断指"（yubitsume），意思就是"截短手指"，可以用来惩戒别人的过失，也可以用来为自个儿的过失表示歉意，还可以用作驱逐帮会成员时的一个附带处罚。"断指"仪式之所以特别，原因是受刑者必须自己切掉自己的手指，这可比让别人来切要难得多。这个仪式有一套特定的程序，第一个步骤则是铺开一小块干净的布片。接下来，受刑者得把自个儿的左手放上布片，掌心向下，然后抄起一把短刀（tanto），迅速切掉小指末端的一个指节。要完成整套的程序，受刑者还得用充当垫巾的布片把切下来的指节包好，将这件"贡品"交给在场监刑的"亚库扎"首领。

如果不知道"断指"仪式的话，我们兴许根本理解不了米基·洛克（Mickey Rourke）的行为，因为这位特立独行的好莱坞影星曾经怒气攻心，以至于试图切掉自个儿的手指。关于这次事故，洛克自己是这么说的："我把我的小指切掉，是因为我不想要它了。当时我正在为某件事情生气，于是就觉得，左手小指最末的这个指节，对我来说已经没用了。我并没有把它彻底切下来，还有一根筋把它吊在那里……医生用了 8 个小时才把它缝回去。直到现在，它打起弯来都还是不太利索。"

除了这些只牵涉一根指头的动作以外，我们还有许多需要动用整只手的象征性姿势。这一类手势共有 100 多种，其中许多都包含因地而异的多重意义。有一些手势是特定国家的男人怒斥他人的下流动作，不明就里的外乡人若是在无意之中做出这样的手势，便可能引起当地人的误解，导致剑拔弩张的场面。

---

① "亚库扎"（yakusa）是日本黑帮的统称，本义为"八-九-三"（ya-ku-sa），是日本一种纸牌游戏当中一种不好的牌型。这个名称也反映了"博徒"与日本黑帮的渊源。

有一种手势与性有关，并且在不同地域的男人当中派上了一些迥然相异的用场，那便是神秘莫测的"无花果手势"（fig sign）。具体说来，这种手势就是把一只手攥成拳头，然后让拇指的指尖从食指和中指之间伸出去。在欧洲北部，这是一种粗鲁的性暗示，拇指代表插入状态的阴茎，整个手势的基本含义则是"我想干的事情就是这个"。在南欧的大部分地方，"无花果手势"的意义与此略有不同，这些地方的人多半会把它用作一种下流的辱骂或威胁，意思是"把你的屁股撅起来"。然而，这种手势在葡萄牙和巴西另有妙用，变成了人们抵御"凶眼"的法子。需要躲避厄运的时候，其他人可能会"敲木头"、交叉手指①或者划十字，葡萄牙人和巴西人的选择却是做一个"无花果手势"。在他们看来，这样的手势并没有什么性方面的含义。如此这般的差异，显然会给辗转各国的旅行者制造难题，使他们遭遇种种令人尴尬的误会。

　　拿"无花果手势"充当护身法宝，这样的做法虽显古怪，但却是源自一种古老的认识。以前的人们相信，任何露骨的性展示都会对妖魔产生莫大的吸引力，足以使它们心有旁骛，腾不出工夫害人。基于同样的理由，人们有时会用一些淫形毕露的怪兽来装饰教堂的门，以便将妖魔拒之门外。在少说也有 2 000 年的漫长时间里，从古代的罗马到今天的里约热内卢，迷信的人们一直在佩戴一种小小的护符，护符的图案不是别的，正是一只正在做"无花果手势"的手。只不过，今天的佩戴者往往不知道这种幸运饰品的性意味，要是意识到自己正在明目张胆地展示一件描摹淫秽手势的雕刻，他们多半会大吃一惊。

　　意大利人的角形手势，拥有一段跟"无花果手势"相似的历史，具

---

① "敲木头"（touch wood，亦作 knocking on wood）是西方习俗中祈求好运的一种方式，具体做法通常是把"敲木头"这句话说出来，也可以表现为敲桌子或踩地板之类的动作；交叉手指（cross fingers）的具体做法是把中指交叠在食指上面，目的同样是祈求好运。

体做法则是竖起食指和小指，再用拇指压住弯倒的中指和无名指。谁要是胆敢冲一个西西里男人做出这个手势，那就得承担丧命的风险，十之八九，过去确实有人为此付出过生命的代价。西西里人把这个手势称为"头上长角"（cornuta），手势的含义则是"你的老婆正在跟别人睡觉"。对于地中海周边的居民来说，这样的评语可不是那么容易消化。不幸的是，得克萨斯大学的学生们已经把这个手势骄傲地宣布为自己的标志，一赶上体育比赛就会尽情使用。显而易见，一次"手势碰撞"正在虎视眈眈地等待那些前往意大利的美国游客。

比划成角形的手为什么能传达这么一种招人反感的讯息，人们有几种不同的解释。按照最流行的一种解释，角形的手是公牛的象征。鉴于人们会对大多数的公牛进行阉割，以便让它们更加驯顺，这样的手势等于是说："你那个不守妇道的老婆，已经对你实施了象征性的阉割。"

同样的角形手势也会出现在意大利的其他地方，再加上邻近的一些区域，作用则变成了抵御"凶眼"。表达这种意思的时候，比划成角形的手通常会直接指向主人心目中的妖人妖物，而不是高高举在空中。在这个版本当中，角形代表的是远古时代那位伟大仁慈的牛神。跟"无花果手势"一样，这种手势也以小护符的形式在人们身上晃荡了2000年，为人们提供一以贯之的保护，使他们免遭厄运的侵袭。

"指环手势"（hand‐ring）也有几种因地而异的含义，形式则是用指尖相连的拇指和食指做成的一个环。在世界上的大多数地方，这个手势的意思都是"妥了"或者"万事大吉"。不过，在地中海周边的一些地方、德国、俄罗斯、中东地区以及南美部分地区，这却是一个代表肛门的下流动作。今时今日，这些地方的男人如果做出这个手势，通常是因为他觉得其他某个男人是同性恋，往好里说也是娘娘腔。在法国和比利时的一些地方，人们会用这个手势来表示某样东西让人失望——这种情形之下，手指连成的环代表的是"〇"。到了日本，这个环变成了硬币的代表，手势的象征意义随之变成了金钱。除此之外，今天的英国还流行一种新版的"指环手势"，也就是让手指连成的环上下抖动，以此模仿男性手淫的动作。

以上这些还不算完，"V"形手势也兼具两种相互冲突的含义。不管是在世界上哪个地方，这都是一个代表胜利的简单手势，具体形式则是将挺直的食指和中指摆成"V"形，其余的手指弯在掌心。如果你就这样把手高高举起，全世界都不会对它的含义产生任何疑问，只有一个国家例外，那就是英国。在英国，做这个动作的人必须小心翼翼地遵循一条特殊的规矩，让掌心冲着远离自己的方向。要是他翻过手掌，让掌心对着自己，然后再把手举到空中，这个动作的意思就来了个180度的大转弯，从"胜利"变成了"把你的屁股撅起来"。外国人很少能看懂英国人独有的这种辱骂手势，往往把他们的敌对姿态误解为亲善表示。

有一个英国人爱听的故事，说这种手势起源于1415年的阿金库尔战役①。这场战役当中，法国人威胁要砍掉英国弓箭手的食指和中指，因为他们用这两根手指控弦发矢，让法国人吃足了苦头。据说在法国人溃败之后，英国弓箭手纷纷举起自个儿的食指和中指，为的是奚落法国人，让他们知道这两根手指依然健在。就这样，英国弓箭手一边高举这两根手指，一边尽情嘲笑已遭败绩的敌人，英国人的侮辱性"V"形手势，据信便是由此而来。可惜的是，人们没法为这个动听的故事找出什么确凿的证据。恰恰相反，这个手势绝不是源自阿金库尔战役，因为历史学家让·傅华萨②没能活到这场战役开始的时候，但却在他的著作里

---

① 阿金库尔战役（the Battle of Agincourt）是英法百年战争当中的一次著名战役，发生在1415年10月25日。是役，由步兵和弓箭手组成的英军以寡敌众，最终击溃法军。

② 让·傅华萨（Jean Froissart, 1337？—1405？），中世纪法国最重要的历史学家之一，他的著述是百年战争前半段最有价值的一个史料来源。

提到了英国弓箭手冲法国人挥舞手指的事情。傅华萨记述的事情出现在比阿金库尔早得多的一场战役当中，不得而知的是，当时那些英国弓箭手的手势算不算得上标准的"V"形。弓箭手的故事不光存在前述的破绽，同时也解释不了，现代的这种辱骂手势为什么会包含如此强烈的性意味。看起来，更有可能的解释是，现代的男人之所以使用"V"形的辱骂手势，大多数仅仅是因为它不光用上了以手指象征阴茎的攻击方式，力度还翻了倍。

说完手势，我们再来说说手部的接触动作。显而易见，大多数成年男性都非常不喜欢触碰陌生人，也不喜欢被陌生人触碰，尤其是陌生的男人。正是由于这个原因，手部的接触动作才在过往的几个世纪当中变成了一种正式的礼节，使我们拥有了一种经过精心设计的问候方式，用起来不至于感觉尴尬。这里说的就是握手，它曾经只是欧洲的地方特色，如今则已经实实在在变成了一种全球通行的礼节。

欧洲有过一种延续了很长时间的传统，那便是通过握手来表示交易达成，或者是契约生效。握手的用意原本如此，后来才变成互致问候。中世纪的时候，人们还曾经用握手来表示信守诺言或誓死效忠。这种情形之下，握手的动作通常会与臣属一方的下跪姿势一同出现。那时候，动作当中意义更大的成分是双方的手握到一起，而不是两只手在一起摇来摇去。话又说回来，我们确切地知道，完整的握手礼早在 16 世纪即已出现，因为莎士比亚的《皆大欢喜》当中有这么一句："他们握手行礼，誓结金兰。"①

时至今日，握手礼有了几种不同的样式。其中之一是政客式握手，也就是用两只手包住对方的一只手，仿佛给对方戴上了一只手套。在这种夸张的握手动作当中，主动一方的右手会依照惯例摇来晃去，与此同

---

① 这句话出自《皆大欢喜》（*As You Like It*）第 5 幕第 4 场。

时，左手却会紧紧地捂在对方的手背上。那些想展露十二万分友善的公众人物，最喜欢使用这种动作，所以说，人们有时会称之为"热烈握手"①。这好比一个微型的拥抱，将对方的手抱到了不能再紧的程度，既可以向对方发出强劲有力的友好讯号，又不会丢掉这一类问候应有的严肃性。政客式握手还有个更为激烈的版本，那便是用左手紧抓住对方的前臂，看着就跟即将发展成一个拥抱似的。

有一种方法可以让男人彰显自个儿的主导地位，彻底抹杀握手礼的平等本性，那便是采用掌心向下的姿势，率先伸出自个儿的手。这样一来，对方就不得不从下方去握他的手，不得不采用掌心向上的姿势。借助这种方法，居于主导地位的男人可以实实在在占到先手。

握手的时候，人们需要遵守几条规矩。年辈较高的人应该率先伸手，下属则不应抢着把手伸给上司。除非是地位异常显赫，任何男人都不该主动把手伸给女人，得体的做法是静静等待，看对方会不会把手伸给自己。

童子军②有一条古怪的规矩，握手的时候得用左手。这种做法的用意，据说是体现一份额外的信任，原因在于这样就把右手空了出来，理论上仍然便于操持武器。也有人声称，童子军之所以这么做，是因为左手离心脏更近。事实呢，这种不同寻常的做法别无深意，不过是为了给握手动作增添一点秘密仪式的韵味而已。跟童子军一样，许多秘密社团的成员也会使用与众不同的握手方法，对手指的摆放方式稍作调整，好让对方知道，彼此同属一个特殊的团体或组织。

20世纪60年代，美国兴起了一种复杂的握手方式，名字叫做"同

---

① "热烈握手"原文为"glad hand"，指热情且往往虚伪的欢迎或问候。
② 童子军运动（Boy Scout Movement）是始于1907年的青少年社会运动，发源地是英国，后来蔓延到世界上许多地方，主旨是帮助青少年在德智体三方面得到成长，使他们成为社会的建设者。

根兄弟握手礼"①。它本是美国黑人男性的发明，之后便逐渐蔓延开来，如今已经变成小伙子们表达亲密友情的一种流行礼节。这种握手礼包含三个步骤，首先是传统的手掌相握，接着是双方拇指根部的一次交叠，最后则是一个两手勾连的动作，双方都只用拇指之外的四根手指。也有些时候，行礼者会略去最后一个步骤，直接跳回刚开始那个传统的握手动作。

按照传统的说法，握手起源于古罗马时代，最初的形式是双方互握肘部或前臂，意在表明彼此的强壮右臂都不曾携有武器，体现着一种相互的信任。另一种说法则是，握手的动作原本是考校对方胳膊力道的一种方法，也就是说，双方可以通过握手来感受彼此的臂部肌肉，据此掂量对方的臂力。直到今天，一些缺乏安全感的人仍然会使用这种强有力的握手方式，恨不得把对方的手指捏个粉碎。他们之所以这么做，是为着一丝渺茫的希望，希望能借此给对方留下一个深刻的印象。

有人声称，握手是现代社会最普遍的一种疾病传播方式，所以呢，不足为奇的是，男人一般不乐意跟别的男人牵手，哪怕是一小会儿也不行。除此而外，大伙儿还觉得牵手是一种女性化的举动，出现在大庭广众之下的话，更可能被当成一个同性恋的标志。话又说回来，并不是世上所有的男人都有这样的感觉。在许多国家里，成年男性的的确确会手牵手地坐在一起，站在一起，或者是走在一起，仅仅是为了宣示友谊，一点儿也没有搞同性恋的意思。

大多数中东国家的情形都是如此，亚非两洲的一些国家也有这种习俗。在一张著名的照片当中，神色尴尬的布什总统陪同一位沙特阿拉伯王子，并肩走在得克萨斯州的自家牧场，两个人手牵着手。照片里的阿

---

① "同根兄弟"原文为"soul brother"，直译为"灵魂兄弟"，是美国黑人对本族男性的称呼，也可以用来指代美国黑人男性。

拉伯领袖觉得牵手是一件再自然不过的事情，出生于得克萨斯的小布什却显然感觉十分窘迫，尽管他拼命维持脸上的笑容。此情此景，正如一位评论人士当时的感叹："只要能压低油价，有些人什么都肯干。"另一位评论人士嘴巴更不饶人，按他的说法，"除了一张照片以外，所有照片都显示'大不雅'是在用左手牵他的那位沙特恩主，而那恰恰是**阿拉伯人用来擦屁股的手**！"① 话说到这种程度，意味着说话人已经被强烈的反布什情绪弄得丧失了常识，原因在于，但凡两个人并肩走路，总有一个得用左手去牵对方。

造访南非之后，美国的一个黑人小伙如是写道："不管是老是少，那里的男人个个都喜欢手牵着手。这样子的习俗，让我一时之间无法理解，因为我是个美国黑人，来自一片充斥着'歹徒姿势'② 的土地。在我生活的世界里，男人从来也不会相互触碰，这样的举动就算是有，通常也局限于同性恋的圈子。"到最后，他得出这么一个结论："还得过上很长的一段时间，两个美国黑人男子手牵着手的场面才能得到人们的认同，在那之前，这样的举动只会招来一句句敌视同性恋的辱骂，或者是一道道针尖一样的目光。不过，我们兴许可以借鉴国外的经验……非洲那些手牵着手的男人，有许多都是全副武装的革命者，正是他们推翻了那个实行种族隔离的政府。说不定，眼下正是时候，我们大家都可以放手一试，努力给彼此一点兄弟般的温情。"③

---

① "大不雅"原文为"Dubya"，是心怀不满的人给美国总统小布什（George W. Bush）起的诨名，旨在挖苦小布什的得克萨斯口音。在得克萨斯口音当中，小布什的中名首字母"W"发音近于"Dubya"；阿拉伯人的习俗是以右手进食，左手擦屁股；此外，"擦屁股"原文是"asswiping"，这个词在英语俚语当中有"废话连篇""极度愚蠢"等贬义。
② "歹徒姿势"（gangster pose）是指刻意摆出的一种凶神恶煞的姿势，模仿的是黑帮成员的做派。
③ 本段引文均出自美国当代作家及艺术家比尔·巴特森（Bill Batson）于1999年在美国杂志《精华》（*Essence*）发表的文章《在非洲，男人手牵手》（*In Africa，Men Hold Hands*）。

第十四章　胸　膛

自从我们的祖先改弦更张，开始靠打猎维持生计，人体就遭遇了一些前所未有的压力。既然投入了追逐猎物的营生，人类男性不得不设法改进自个儿的呼吸状况。如果一跑起来就上气不接下气，后果必然是上顿不接下顿。所以呢，人类男性必须拥有一个赛过其他所有猿猴的宽阔胸膛。与此同时，为了收纳尺码增大的肺叶，人体里那个由脊柱、肋条和胸骨组成的骨质笼子，同样得朝水桶的方向发展才行。这样一来，胸腔的长度和宽度都比以往有所增长，人类男性有了一个堪比运动健将的胸膛。

人类女性的发展道路，跟男性不太一样。女人受到大肚子和婴儿的羁绊，行动不像男人那么方便，所以呢，女人的胸膛就没有像男人那样大幅扩张，而是选择了另一个发展方向：胸腔依然很小，乳房却膨胀成了两个柔软的半球。膨胀的乳房具有两种生物学意义的功能，一种牵涉到哺育后代的责任，另一种则与性有关。与之相较，男性的胸膛不过是一部改良的呼吸机而已。就算它真有什么性方面的吸引力，那也只是一种次要的东西，更何况，肌肉发达的宽阔胸膛之所以显得性感，仅仅是因为它可以表明这样一个事实：它的主人是一名出色的猎手，由此就是一个值得托付的伴侣。

今时今日，太多太多的男人过上了缺乏运动的生活，结果是男人的胸膛往往显得太过狭窄，太过渺小，根本吸引不了潜在的伴侣。如果你有意扩增胸部肌肉，以便把胸脯挺得高那么一点点，今天的社会已经为你准备了一种简单的手术，可以让你拥有"轮廓更分明、更具雕塑感的胸肌"。医生们会在你的两腋各拉一道小口子，通过这两道口子把实心的锥形植入体搁到你的胸大肌（*pectoralis major*）下面，塞进一些预先做好的囊袋。只不过，对大多数男人来说，一件剪裁得当的上衣就可以带来差强人意的效果，用不着这么费劲。

脱掉上衣之后，我们又会面临一个新的难题。男人的胸膛分为两种，一种毛茸茸，一种光溜溜，我们的难题则是设法确定，哪一种才比较性感。胸毛茂盛的男人要想转型，尽可以除去胸毛，把闪闪发光的平滑胸膛袒露人前，过程虽然痛苦，终归是一件可以办到的事情。没有胸毛的男人就麻烦了，只能把希望托付给曾在 20 世纪 70 年代风靡一时的假胸毛，还得祈祷这玩意儿黏得牢靠，不会在亲密的时刻掉将下来。

毛茸茸的胸膛和光溜溜的胸膛孰优孰劣，女人有两个截然不同的答案。有些女人坚称，既然男性的体毛总体上多于女性，极其浓密的胸毛就等于极其浓烈的男人味，自然称得上十分性感。她们补充说，毛茸茸的胸膛不光看着性感，摸起来也性感，感觉跟摸泰迪熊差不多。除此之外，她们还对光溜溜的男性胸膛啧有烦言，说它跟儿童的胸膛太过相像。

偏爱光滑胸膛的女人则声称，胸上无毛的男人看起来比较年轻，同时指出，近距离接触的时候，光滑的皮肤不仅是远比胸毛敏感，还远比胸毛性感。如此看来，这个问题仍然不会有什么盖棺论定的答案。

人们对胸毛的看法，没准儿也存在文化层面的差异，证据便是爱尔兰歌手罗南·基廷（Ronan Keating）的举动。为了在美国市场取得成功，基廷曾经用去除胸毛的方法来讨好当地的歌迷。当然喽，他并没有劳神改变自个儿的身体，仅仅是改变了用于美国市场的宣传照片，将照片上的胸毛擦掉。当时他在英国推出了一张单曲唱片，唱片封套上的他敞着衬衫领口，撮撮胸毛在那里探头探脑。可是呢，同一张单曲唱片到了美国，封套上的胸毛却魔术般地没了影踪。他这么做，据说是为了让自个儿的形象少一点儿乖戾，多一点儿友善，换句话说就是少一点儿男人味，多一点儿孩子气。

看情形，货真价实的脱毛活动——也就是说，脱的是身体上的毛，而不是照片里的毛——正在成为加利福尼亚地区的一种流行风尚，最近也确实有几位好莱坞男星强忍疼痛，让人扫除了自个儿的胸毛。布拉德·皮特和乔治·克鲁尼（George Clooney），据说都采取了这样的措施，由此可知，女性的口味已经从总体上倒向皮肤光滑的男性。

英国导演里德利·斯科特（Ridley Scott）执导的《天国王朝》（*The Kingdom of Heaven*）是一部以十字军东征为题材的史诗巨片，好莱坞演员奥兰多·布卢姆（Orlando Bloom）在片中饰演一名坚强的武士。为了自个儿的行当，也为了让自个儿饰演的角色更有说服力，布卢姆不得不逆潮流而动，用假胸毛盖住了光溜溜的胸膛。

一说到男性的胸膛，我们就避不开一个年深日久的问题：男人长乳头来干什么？乳头这个器官的功能是给饥饿的婴儿提供奶水，但却长在了没有奶水的人类男性身上，有些人在没事儿的时候琢磨过其中的道理，结果全都是一头雾水。假使长乳头的男人只是少数的话，我们倒可以说这些男人不正常，把他们跟那些长胡子的女人等同起来。问题在于，所有的男性都有乳头。这样一来，乳头就成了男人身上的一种正常配置，致使我们别无选择，只能去为它的存在找出一个合理的解释。

男性乳头的发育过程，可以说一目了然。在刚刚成形的 14 个星期之内，人类的胎儿无论是男是女，都不会展现什么男性特征。另一方面，就是在这个阶段，两个性别的胎儿都会长出乳头。接下来的 14 个星期里，雄性荷尔蒙开始发挥作用，男性胎儿便逐渐显露男性的特征。然而，尽管男性胎儿的性别特征日趋明显，两性胎儿胸脯上的乳头却都会继续存在，并不会受到什么压制。

有些时候，人们会用上述过程来回答"男人长乳头来干什么"的问题，认为这可以算一个令人满意的解释。可是，演化之手很少会如此施为。纵观演化历程，没有用处的器官总是以消失告终。男人的乳头既然没有消失，乳头对男人来说就一定有什么好处，所以呢，我们绝不能把它说成一个胎儿时期的失误，就这么蒙混过关。

真正的答案是，乳头为人类男性的前戏活动提供了一个重要的性感带。根据一份相关的报告，男人的每个乳头都包含 3 000 到 6 000 个极其敏感的感触神经末梢，外加 2 000 到 4 000 个性感神经末梢。性感神经末梢紧贴在感触神经末梢下面，两种神经末梢共同作用，把乳头打造成了一个十分敏感的部位。

让人惊讶的是，相关研究表明，男人两个乳头感受性刺激的能力并不均等，有的男人是左乳头比较敏感，也有的是右乳头比较敏感。我们的两只眼睛有主有次，但我们并不自知，与此相类，大多数男人都不知道，前戏过程之中，哪个乳头能带来更大的快感。

声名狼藉的芭比娃娃有个同为塑胶玩偶的男友，名字叫做"肯"①。曾经有人指出，这个"肯"在小女孩当中引起了不少疑惑，因为他没有乳头。有一些大人回忆说，自己曾经给"肯"画上乳头，为的是让小孩子觉得他更像真的；还有些大人小时候玩过这种玩偶，眼下便认为"肯"身上没有乳头，恰可反证乳头是男人的性感带，必须得加以禁止，免得撩起芭比的欲火。

可是，有些男的不但不收敛自个儿的乳头，反而把它当成了一种炫

①作者说芭比娃娃"声名狼藉"，可能是因为芭比娃娃很受儿童欢迎，由此引发了许多争议，最普遍的质疑是芭比的身材太过纤瘦，以她为模仿对象的小女孩可能会得上厌食症；"肯"（Ken）是玩具公司为芭比娃娃配备的玩偶男友，于 1961 年首次上市。

耀的资本，先是给它扎上眼儿，然后又给它缀上或金或银的圈环。男人穿乳头的做法，至少已经存在了 2 000 年的时间，古罗马时代的各位百夫长，就曾经以这种方式显示他们的勇气与阳刚。到了身体穿刺日益风靡的当今时代，罹此涂炭的身体部位遍布全身，乳头不过是其中之一而已。令人咋舌的是，有个男的居然拥有四个乳环，原因是长有四个乳头的男人虽然少见，可他刚好是其中一员。

关于男人的乳头，还有个关键的问题：它究竟有没有过产奶的时候？有没有哪个时候，人类的男性也具备泌乳哺儿的能力？就连查尔斯·达尔文这样的权威人物也曾揣测，人类男性长有乳头的事实，兴许意味着很久以前的某个时候，"雄性哺乳动物曾经是雌性的帮手，跟雌性分担着用乳汁喂养后代的责任。到后来，不知道为什么，雄性又放弃了这份责任……"接下来，达尔文继续推演："成年时期废而不用的器官，最终会进入休眠状态"，但"在早期阶段，这类器官也许能保持原有的活性，由此可以在两个性别的幼体身上得到程度几乎相等的发育"。[①] 可惜的是，并没有证据能够证明，我们的直系先祖有过一段男性也正常泌乳的时期。除此而外，在现存的 4 000 种哺乳动物当中，只有达雅克果蝠（Dayak fruit bat）跟达尔文的推测沾点边儿，因为它的雄性个体也拥有活态的乳腺，可以帮助雌性哺育幼蝠。

话又说回来，男人泌乳虽然是一种极其罕见的现象，终归会在某些情形之下成为现实。出现这种现象的时候，最常见的原因是男人在接受治疗的过程中使用了雌性荷尔蒙。匪夷所思的是，这种现象还会出现在环境异常严酷、食物十分匮乏的时候。纳粹集中营的一些男性幸存者就有过分泌乳汁的经历，从朝鲜和越南归国的一些男性战俘也是如此。除此之外，有一些当爹的实在是太想亲自给婴儿哺乳，于是便千方百计刺

[①] 本段引文均出自达尔文《人类由来及性选择》（*The Descent of Man*, *and Selection in Relation to Sex*, 1871）。

激自个儿的乳头，最终也达到了自产奶水的目的，只不过产量有限，给不了婴儿足够的营养。

对其他许多男的来说，关键的问题并不是自个儿有没有奶，而是自个儿的胸部会不会显得太女性化，也就是说，自个儿的胸部会不会长得鼓鼓囊囊，跟女人的乳房太过相像，显不出男人的刚毅粗犷。男人要是长了这样的胸脯，学生时代往往会因"男半球"受尽欺凌，被人家安上"大奶子"和"大胸脯"之类的刻薄绰号。

这样的嘲弄经常导致严重的抑郁和自卑，受害人自然会拼命寻找解决问题的办法。整形手术是这些男人唯一的希望，所以说男性"美胸手术"日趋流行，只不过手术可以做，相关的话题却依然是个禁忌。过去的一年里，美国有14 000名男子接受了缩小胸部的手术。鉴于增大胸部的女士足有40万之众，这当然只是一个区区之数，但它还是可以让我们深刻地体会到，对许多男人来说，一个阳刚的胸膛是多么的重要。一位借手术重获信心的男士总结得好："现在好了，我上床的时候用不着穿衬衫了。"

说到胸部的肢体语言，我们有两种主要的象征手法，一是用胸膛来代表我们自己，一是用它来指涉某个性感地带。一旦某个正在说话的人打算强调"我"这个概念，我们就可以看到那个代表自我的胸膛。这种情形之下，说话人会一边口吐"我"字，一边用手指触碰或叩击自个儿的胸膛。赶上极度欣喜的时刻，人们还可能做出用双臂环绕胸膛的抱胸动作。

在许多文化当中，我们经常可以看到人们挺起胸膛，或是用手掌或拳头拍打胸脯。这两个动作都意味着对自我的一种肯定，也都是在用胸膛来代表整个的自我。另一方面，古代那些悲痛欲绝的哀悼者往往会袒露自个儿的胸膛，要不就对它饱以老拳。

若是做势遮掩这个代表自我的区域，则可以传达与自我肯定相反的讯息。在东方，双臂在胸前交叉的动作如果出现在鞠躬的时候，那就是一种谦恭的表示；对于阿拉伯人来说，依次触碰自个儿的胸膛、嘴巴和额头是一种礼貌的问候。在意大利，平贴胸前的交叉双掌象征着基督教的十字架，有时也可以用于立誓。

与性有关的一种胸部肢体语言是形形色色的双手罩胸动作，男人们比划这类手势，可以是为了模拟女性那对性感的乳房，也可以是为了告诉旁人，某个女人的胸部值得注意。希腊男人有一种捶胸脯的动作，也就是用双拳捶打自个儿的胸膛，而且只捶一次。在这个动作当中，双拳代表的是女人的双乳。

单掌扪胸的简单动作拥有无比漫长的历史，源头可以追溯到古希腊时代，甚至是更为久远的往昔。人们会用这个动作来表白忠心，也会用它来赌咒发誓。就古希腊的奴隶而言，左手贴在前胸是一种恭顺的表示，意思是他们正在静候主子的吩咐。

到了今天，正式的扪胸动作在美国最为常见。国歌奏响的时候，美国的普通百姓会用这个动作替代军人的敬礼。赶上这样的场合，他们用的都是右手，至于说其中的道理，可以说一望而知：右手扪胸，意味着把手放在了自己的心上。

今时今日，我们认为心脏是七情六欲的象征，但在扪心手势初次出现的古昔时代，人们可不是这么想的。依照那时的认识，心脏凝聚着一个人的精魂和智慧，是一个人存在的根本。由此可见，古人一旦把手放到胸前，就是在象征性地触碰这么一件至为重要的物事。大脑在那些遥远时日的名分，不过是听从心智驱遣的一件工具而已。直到今天，这样的认识依然在影响我们的行为，所以呢，把手放上别人的胸脯是一种相当亲昵的动作，通常只能用在情侣或至交好友之间。

第十五章　肚　子

约翰逊博士[①]给人类的肚子下过一个准确的定义，说它是胸部和大腿之间的人体部分，里面装着肠子。照医学上的说法，我们又把它叫做"腹部"。我们的肚子虽然没把外生殖器包括在内，但却跟这片负责繁殖的区域贴得太近，由此也在一定程度上受到了审查制度的监管。维多利亚时代，人们拒不使用"belly"（肚子）一词，理由是这个字眼儿太过粗俗。在他们嘴里，陈旧落伍的"bellyache"（肚子痛）变成了更为文雅的"stomachache"（胃痛），用到小孩子身上则是"tummy ache"（小肚肚疼）。时至今日，我们早已将维多利亚时代的假模假式抛到九霄云外，但却依然喜欢使用这些不准确的说法，以至于我们的胃和肚子，跟以前一样缠夹不清。

从外观上看，两性的肚子有一些细微的差异。男人的肚子比女人毛多，进入青春期之后，他们的腹部毛发会逐渐形成一根竖直的线条，从阴部向胸部延伸。小伙子渐渐步入中年，这根俗称"寻宝之路"（treasure trail）的线条也会渐渐变宽，向肚子上的其他地方扩展。

腹部毛发的样式共有四种：

地平线式：特点是阴部毛发上缘平齐，再往上的地方没有毛发。（二十五岁以下的男性当中有 40% 是这种样式，几乎所有的女性也是这种样式。）

箭矢式：特点是腹部有窄窄的一绺毛发，从阴部毛发的上缘竖直延伸到肚脐的位置。（男性当中有 6% 是这种样式。）

尖锥式：这是男性最典型的一种腹部毛发样式，特点是腹部毛发形成一个颠倒的"V"形，从阴部毛发的上缘一直延伸到肚脐，甚或是肚脐上方。（男性当中有 55% 是这种样式。）

四边形式：又称"分散式"，特点是腹部毛发覆盖了整个肚子，分布大致均匀。（男性当中有 19% 是这种样式。）

对于今天的许多男人来说，肚子上的任何毛发都是招人厌恶的东西。如今有越来越多的男人，打算把腹部和其他许多部位的毛发一脱了之，他们一心想拥有孩童一般的光滑皮肤，全不管自个儿到底是什么年纪。

除了毛发多寡之外，两性肚子的形状也有些微不同。以健康青年的情形而论，男性的肚子要比女性短，弧度也要小一些。说得再具体一点儿，那就是男性肚脐和外生殖器之间的距离短于女性。看看那些擅长运动的男性，他们的肚子全都是又小又瘪，毫不起眼，借这种含蓄内敛的特质赢得了异性的欢心。

当代的纳西瑟斯② 有个梦想，急欲在人前展示那种臭名昭著的"六听啤"，换句话说，这类人巴望着把自个儿的腹肌锻炼到完美无瑕的程度，让它变得坚如磐石，经得起猛烈的打击，轮廓还得与半埋在沙子里的一包六听装啤酒相仿。对一些男人来说，这款理想的肚子已经是一种无法自拔的痴迷，形形色色的男性杂志又为他们的痴迷添柴加火，说"六听啤"是男性身体霸权的一个象征，散发着汨汨不断的阳刚气概和

---

① 这里的约翰逊博士指的是萨缪尔·约翰逊（Samuel Johnson，1709—1784），英国诗人、小说家、文学评论家及辞典编纂家。他编纂的《英语词典》（*A Dictionary of the English Language*，1755）对英语的发展起到了至关重要的作用。
② 纳西瑟斯（Narcissus）是古希腊神话里的美少年，因徒劳地爱上自己的水中倒影而死，在西方文化中是极度自恋者的代名词。

性感魅力。

为了美化男人的肚子、塑造"六听啤"的线条，各式各样的特制健身设备纷纷上市。这些玩意儿以局部锻炼、精确去脂的可疑理论为依据，承诺给男人一个坚如磐石的肚子，但却往往忘了说，要看到这种理想的效果，男人必须把体脂率从通常的12.5%缩减到10%左右，由此就必须遵循精心制订的计划，投入坚持不懈的饮食控制和基础力量训练。想拥有神奇的"六听啤"、拥有青春焕发的理想肚皮，你必须得是个死心塌地的健身奴隶才行。

所有这些努力，通通经不住年岁的考验。男人和女人都会因过度饮食而发福，具体的发福方式却有所不同。女人发福，通常是全身上下一起膨胀，男人发福，表现却是肚子的尺码发生不成比例的增长。许许多多上了岁数的男人，都是在用一副豆芽菜似的身板支撑一个水瓮一般的硕大肚皮，但在女性当中，这样的体形十分罕见。看情形，人类的男性似乎是把自个儿的肚子变成了一个集中存放多余脂肪的"驼峰"，与此同时，人类的女性却会把多余的脂肪分散到全身各处。

在食物匮乏的艰难往昔，许多穷人都吃不饱饭，男人的大肚子是一个彰显财富与成功的耀眼标志，足可令主人备感自豪。在现今那些相对富裕发达的国家里，崇拜青春的热潮甚嚣尘上，人们越来越在意自己的健康和体形，这样的风尚主宰了人们的思维，大肚子自然变成了一件昭示自我放纵的可悲物事。今时今日，男人的肚子如果不是坦荡如砥，那就算不得"政治正确"。

人们经常把男人的大肚子称为"啤酒肚"，将喝啤酒的习惯认定为肚子变大的罪魁祸首。出乎意料的是，这种说法不过是一个已被揭穿的谎言。一些严谨认真的相关研究已经表明，"酒精摄入与体重增长之间并无关联，其中缘由目前还不得而知"。既然如此，开怀畅饮和硕大肚皮之间的明显联系，到底该作何解释？答案得归结于酒鬼们的通常个性，原因是一般说来，酒鬼们都是些耽于感官享受的享乐主义者，喜欢聚众狂饮的同时也喜欢大快朵颐，吃的又往往是些垃圾食品。由此可见，他们那圆鼓鼓的腹部曲线并不是因为啤酒，而是过量食品的产物。

更有甚者，根据意大利方面的新发现，大肚子也有一个专门的基因。即便一群男的拉帮结伙，以相同的程度暴饮暴食，发福的也只会是其中的一部分人。研究人员发现，在受试人群当中，长出了大肚子的那部分人在基因组成方面具备一个共同的特征。与此同时，没有这个特征的人完全可以由着性子猛吃，用不着担心腰围见长。

奇怪的是，一些人居然利用上述的发现大做文章，给那些大腹便便的男人找到了一个借口，说什么胖也不是他们自个儿的错，要怪就怪他们的基因。说到这件事情，这些人的官方措辞是："认识到体重增长的基因诱因之后，我们就迈出了关键的一步，可以为肥胖者洗去污名，不再将肥胖一味归咎于他们自己的过失。"[①] 这是个生动的例子，向我们展示了各位"政治正确迷"的扭曲思维，他们甚至拒绝使用"fat"（肥胖）这个倒霉扫兴的字眼儿，转而乞灵于"horizontally challenged"（身体过宽）之类的荒唐说法。事实呢，如果不是因为暴食或者缺乏锻炼，健康人绝对不会发胖。基因方面的因素仅仅意味着一个让人愤愤不平的事实，那就是有些人尽可以暴饮暴食，尽可以疏于锻炼，到头来还是不会发胖，但这个事实并不能成为将军肚们的借口。如果吃得太多不是他们的错，那又是谁的错呢？是你自个儿要把那一坨多余的食物塞进嘴巴，可没有谁逼你这么做。

需要补充说明的是，以上的说法只适用于身体健康的人。就为数很少的腺体疾病患者——尤其是甲亢患者——而言，即便他们没有暴食，发胖的可能性依然存在。除此而外，他们的肥胖问题没办法自行解决，

① 根据英国广播公司 2003 年的相关报道，引文是美国肥胖协会（American Obesity Association）一位女发言人的说法。

只能仰赖特殊的治疗。

看到社会舆论对阔绰肚皮的普遍抨击，有些男人采取了厚颜无耻的反叛立场。他们中的一位旗帜鲜明地指出，宁可选择一段随心所欲的快乐人生，然后因心脏疾病壮岁夭亡，也不能牢骚满腹地苟延残喘，跟那些皮包骨头、老而不死的素食主义者一样。更有甚者，一些与他心有戚戚的人还在自个儿的 T 恤衫上印了这么一句口号："这可不是什么'啤酒肚'，而是为一部做爱机器配备的油箱。"

这一种冒天下之大不韪的男性立场，在苏格兰尤其大行其道，这里的男人有 43% 体重超标，更有 20% 业已跻身肥胖症患者的行列。与此相关的一个调查小组沮丧不已地发现，苏格兰男人宁愿体重超标，也不愿给人留下体格瘦弱的印象。在这个地方，超重的男人不想减肥倒也罢了，更让人担忧的是一些体重正常的男人，因为他们实实在在地产生了增肥的打算。

上述调查的对象是爱丁堡和格拉斯哥的男性倒班工人，调查人员向他们展示了一系列图片，图片里是一些只穿内裤的男人，从瘦骨嶙峋的豆芽菜开始，一直到体重大幅超标的啤酒肚。在这些工人生活的社会当中，到处都是那些身材苗条的男性名流留下的光辉形象，尽管如此，在调查人员让他们挑选心仪体形的时候，他们还是不约而同地选中了一张图片，图片里是一个体重明显超标的男人。

调查人员又对一些体重大幅超标的男人进行了访问，同样的反应再一次出现。面对这些男人，健康专家们喜忧参半，喜的是他们的确有减肥的想法，忧的则是他们的理想并不是那种时髦的修长身板，而是一种一看就知道依然超标的体形。

这些发现让卫生管理部门惊骇万分，迫使他们拿出了一个明智的决定，那就是改变自己的策略。他们意识到以前的方法注定会以失败告终，于是就不再鼓励苏格兰男人去啃莴苣叶子，也不再敦促他们节制饮食，转而大力游说他们加强锻炼。

对于世界另一头的一些运动员来说，锻炼加暴食是一条黄金准则。在日本，大腹便便的相扑选手个个都是地位显赫的体育明星，也是人们崇拜的对象。他们之所以要养出一个硕大无朋的肚子，原因不外乎以下两条：首先，大肚子可以增加他们的体重，由此增强他们将对手挤出相扑台的能力；其次，大肚子可以降低他们的重心，使对手难以掀翻他们。为了养出这么个大肚皮，他们每天都要吃一种特制的炖菜，分量多得可以堆成山。这种炖菜名为"什锦锅"（chanko-nabe），原料包括鱼肉、禽肉、畜肉、鸡蛋、蔬菜、糖和酱油，吃的时候还要配上 12 海碗米饭和 6 品脱啤酒。他们每天摄入的热量大约是 7 000 卡路里，相当于普通男性的 3—4 倍。

体重最大的相扑选手是一个名叫"八十吉"的夏威夷人[①]，大伙儿亲昵地称他为"翻斗车"。八十吉的吨位达到巅峰的时候，体重足足有272 公斤，以至于他下榻的酒店不得不预先测试房间马桶的承重能力，还得对床和椅子做一番加固处理。如今他虽已退役，体重却依然是妻子的 6 倍。可悲的是，相扑选手的平均寿命只有 45 岁左右，话虽如此，他们终归算得上有所报偿，因为他们在有生之年享尽了风光与奉承，普通的男人活十辈子也赶不上。

如今的一些男人不惜花数千英镑去做腹部抽脂，也就是通过外科手术取掉肚子上的一大块脂肪，然后再把大幅缩水的肚皮缝合如初。现代人对扁平的腹部这等痴迷，其中究竟包含着什么样的道理？他们既然会求助于这种相当极端、想必也相当痛苦的手术，摆脱大肚子的愿望一定是十分强烈。有人解释说，大肚子不光有碍观瞻，对健康来说也是一种威胁，原因在于腹腔里的深层脂肪跟我们的一些主动脉挨得很近，肚子

[①] "八十吉"即美国相扑选手小锦八十吉（Konishiki Yasokichi, 1963—　），是第一个出生在日本之外的"大关"（相扑运动第二高的等级称号）。

如果太过肥硕，就会极大地增加我们罹患心脏病的几率。除此而外，大肚子还意味着主人放纵自我、生性懒惰、不守规矩，这些可不是什么让人心动的特质，既不能吸引异性，也不能吸引潜在的雇主。

肚脐是给所有人的一个醒目提示，让我们别忘了自己曾经是个婴儿。男人的肚脐若是长在一个软乎乎、圆滚滚的肚子上，看起来就更像婴儿的肚脐，会给旁人留下一种柔弱无助的印象。如果用一条条硬邦邦的肌肉把肚脐团团围住，兴许就可以抹去它这种象征柔弱的特质。说到"发自肺腑的感觉"或是"肠子都悔青了"的时候，我们都是在把肚子等同于强烈的情绪波动。这么说的话，男的要是想通过隐藏情绪来扮演硬汉，那就必须把自个儿的肚肠隐藏起来。所以呢，他可以用硬邦邦的肌肉来包围自个儿的肚子，借此显示他有能力控制自个儿的情绪。这样的男人可望在权力的角逐当中占到上风，因为他连自己都能控制，控制别人自然是不在话下。

归根结底，每一个男人都可以自行选择，自己究竟要走哪一条路线，是去当一个温和圆融的享乐专家，还是去当一个小肚鸡肠的腹肌狂人[①]。

宗教世界里只有一个大肚子的形象，那便是象征好运和财富的弥勒佛。人们总是把弥勒佛描绘为一个矮胖敦实的光头，通常还会让他敞着衣袍，把滚瓜溜圆的肚皮露在外面。根据传说，摸他的肚子可以带来好运。这样的一种说法，显然源自古人对大肚子男人的欣羡之情，那时候，大肚子意味着主人吃得不错，换句话说也就是运气不错。

一直以来，人们总觉得肚皮舞是一种专属女性的活动，其实呢，男人的肚皮舞也有一段漫长的历史。在奥斯曼土耳其帝国时期，也就是1345 至 1922 年，女人的肚皮舞是苏丹后宫里的一种消遣活动，表演地

[①] "腹肌狂人"的原文"abdomanic"是作者生造的一个词，由"abdomen"（肚子）和"manic"（狂躁的人）结合而成。

点仅限于宫禁之中的隐秘处所。那时候，普通的男人从来没机会见识这种色情的舞蹈，普通的女人也万万不敢跨越雷池，当众展示这些十足挑逗的动作。

此种形势之下，男人的肚皮舞应运而生。作为一种全新的表演活动，大胆露骨的男性肚皮舞兴起于伊斯坦布尔那些人称"梅哈恩"（meyhane）的夜间酒馆，表演者是男人，取悦的对象也是男人。号为"拉卡斯"（rakkas）的肚皮舞演员都是些长相标致的小伙子，他们穿着闪闪发光的服装，在清一色的男性观众面前献舞。挑选"拉卡斯"的范围限于非穆斯林家庭，一般说来则是基督徒家庭。他们从 7 岁就开始训练，因此拥有十分精湛的舞技。6 年左右的训练之后，10 岁左右的他们开始登台跳舞，能跳多久就跳多久，跳到脸上冒出胡子为止。到那时，他们会离开舞台，成家立室。再往后，他们自个儿也会变成舞蹈老师，开始训练下一辈的男童。

跳肚皮舞的男人分为两种，一种是"兔小伙儿"（tavsan oglan），一种是"科切克"（kocek）。"兔小伙儿"的行头是特制的帽子和紧身裤，"科切克"则穿着女人的衣服，留着瀑水一般的长发。据估计，到 17 世纪中叶，这一类的舞蹈男童至少已达 3 000 个，一个个都是舞技高超、性感、柔弱、惹人遐思。他们模仿着苏丹后宫里的三千佳丽，肚子慢慢地抖来抖去，做出各种挑逗的姿势。跳肚皮舞的女人既然无法触及，作为替代品的舞男就成了众人倾慕的明星。有一些神魂颠倒的观众甚至写下了一些浪漫的诗歌，大肆称颂他们的美丽。有时候，他们还会把自个儿的身体变成竞标的彩头，供出价最高的观众享用。

男人跳肚皮舞的传统一直延续到 19 世纪，跟着就有点儿难以为继，原因是观众的行为比以前暴烈了许多。为了争夺跟最标致的男童上床的权利，观舞的男人开始摔砸杯子，争吵打斗，甚至是拼上性命。由此而来的暴力行为愈演愈烈，致使苏丹不得不在 1856 年颁下命令，将土耳其全境的男性肚皮舞表演一律禁止。这样一来，跳舞的男童只好前往中东地区的其他国家，以便继续展示他们的色情舞蹈，取悦那些嗜好此道的男性看客。

进入 21 世纪之后，土耳其仍然有男性的舞者，只不过他们的表演通常不再有色情意味，仅仅是一种民俗展示而已。然而，在伊斯坦布尔这个光怪陆离的城市，一些夜总会已经再次搬出先前的色情版肚皮舞，让男性舞者穿上了女人的服装。有趣的是，如今有一个名气数一数二的男性肚皮舞者，一心想洗脱"特殊"色情表演的嫌疑，所以就拒绝为清一色的男性看客演出，只愿意在男女混杂的观众面前亮相。

肚皮舞复归色情的动向，使得土耳其社会当中的保守人士极为不满，一位出离愤怒的父亲更是采取了极端的手段，用铁链把自己的儿子锁在床上，整整锁了三天，希望能借此终结儿子的肚皮舞生涯。将来的形势如何发展，全得看土耳其的穆斯林教条是收紧还是放宽。

同样是位于肚子中央，男性肚脐引发的关注远不如女性的肚脐。人们经常觉得女性的肚脐带有轻微的色情意味，原因是它象征性地影射着肚脐下方的女性生殖孔。男性的肚脐不具备这样的象征意义，所以呢，就算它有过被人看作性感部位的时候，那样的时候也只能说是绝无仅有。男性肚脐真正让人关注的地方只有一点，那便是它的宗教意义：亚当有没有肚脐？鉴于上帝创造亚当是以自身的形象为蓝本，要是亚当有肚脐的话，上帝是不是也有肚脐？假使上帝确有肚脐，上帝的母亲又是何方神圣？在许多人看来，面对诸如此类的神学问题，宗教简直变成了一个笑话。为了逃脱人们的嘲讽，一些穆斯林提出了一个匠心独具的理论。按照他们的说法，真主安拉创造了世上的第一个人，恶魔为此大发雷霆，于是就往这个人身上吐了一口唾沫。恶魔的唾沫落在这个人身体的中央，眼看着就要造成巨大的伤害，好在安拉眼明手快地挖走唾沫，这才避免了灾难性的后果。尽管如此，恶魔的唾沫还是在这个人身上留下了一块小小的伤疤，也就是有史以来的第一个肚脐。

佛门弟子会花费大量时间来凝视自个儿的肚脐，这样的行为乍一看有点儿自我中心，实际上却是一种特殊的冥想方式。对他们来说，肚脐象征着宇宙的中心，并不是什么小小疤痕。这样一来，聚精会神看肚脐就不是在关注自身，而是在关注万物苍生。

与此截然相反的是，哲学家尼采认为："就因为长了肚子，人才没有把自己错当成神。"① 换句话说，肚子是一个粗俗多欲的饭袋，跟一切精神上的事物全然对立。西方人赋予肚子的这种贬损意义，与东方人的认识大相径庭，按照后者的看法，肚子构成了生命的基座。日本人认为肚子是身体的中心，所以说日本男人举行自杀仪式，首当其冲的就是肚子。日本有一种名为"切腹"（hara - kiri）的仪式，具体做法是拿起一把锋利的刀子，自己给自己开膛破肚。只不过，这种自杀方法的效率实在是低得让人着恼，因此就得有个助手站在自杀者的身旁，负责砍掉自杀者的脑袋，为的是早点结束他的痛苦。

比较而言，与肚子有关的肢体语言为数不多。如果感觉自己受到了同伴的小小威胁，我们偶尔会有捏肚子或者捂肚子的动作。这样的时候，我们的胳膊扮演的是身体前方的一道屏障，正在向外界发送一条无意识的讯息：我必须保护自个儿的柔软下腹，不让它遭受或恐到来的攻击。这种动作是"肢体十字"（body - cross）的一个变体，更为典型的"肢体十字"则是双臂交叉，把前胸紧紧护住。所有这些遮挡身体的动作，全都意味着主人与他人的交道不甚愉快，人际关系当中出现了一缕紧张气息。话虽然这么说，我们还是得首先确定，捂肚子的人并不是刚吃了一大堆没熟的苹果，吃了的话，那他很可能不是在做一个保护肚子的下意识动作，仅仅是肚子痛而已。

---

① 这句引文出自尼采《善恶的彼岸》（Beyond Good and Evil，1886）。

与肚子有关的象征性姿势只有几种，最普遍的则是拍肚子。这个动作通常出现在一顿丰盛的大餐之后，意思是主人已经吃饱喝足。此外还有几种地方性的肚子肢体语言，传达的是与此刚好相反的讯息：我饿了。想说自己饿了的时候，意大利人的做法是把一只手端平，掌心向下，然后把手掌的边缘贴上自己的肚子，节奏整齐地拉来拉去。在拉丁美洲，人们的做法是一边用双拳紧紧抵住自己的肚子，一边让嘴巴保持张开的状态，借此形象地模拟饥饿的痛苦。除此而外，许多国家的人都会使用揉肚子的动作，也就是用一只手抓着肚子做圆周运动，意思是动作的主人已经饥肠辘辘，必须得设法减轻由此而来的苦痛。

　　前述的最后一个动作可能会引起混淆，因为中欧地区有一种与此相似的手势，也就是用一只手上上下下地揉肚子。这种手势的意思是"看见你倒霉我很高兴"，言下之意则是"我一直在看你的笑话，连肚子都笑疼了"。

　　法国有一种割肚子的动作，具体说就是把一只手端平，掌心向上，然后在自个儿的肚子上从左向右划拉一下。割肚子的动作通常会与"够了！"这句话同时出现，意思是"不能再多了！"。

　　一般而言，摸别人的肚子是一种社交禁忌，因为肚子跟生殖区域挨得太近。不过，两个相识多年的酒友完全可以开玩笑地拍打彼此的啤酒肚，谈论彼此日益增长的腰围，不需要有什么忌讳。除了摔跤场地之外，男人的肚子只会在一个公共场合跟别人的身体发生较长时间的紧密接触，那就是舞池。华尔兹是第一种采用肚皮贴肚皮动作的舞蹈，在今天看来已经十分过时，但在这种舞蹈初次登陆英格兰的 1812 年，人们却对它大加挞伐，说它淫猥下流，令人作呕。"舞厅已经受到污染，"人们大声疾呼，"舞伴彼此贴得太紧，实在是粗俗不堪……这种舞让观者联想到一种新型的连体怪胎……放在动物园里展览倒是不错……但却不适合高雅的舞厅。"①

　　除了在舞池里以外，小伙子用肚子紧贴姑娘肚子的情形只会出现在性交过程当中，有鉴于此，华尔兹舞造成的正面身体接触，对维多利亚时代的人来说确实是不堪入目。有人说它"瓦解意志"②，也有人说它"蓄意引发最淫乱的后果……唤起种种不道德的激情"③。一点儿也不出奇的是，19 世纪早期的年轻人对它趋之若鹜、嗜之若狂。

---

① 引文出自 1851 年在伦敦出版的书籍《舞厅礼仪》（*Ball Room Refinement*），作者是玛丽·菲茨-乔治（Mary Fitz‑George），生平不详。
② 引文出自英国期刊《运动杂志》（*The Sporting Magazine*）1812 年 8 月刊载的读者来信《华尔兹》（*Waltzing*），作者署名为"霍普"（Hop）。
③ 引文出处不详，前半句是英国作家西奥多·胡克（Theodore Hook，1788—1841）的说法。1812 年 7 月，胡克曾与一位倡导华尔兹的将军发生争执，以至于跟对方走上了决斗场。

第十六章　脊　背

　　在男性身体的所有部位当中，最不受待见的多半得算脊背。麻烦肇端于数百万年之前，那时我们破天荒第一次用后腿站了起来，致使我们的背部肌肉不得不加班加点，以便为我们全新的直立姿势提供支撑。万幸的是那些年月，部落的男性成员全是些经常运动的健将，即便背上的包袱重了一些，肌肉也依然保持着良好的状况。到了今天，我们的日常生活越来越疏懒怠惰，背部的肌肉也越来越虚弱无力。在办公桌后面坐上一整天，接下来又歪在家里的柔软家具上看电视，这可不是什么锻炼身体的好方法，没法让身体背面的斜方肌、背阔肌和臀肌保持最佳的状态。要是你跟着又想去举什么大物件、拎什么重东西的话，那就等于是自找倒霉。赶上这种情形，长期处于我们视野和头脑之外的背部肌肉就会突然作怪，让我们意识到它的存在，还会告诉我们，它受不了我们刚刚下达的这道仓促命令。

　　背痛的问题可大可小，可以是轻微的不适，也可以是让人无法忍受的剧痛。与此同时，它还是现代男性最常见的病痛之一。十个男人当中有九个会在一生之中的某个时候罹患背痛，发病率最高的阶段则是 35 岁至 55 岁之间。此外，退休之前，十个男人当中有五个得忍受年年发作的背痛。在人们就医诊治的疾病当中，背痛的常见程度排名第五。大多数的问题出在腰部，因为它得承受上半身的全部重量，我们肩扛手提的东西又会给它造成额外的负担。每当我们弯腰扭身，或者是举起重物，随之而来的压力也得由腰部承当。

科学家们发现，除了作用于身体的压力之外，精神压力、憋在心里的怒气和沮丧的心情也会导致背痛。之所以会有这一类的心因性背痛，似乎是由于焦虑抑郁的心情会使人保持一些特定的姿势，导致背部肌肉长时间处于紧张状态。

疏于锻炼的生活习惯，僵硬别扭的姿势，还有长期存在的精神压力，种种因素令男人的脊背不堪负荷，尽管它的设计可以说十分合理。根据相关的估算，单是在美国，背痛每年造成的损失就高达 500 亿美元。

说完痛苦，我们来说快乐。必须指出的是，男人从背部得到享受的情形几乎只有一种，那就是事主正在挨鞭子，碰巧又是个受虐狂。许多个世纪以来，被迫承受严酷体罚的一直是人们的脊背。看样子，大伙儿之所以喜欢拿脊背开刀，是因为它提供了一大片方便施展的皮肉，从这里下手既可以造成相当大的痛苦，又不会伤到那些重要的器官。从受害者的角度来看，脊背也是个不错的选择，因为背上的皮肤比其他任何地方都要厚，神经末梢又比其他任何地方都要少。

先前的几个世纪当中，鞭笞一直是英国皇家海军的传统刑罚，具体做法则是抡起一条猫爪九绺鞭①，抽打受刑人袒露的脊背。这种特制的鞭子源自一个基督教的命题：三三得九，代表最完美的三位一体。人们由此认为，水手尝过了这种鞭子，便很有希望改邪归正。它之所以名为"猫爪"，是因为它会在水手的脊背留下痕迹，看着就跟被一只狂怒的猫科动物抓过似的。有一些水手比较狡猾，所以在自个儿背上刺了个十字架，照他们的如意算盘，再严厉的船长也不敢对这个无比神圣的徽记下手。

---

① 猫爪九绺鞭（cat o'nine tails）是一种鞭梢分为多股（通常是九股）的刑具。

笞背并不是英国皇家海军的专利，陆军和监狱也施行这种刑罚。往昔时代，英国在澳大利亚开辟了一些流放犯人的殖民地，这些流放地用过一种格外残忍的猫爪九绺鞭，每一绺鞭梢都拴了一个铅坠。

　　英国人在19世纪放弃了鞭刑，其他地方的男人却没能摆脱脊背吃苦的厄运。迟至20世纪90年代，加勒比海的一些岛屿（安提瓜、巴布达、巴哈马、巴巴多斯和特立尼达）还重新捡起了鞭笞的刑罚。哪怕是到了眼下这个世纪，一些穆斯林国家依然在实行严峻的伊斯兰教法，许多罪行都会招致当众受笞的处罚。

　　在沙特阿拉伯和伊朗，以及尼日利亚的部分地区，饮酒、赌博和婚前性行为都可能导致穆斯林男子当众受笞，规定的鞭数则是80乃至100。塔利班政权统治阿富汗的时候，就连刮胡子的举动也会招致鞭刑。在阿拉伯联合酋长国，无视交通法规的男人得在离自个儿家最近的清真寺里当众受笞，超速的处罚是50鞭，醉驾的鞭数则是80。

　　在伊朗，两名男性商人分别领受了数目诡异的339鞭和229鞭，因为他们犯下的商业罪行十分严重，达到了蓄意破坏经济秩序的程度。不久之前，还是在伊朗，一名男童在斋月期间破戒进食，被处鞭刑85记。行刑的人下手极重，结果是活活打死了他。

　　传言说萨达姆·侯赛因担任伊拉克总统的时候，伊拉克国家足球队领教过一种非同寻常的激励方式。主管伊拉克体育事务的是萨达姆的儿子乌代，据说他曾经发出命令，队员们踢得不好就得挨鞭子。看情形，这样的威胁在有些队员身上变成了现实。一名队员说，他曾经"被关进拉德万尼雅监狱的狭小牢房，还挨了鞭子，脊背被打得血肉模糊，只能趴着睡觉"。这名队员后来叛逃到了欧洲，原因倒不难理解：在欧洲踢得不好，最严重的处罚也不过是口头鞭笞而已。

　　即便一个男人成功逃脱了背痛的折磨，并且逃脱了当众受笞的厄运，他那个四面楚歌的脊背，还是有三个吃苦受罪的由头。曾经有一段时间，人们认为背上毛多的男人——有些男人背上的确有许多毛，几乎可以媲美动物的毛皮——对异性更有吸引力，只可惜潮流已经换了方向，如今的女人似乎都喜欢光洁滑溜的男人，不喜欢毛发髯髻的莽汉。形势既然如此，脱毛蜡就有了用武之地。忠实拥趸把去除男性体毛的做法叫做"美男艺术"（manscaping），认为它不但可以让男人的脊背更加性感，更可以彻底销毁那些表明人猿亲缘关系的蛛丝马迹，因此便隐含着一层宗教上的意义。这么着，打算脱去体毛的男人有了双重的动力。

"美男艺术"给现代男性出了一道难题：以蜡去毛的男人，一方面是把自个儿的脊背弄成了光滑如丝的模样，一方面又挺过了揭下脱毛蜡条时的巨大痛苦，如此说来，他究竟应该算女孩子气、极度阴柔，还是应该算强悍坚忍、十足阳刚？迄今为止，这个谜题仍然没有明确的答案。不管怎样，男人去除背毛的潮流正在节节上涨，且不说别处如何，都市弄潮儿的精致圈子反正是以脱毛为时尚，因为圈子里的年轻女性都在窃窃私语，说毛茸茸的男性脊背是一件粗俗的东西。如果你是个受不了蜡脱之苦的懦夫，现今的社会已经为你准备了一种特制的背毛剃刀。有了它，男人就可以安全剃掉自个儿背部的毛发，不需要假手他人。这种剃刀名为"背刨"（razorba），看上去很像个末端装有安全剃刀的痒痒挠。

脊背幅员广阔，一平如砥，因此是文身之类精细装饰的首选区域之一。我们身上最好的一块画布偏偏摊在一个最糟的位置，上面的图案只有借助照片或镜子才能看见，让主人没法好好欣赏，对于文身的人们来说，这实在是人类身体结构的一个绝大讽刺。除此之外，大幅的文身还有个严重的不便之处，那就是它一成不变，没法与潮流携手同行。有人说，背部的文身——有一些文身算得上精细至极的艺术品——是"反时尚传统的终极表现形式"。背部文身把时尚产业变成了无稽之谈，因为后者要维持经济上的生存，必须得依靠风格的持续变化和循环。

尽管如此，加入文身行列的名流仍然是越来越多。无可否认，这类名流并不是个个都把自己的脊背变成了艺术品，其中一些只能算浅尝辄止，仅仅是在前臂刺了个小小的徽记，话又说回来，连他们这样的人也乐意去文身店铺接受针刺，这个事实本身就为一股新兴的社会大潮提供了佐证。

　　早些时候，文身通常可以跟水手画上等号。到了 20 世纪，文身变成了黑帮歹徒、摩托车手、庞克乐手和重金属乐队成员的爱物。如今已经是 21 世纪，文身又受到了男演员、流行明星、著名运动员和男模特的追捧。文身既已铺天盖地，可想而知，文身名流的一众拥趸不久就会步偶像之后尘，成为文身店铺的访客。

　　文了身的男演员为数众多，其中包括罗伯特·德·尼罗（Robert De Niro）、布鲁斯·威利斯（Bruce Willis）、米基·洛克、肖恩·康纳利（Sean Connery）、伊万·麦克格雷（Ewan McGregor）、杰拉尔德·德帕迪约（Gerard Depardieu）、科林·法瑞尔（Colin Farrell）、本·阿弗莱克（Ben Affleck）、约翰尼·德普和尼古拉斯·凯奇（Nicholas Cage）。尼古拉斯·凯奇的文身样式可以说别出心裁，因为他脊背的上部刺了只戴着高帽子的巨蜥。音乐圈的大卫·鲍伊、玛丽莲·曼森、利亚姆·加拉格尔、贾斯汀·汀布莱克（Justin Timberlake）、邦·乔维（Jon Bon Jovi）、埃米纳姆（Eminem）和罗比·威廉姆斯（Robbie Williams）也有文身，最后一位的后腰大有文章，刺的是《你需要的只是爱》[①] 的乐谱。

　　再来看看运动员的情况，迭戈·马拉多纳、迈克尔·乔丹、穆罕默德·阿里、迈克·泰森、邓尼斯·罗德曼和大卫·贝克汉姆都有文身。美国篮球运动员邓尼斯·罗德曼一向我行我素，文身在他身上遍地开花，其中包括一个哈雷摩托车的标记、一张他女儿的肖像、一条鲨鱼和

---

① 《你需要的只是爱》（*All You Need Is Love*）是英国著名歌手约翰·列侬创作的一首著名歌曲。

一个十字架。偶像级足球选手大卫·贝克汉姆也拥有至少9个不同的文身，脊背上部是一个守护天使，后腰则是他儿子的名字："Brooklyn"（布鲁克林）。

令人惊异的是，过去的几位政府首脑也在自个儿身上刺了东西，其中包括温斯顿·丘吉尔和富兰克林·罗斯福。对以往的一些欧洲君主来说，文身同样是一种流行的消遣，拥趸包括南斯拉夫国王亚历山大一世、西班牙国王阿方索①、丹麦国王腓特烈九世和希腊国王乔治二世，以及英格兰国王哈洛德二世、"狮心"理查、亨利四世、爱德华七世和乔治五世。

今时今日，文身的热潮正在飞速蔓延，但我们依然无法预料，将来的情形究竟是文身的风尚长盛不衰，还是去除文身的激光设备需求日殷，工作越来越不堪负荷。

躺卧钉床的奇异习俗似乎源自印度，那里的苦行僧已经在钉床上躺了几千年。按照这些苦行者的说法，他们这么做是为了昭示世人，自愿的牺牲是通往开悟和神通的法门。他们会长时间躺在钉床上冥想，深信自己让身体经受了严酷的考验，最终就可以证成大道。

苦行僧以种种酷刑加诸自身，其中的一些确实十分可怕，比如往自个儿身上穿金属钩子，或是往自个儿脸上钉铁扦。只不过，实事求是地说，躺卧钉床仅仅是看着可怕而已。只要有一点点勇气和耐心，随便哪个人都可以这么干。近些年来，躺钉床已经成了西方魔术师爱玩的一种把戏，听上去虽然危乎殆哉，实际上却比较安全。

如果你仰面躺上数目庞大、排列均匀的钉子，身体的重量自然会分散开来，使钉子不至于扎穿皮肤。哪怕你往自个儿胸口放一块平板，又拿一把大锤去砸平板上的东西，钉子仍然不会扎穿背部的皮肤。躺钉床

---

① 西班牙有过多位阿方索国王，这里说的是1886至1931年在位的阿方索十三世（Alfonso XIII, 1886—1941）。

只有一个麻烦，那就是如何从钉床上安全起身，原因是起身的时候一不留神，就可能把全身的重量压上为数不多的几根钉子，瞬间酿成扎伤身体的悲剧。

最后，世上还有一种倒霉的基因，这种基因时不时地浮出水面，遇上它的人就会变成驼背。驼背是脊柱过分弯曲造成的一种身体畸变，来由并没有什么神秘之处，神秘的是这样一种身体残疾为什么会得到魔法世界的青睐，成为一种重要的吉祥物。要知道，往昔时代的人们热衷于触摸男性驼子的驼背，还觉得这可以带来极大的好运哩。

尤其迷信驼背的是以前的意大利人，他们认为摸驼背是一种保护措施，可以让人们免遭"凶眼"的伤害。于是乎，他们用红珊瑚、黄金、白银和象牙制作了各式各样的护符，护符上刻的是一个驼子，名字叫做"戈波"（Gobbo）。戈波护符特别受赌徒的青睐，转轮盘、掷骰子或是发牌的时候，他们都会把这种护符拿在手里，以便抚摸戈波的驼背。

戈波的声名不胫而走，传遍了地中海周边的大部分地区。根据相关的记载，19 世纪的时候，带有驼背形象的银质小护符是君士坦丁堡各个集市的热销商品。同一时期，同样的护符也是蒙特卡罗各家赌场里的首选吉祥物。更有甚者，这种护符还在英语当中留下了印记。英文短语"playing a hunch"①，本意就是摸完驼背再上赌桌。在以前，巴黎的股票掮客常常会先摸摸驼子的驼背，然后才去股市上搏杀。

时至今日，他人的身体残疾已经是一个越来越敏感的话题，即便如此，你还是可以在意大利买到一种塑料的钥匙扣，上面的图案不是别的，正是能够抵御"凶眼"的驼子戈波。有趣的是，戈波的形象一直都是男性，原因是按照以前的说法，男驼子会带来好运，女驼子却不吉利。

---

① "playing a hunch" 现在的意思是"凭直觉行事"，"hunch" 这个词兼有"直觉"和"驼背"二义。

要弄清人们为什么会把驼背跟好运联系在一起,我们必须回溯古埃及时代,那时候的埃及有一位代表好运的侏儒神祇,名字叫做"比斯"(Bes)。人们总是把比斯描绘为一个奇形怪状的矮人,身躯矮胖丑陋,大脑袋大胡子,舌头还伸在嘴巴外面。埃及人用各种偶像来抵御邪灵,比斯是其中最受欢迎的一个。他拥有一副气势汹汹的表情,让人联想到喝问来意的毛利族武士,随身还带着一些乐器,可以制造据说能吓跑妖魔鬼怪的响亮声音。在古代的埃及,比斯的形象处处可见,人们的身上有,家居什物和建筑上也有。从公元前1500年到公元后400年,比斯为埃及人当了将近2 000年的保护神,后来又得到了希腊人和罗马人的接纳。十有八九,正是因为比斯的形象从古埃及传到了古罗马,意大利人才最终创造出了戈波的形象。

比斯和戈波都属于"小人儿"的类别,这个类别的成员还包括地精、侏儒、小妖精和小精灵。这些"小人儿"无一例外离地面很近,据说就无一例外地拥有"发现宝物埋藏地点"的特长。顺着这条思路往下推,随便摸摸他们当中的一位,没准儿就可以帮助你找到些许宝藏。大多数"小人儿"都是幻想世界的居民,你想摸也摸不到,不过呢,一旦驼背基因再一次浮出水面,现实世界就会出现一个身量短得出奇的人物,大伙儿也就有得摸了。很显然,要去摸这样的一个人,最好就是去摸他背上那个令他与众不同的部位——他的驼背。

眼下虽然是21世纪,借驼背寻找幸运的尝试依然与我们不离不弃。在西非的多哥,警方新近突袭了一座教堂,因为他们收到线报,说教堂的祭坛旁边搁着一只大坛子,里面装着一个从驼子身上割下来的鼓包。教堂的一名主事接受了警方的讯问,说这个鼓包,外加其他的一些物神崇拜用品,全都是从一个巫医那里买来的,还说这个鼓包具有魔力,兴许可以让他的教堂香火更旺。

驼背的魔力,就连棒球圈子也抵挡不住。1911年,为了在世界职业棒球锦标赛当中击败纽约巨人队（New York Giants），情急之下的费城王牌队（Philadelphia As）请来了一个名为路易·范·泽尔斯特（Louie Van Zelst）的驼背侏儒，让队员摸一摸他的驼背再上场。队员们从中获得了莫大的信心，最后竟然真的战胜了纽约巨人队。

第十七章　髋　部

　　人类的骨盆相当宽大，躯干与双腿的接合部由此有了一片较为宽阔的区域。我们管这个突出部位叫"hip"（髋部），这个名字源自动词"to hop"（跳起来）。男性的骨盆比女性窄，所以说人们认为，髋部较窄的男人更具阳刚魅力。男性髋部的平均宽度是 14 英寸（36 厘米），女性则是 15.3 英寸（39 厘米）。尺寸差别似乎不算很大，视觉对比却相当惊人，因为女性的腰部比男性纤细一些。

　　理想的女性腰臀比例是 7∶10，男性则是 9∶10。研究人员曾向一些男性受试者展示一系列图片，图片里是一些腰臀比各不相同的女性，然后请受试者选出自己最中意的比例，他们的选择都是 7∶10。在针对女性的同类测试当中，女性的选择则是腰臀比为 9∶10 的男性。人们对于身体曲线的这种偏好，似乎是一种根深蒂固的东西，有趣的是，两性身体多余脂肪的分布方式，似乎也在为这种偏好提供支持。女人即使发胖，腰部的变化也比其他的地方小。这样一来，女人纵然体重日增，至关重要的腰臀比也能在一定程度上维持原样。与此相反，男人如果发胖，腰部线条就得不到这样的保护。

　　人体一旦有了什么微不足道的性别差异，两性就都会迫不及待地展开行动，奋力寻找扩大差异的种种方法。所以呢，女人忙于穿戴臀垫束腰之类的家什，变着方儿地夸大自个儿的腰臀比，男人也不甘落后，铆足了力气炫耀自个儿相对较窄的"蛇屁股"。人们认为，特别阳刚的男人应该拥有宽阔的肩膀，体形从肩部往下逐渐收窄，直到髋部为止。按照这种理想化的观念，最阳刚的男人压根儿不该有突出的骨盆。为了收到这样的效果，男装总是会紧紧地箍住髋部，越紧越好。除此之外，男人还必须避免任何扭髋摆胯的动作，因为这类动作会突显髋部的存在。这条规则也有一个例外，那便是胯部突刺的动作。性交过程当中，男人的胯部会随着阴茎有节奏的插入动作不停突刺，这样子的动作，显然是男人得不能再男人。

20世纪50年代，"猫王"埃尔维斯·普雷斯利在音乐圈初次亮相，人们送了他一个"电臀埃尔维斯"（Elvis the Pelvis）的雅号，因为他总是一边演唱，一边疯狂扭胯。年轻的女性观众感觉他的动作十分撩人，一点儿也不娘娘腔。他用狭窄的胯部做出各种强劲以至狂野的动作，只会让人联想到一具云雨大兴的男性躯体，绝不会让人联想到夏威夷舞娘那蜿蜒起伏的胯部。他这些动作在时人看来淫猥至极，以至于各家电视公司不得不自我约束，只播出他腰部以上的画面，"以免年轻观众被他的胯部动作点燃欲火"。他的扭胯动作要是放到今天，只能让人们莞尔一笑，拿50年代的眼光来看呢，却是一种下流得离谱的东西。

无疑是因为嫉妒，弗兰克·辛纳屈①也加入了批判普雷斯利的行列，说后者的歌舞是"最野蛮、最丑陋、最无耻、最邪恶的一种表演形式……"。他还说，普雷斯利的表演囊括了"地球上所有的罪恶"。出离愤怒的神职人员举行了一些抗议游行，当众砸碎普雷斯利的摇滚唱片。还有人说，普雷斯利的行为是"导致风气堕落、年轻人叛逆的罪魁祸首"。种种喧嚣，不过是因为一个男人扭了扭胯而已。

这场反扭胯运动还包含一个种族方面的因素，原因是普雷斯利登台

---

① 弗兰克·辛纳屈（Frank Sinatra, 1915—1998），美国著名歌手及演员。

之前，白人歌手通常都是一动不动地站着唱歌，黑人歌手才会在台上四处游走。五旬节派①的各位牧师，外加其他的一些宗教狂热分子，纷纷要求电台禁播普雷斯利的歌曲，不光给他的歌曲扣上"恶魔音乐"和"黑鬼音乐"的帽子，还说他的歌曲是罪孽深重的异端音乐。1956 年，佛罗里达州的一名法官发出威胁，如果普雷斯利胆敢在该州的舞台上扭胯，他们就要拘捕他。普雷斯利以一种含蓄的方式进行了报复，表演期间自始至终站着不动，同时又用一根手指模仿扭胯的动作，还把这根手指指向了身在观众席的法官大人。

扭胯之所以成为经典的舞蹈动作，居功至伟的是黑人夜总会舞星厄尔·蛇屁股·塔克（Earl Snakehips Tucker），这个人出道比普雷斯利早了许多，如今已经在很大程度上被人遗忘。20 世纪 20、30 年代，他曾在纽约哈莱姆区的"棉花俱乐部"定期演出，引起轰动之外，还影响了整整一代的舞者。再往后，普雷斯利又模仿受塔克影响的那些舞者，制造出了震慑全场的效果。

按照前人的描述，"蛇屁股"舞是"一种以腹部、胯部和臀部为中心的扭摆舞蹈……动作极度夸张"。塔克的东家"艾灵顿公爵"（Duke Ellington）说："照我看，他应该是出生于某个被人遗忘的原始殖民地，那里的人奉行着一些异教的仪式，并且从宗教迷狂状态之中找到了自个儿的舞蹈风格。"表演刚开场的时候，外号"人蟒"的塔克会把身体盘起来，好似一条即将发动攻击的蛇。接下来的表演过程当中，"他的胯部会划出越来越大的圆圈，到最后，他的髋关节会随着音乐的节拍猛烈抖动，看着就跟脱了白似的。"在 30 年代那家气氛活跃的哈莱姆区俱乐部里，这样的舞蹈得到了人们的接纳；在 50 年代那种严峻刻板的战后氛围之中，同样的舞蹈却为信仰虔诚的白人小伙儿埃尔维斯惹来了巨大

---

① 五旬节派（Pentecostalism）是基督教新教的一个分支，兴起于 20 世纪初，强调个人对上帝的直接体验。

的麻烦。

进入 21 世纪之后，塔克和普雷斯利的影响依然余音袅袅，残留在嘻哈舞蹈和各种贴身热舞当中。这些舞蹈已经再一次引发父辈的怒气，因为它们用到了一些扭胯动作，带有明显的色情意味。不久之前，美国的一些高中要求学生和家长同时签署一份表格，禁止学生在校园舞蹈当中使用"亲昵的抚摸动作、色情的蹲伏动作和色情的屈身动作"。与此同时，这些学校禁止学生跳一些贴身热舞，只要其中包含"体位明显色情的摩擦动作，尤其是女生背面与男生正面相摩擦的动作"。通过这件事情，我们再一次领教了人类胯部运动的巨大威力。

有些国家的人喜欢使用耸胯的下流动作，南美人和中东人尤其如此。这种动作跟舞蹈全不相干，男人这样子把胯一耸，仅仅是为了发送一条色情讯息，意思要么是"我想跟她干的就是这个"，要么就是"他们正要干的就是这个"。耸胯动作是对男性胯部突刺的无声模拟，做这个动作的男人会采取站立姿势，把双肘贴在身侧，然后有节奏地向前挺胯。按照南美人的版本，做动作的人还会把前臂屈向前方，胯部往前一送，前臂就往后一缩，模仿的是性交过程中抓握女性肢体的动作。中东版本则似乎出于中东人自个儿的创意，做动作的人只会前后耸胯，胳膊却纹丝不动。

就手势而言，与男性髋部有关的重要动作只有一个，那就是双手叉腰（akimbo），具体形式则是将双手放在髋部两侧，双肘指向身体两边。身处社交场合之时，我们一旦产生了某种排斥社交的情绪，就会下意识地做出这个动作。运动员如果刚刚丢掉了关键的一分、关键的一局或是关键的一场比赛，接下来的反应同样是这个动作。看情形，他们仅仅是机械式地选择了一种"拒绝拥抱"的姿势，自个儿心里并没有意识。如果几个男人站在一起，其中之一又想把某个旁人排除在这个小群体之外，这样的动作也会出现。不需要经过什么思考，他就会把一只胳膊叉到腰上，用胳膊肘对着他打算拒斥的那个人。

从某种意义上说，叉腰的动作等于是告诉别人："眼下这个时刻，我不想接受任何人的拥抱，所以呢，麻烦你离我远一点。"支在躯干两侧的双肘，差不多可以比作两个指向外界的巨型箭镞，没准儿也可以比作两张蓄势待发的弓，随时准备向两边发射箭矢。说不定，怪里怪气的"akimbo"一词就是这么来的。几个世纪之前，弓箭手还在战场上大显身手的时候，人们把"akimbo"写作"a ken bow"，意思是"一张待发的弓"，转义则是"一张带有尖头的弓"，与没有搭箭的弧形弓不同。当然喽，这里的"尖头"不是别的，正是那个指向外界的胳膊肘。奇怪的是，其他语言当中都没有与"akimbo"对应的词汇。别的语言有时把这个动作称为"双拳叉腰"，有时又称为"双耳罐子"，用的却都是描述性的短语，并没有单个的对应词汇，虽然说这个动作到处流行，全世界的人都在用。由此可见，我们做这个动作的时候是不经过脑子的。

戏剧行当的演员会把叉腰动作单独拎出来说事儿，借此表示轻微的蔑视。要是有哪个演员把戏演得过了火，完场之后就可能听见别人的嘀咕，"今晚他叉腰叉得有点儿过了"，意思是他使用了过多的肢体语言。

在东南亚地区，尤其是马来西亚和菲律宾，人们会用叉腰的动作来表示无法遏制的怒气。说起来，这仅仅是叉腰动作常规用途的一个夸大版本而已，也就是以普通叉腰动作所蕴含的"心烦"成分为基础，把恶劣的情绪扩张到盛怒的程度。

双手叉腰的动作还有个略经修改的变体，做动作的人依然双肘向外，双手却往前方挪了挪，两个拇指戳进身体正面的口袋，或者是钩住皮带，其余的手指则露在外面，指向衣服里面的男性生殖器。这种情形之下，动作的重点就不再是指向外界的双肘，变成了指向下边和里面的双手，下边和里面呢，正好是阴茎所在的方向。不足为奇的是，这样的动作在那些自负阳刚的男人当中最是流行。正像一名年轻女子抱怨的那样，那些男人总是下意识地"希望你去看、去摸、去崇拜他们最引以为豪的那个身体部位"。

　　青年时代，髋部的突刺力量是决定我们运动能力的一个基本要素。一名教练曾经如是总结："所有项目的顶尖选手都有一个共同的地方……那就是强健而富于爆发力的髋部。要想在体育运动当中取得佳绩，关键在于锻炼核心肌群①力量和爆发力。"只可惜步入老年之后，髋部往往会扫我们的兴头。到这个时候，髋部的杵臼关节已经严重磨损，手杖和齐默架②，最终还有轮椅，次第走进老龄群体的生活，数量一天比一天多。

　　我们直立行走，不同于其他猿类，但我们选择的这种新奇运动方式，似乎还远远说不上完美。当然喽，问题在于我们总是赶在髋部的颓势无可挽回之前，早早地繁衍后代，将自个儿的基因传了下去，所以呢，演化历程不会向我们施加什么改进的压力。另一方面，现代的外科医学日新月异，到了今天，髋关节置换手术不光是效果越来越好，普及程度也越来越高。不知道什么原因，人类男性的髋关节要比人类女性坚强得多。根据医院的统计，接受髋关节置换手术的男女比例是 1∶4。

　　最后，我们来说说"hipster"（内行）、"hip"（内行的）和"hippie"（嬉皮士）这几个词。你要是觉得这些词汇跟男人的髋部（hips）存在关联，当然是情有可原，只不过，事实并不是这个样子。"hipster"是 20 世纪 40、50 年代爵士乐和摇摆乐圈子的行话，指的是那些熟悉圈子内情的"hip"人士。前面这句话当中的"hip"，则是 19、20 世纪之交的军中俚语，那时候，操练士兵的教官会把"up‑two‑three‑four"（抬腿‑二‑三‑四）的口令错念成"hip‑two‑three‑four"，还会用"hip"

---

① 核心肌群（core muscle）是指腰腹和髋部的肌肉。
② 齐默架（Zimmer frame）是用来帮助腿脚不便的人行走的一种框架形支撑装置，因生产此种装备的美国齐默公司而得名。

这个词来夸奖动作整齐的队列，因为他们懂得遵照口令、在同一时间做出"hip"（实际上应该是"up"，也就是"抬腿"）的动作。进入生机勃勃的60年代之后，年轻人当中兴起了一股留长头发、吸食毒品、提倡人类友爱、反叛社会陈规的新风尚。这些年轻人以"hipster"一词作为参照，把自个儿称为"hippie"。嬉皮士们一向高举反对军事行动的旗帜，要是他们哪一天恍然大悟，发现他们选的字号不仅包含着"内行"的意思，还跟军事训练水平脱不了干系，准保会感觉惊骇不已。

到了21世纪，"hipster"文化再度兴起，形式却跟以前有所不同。"hipster"这个字眼儿，如今指的是这样的一类人，他们"追捧讽刺性的复古时尚，独立制作的音乐和电影，以及其他种种非主流意见表达方式"。除此而外，中产阶级内部涌现了一个自称"新嬉皮士"（neo-hippie）的亚文化群体，也就是20世纪60年代那些长发嬉皮的当代版本。"新嬉皮士"既反对资本主义，又反对粗鄙激进的"怯夫"①，他们关注的焦点是各式各样的新兴事业，比如动物权利、同性恋权利、女权、有机农产品、资源再生、母乳喂养和环境保护。

---

① "怯夫"（chav）是英国人发明的一个蔑称，指那些缺乏教养、举止轻率、具有严重反社会倾向、往往出身工人阶层的年轻人。

第十八章　阴　毛

　　通常是在 13 岁的年纪，男孩会进入青春期，这时候，紧靠阴茎的部位开始长出又短又卷的阴毛，在阴茎上方形成一个三角区。不用说，这是因为性荷尔蒙已经行动起来，不光会驱使人类的男性开始制造精子，还会刺激他们的体毛迅猛生长。随着睾丸激素水平逐步提高，身体的各个部位都会长出新的体毛，新生体毛出现的顺序，反映着不同部位对荷尔蒙刺激的敏感程度。阴部对荷尔蒙刺激最为敏感，所以就往往一马当先，成为第一个长出新毛的部位。

　　就男孩的情况而言，第一批阴毛总是稀稀拉拉地长在阴囊之上，或者是阴茎根部。过一年再看，围绕阴茎根部的毛发已经多不胜数；最多不过三四年，阴部就会覆满毛发。男性的阴毛跟脑袋上的毛不同，永远不会掉光，永远不会变灰。所以说，至少是就阴部而言，男人确实是永远年轻的。

　　阴部这片醒目的毛发是一个毫不含糊的视觉信号，表明主人已经步入性成熟的阶段，而在我们身无寸缕的往昔时代，这还是一个大老远就能看见的信号。有人据此认为，在人类历史的早期阶段，在我们业已脱去祖先的毛皮、其他部位的毛所剩无几的时候，这就是阴毛的首要功能。

　　就浅色皮肤的种族而言，阴部的黑三角确实是十分显眼。可是呢，看一看那些深色皮肤的种族，前述的理论就不是那么让人信服了。如此说来，阴毛应该还有点儿别的功能。所以呢，人们又提出了第二种和第三种说法。按照第二种说法，在面对面性交的过程当中，男性的胯部突刺不光是强劲有力，往往还没完没了，所以说阴毛扮演着缓冲器的角色，作用是防止皮肤出现炎症。但在有些社会当中，全体社会成员都会把阴毛剃光，还是没听说谁的皮肤受了什么损伤，考虑到这个事实，缓冲器之说同样显得有点儿牵强。

看情形，还是第三种说法比较接近事实。根据这种说法，阴毛和腋毛一样，首要的功能也是携带气味。我们的胯部长有密集的顶泌臭腺，密集的阴毛则好比一个气味捕捉器，可以把这些腺体分泌的信息素留在里面。跟身体其他部位的情况一样，这里的气味信号系统也很容易遭到紧身衣物的破坏，结果便是腺体分泌物迅速腐败，天然的性感芳香蜕变为难闻的体味。只不过，在我们这个物种经历演化巨变的原始时期，大伙儿都处于一丝不挂的状态，那个时候，这个气味信号系统应该还是相当好用的。

青春期到来之际，男孩总是会为自个儿的新生体毛自鸣得意，有些女孩在这个方面的态度，却不像男孩那么兴高采烈。这些女孩完全明白阴毛不过是性成熟的一个标志，但还是下意识觉得它有点儿男性化，原因是成年男性的体毛，通常会比成年女性多出许多。这样的想法形之于外，青春期的女性就会对毛茸茸的蜘蛛产生一种相当不理性的恐惧。10岁的时候，男孩女孩对蜘蛛的反应没什么区别，到了14岁，女孩对蜘蛛的憎恨就会达到男孩的2倍。一说到蜘蛛，女孩总是会形象地加上"毛茸茸的"这个词，少不了还要打个冷战。

有一些虔信神灵的宗教作家，一本正经地告诉我们，阴毛的真正功能，其实是掩盖我们那不堪入目的外生殖器。大着胆子探讨此类问题的各位早期作家，一致认为这是上帝想出的一个高招。然而，要说上帝真的是存心掩盖的话，那他就在人类男性的面前栽了个大跟斗。阴茎也好，睾丸也好，边上虽然都长满了毛，却依然保持着怙恶不悛的显眼状态。

在韩国，女性若是缺少阴毛，追求她的男性可能会感到十分揪心。为了让阴毛的数目达到理想的标准，一些勇敢的韩国女性竟然借助外科手术，把脑袋上的毛移植到了阴部。毫无疑问，这样的事情一定会让上帝感到无比欣慰，只可惜这些女性的初衷并不是掩盖自个儿的生殖器，只是想以此满足男人的色欲而已。

韩国女性的极端手段与当下的阴部时尚背道而驰，着实让人匪夷所思，因为现今社会有一股普遍的潮流，男男女女都喜欢把阴毛剃个干干净净。剃掉阴毛，可以带来五个好处。其一，这么做比较卫生。光溜溜的外生殖器，可能会比毛茸茸的干净一些，皮肤的表面一旦寸草不生，想靠毛发丛林藏身的各种病害就很难找到立锥之地。这样的招数，对臭名昭著的阴虱尤其有效，因为阴虱喜欢紧紧地攀附在阴毛之上，饿了就靠山吃山，吸取阴部的血液。

其二，剃掉阴毛之后，外生殖器就会无遮无掩地暴露出来，方便人们看清它具体的形状。

其三，阴部没有阴毛，便更显青春年少。剃掉阴毛之后，男人看起来会年轻不少。当今社会越来越崇拜青春，年轻的外表无疑会增加主人的性魅力。

其四，有些男人已经发现，剃掉阴毛之后，阴茎会显得长一些。

最后，有些女人已经指出，在私通过程之中，阴部无毛的男人不会把漏泄天机、构成罪证的阴毛掉在床上。

可恼的是，阴毛似乎确实很容易掉。针对那些口味独特的统计数字迷，有人给出了这么一个计算结果：一个男人如果活到 75 岁的平均寿命，总共会掉 45 260 根阴毛。换句话说，地球上的男性人口每年会掉 21 900 亿根阴毛。随着对 DNA 测试技术的依赖，毫无疑问，相当一部分的脱落阴毛会以法庭为归宿。

综上所述，剃掉阴毛实在是好处多多。但我们还是想问一问，全世界所有男性之中，究竟是哪些人最喜欢采取这种措施？穆斯林是其中的一支中坚力量，原因在于先知穆罕默德的指导。据说，穆罕默德曾经如是教诲："男人有五项天然职责，那就是割包皮、修髭须、剪指甲、拔腋毛和剃阴毛。"

按照伊斯兰教义，为了保持清洁卫生，人们必须去除阴毛和腋毛。在穆斯林看来，这些部位的毛发都是讨嫌的物事。他们极不赞成人们把这些部位的毛发留到 40 天以上，但也没有完全禁止人们这么做。

对穆斯林来说，剃除阴毛主要是一种个人卫生措施，并没有什么性方面的含义。对其他一些男性来说，这却是继女性脱毛风尚而起的一股摩登潮流，不仅仅关乎个人卫生，更带有十分强烈的性意味。原因在于，动手剃除阴毛的时候，人们不得不紧盯着性意味最强的身体部位，使之成为注意力的焦点。把心思集中在阴部，小心翼翼地改变它的外观，这样的行为不论效果，本身就可以提高人们对自身性爱价值的评估。不管有没有什么明确具体的好处，修饰阴部的行为终归会从总体上增强人们的性敏感。正是由于这个原因，剃阴毛的新风尚可以说方兴未艾，虽然说这件事情费时乏味，很难坚持。当然，任何风尚都不会是一成不变的，说不定哪一天，人们就会转变观念，不再觉得毛茸茸的男人粗糙原始、落后形势，说不定哪一天，审美的天平又会回复故态，再次倒向那些将一切修饰打扮斥为自恋的本色男人。

最后，针对那些正在抵制无毛风尚的男士，坊间有一则新近投放的广告，广告商品是男士专用的阴毛珠子。人们已经发现，在人类性交的过程当中。胯部突刺造成的摩擦并不能直接刺激女性的阴蒂，尽管阴蒂是女性最为敏感的一个性感带。为了弥补性交活动的这一缺陷，有人想出了一个办法，建议男性给蓬乱的阴毛挂上特制的光滑珠子，好让珠子的表面随阴茎的穿刺往复运动，跟阴蒂发生有节奏的摩擦。关于这些阴毛珠子，广告语是这么说的："在此我们自豪地推介，专为爱心男士打造的阴毛珠子……佩戴本品，将会使伴侣倍感刺激。可选材质包括磨光铜、硬木、骨化石和海象牙。"

第十九章　阴　茎

　　所有猿类当中，人类的阴茎最为特出。它比其他猿类的阴茎长得多也粗得多，前端的形状十分怪异，内部也没有帮助勃起的骨头。这东西如此古怪，怪不得引起了人们极其强烈的兴趣，有一些兴趣是为学术，也有一些是为色情。林林总总的书籍因它问世，形形色色的禁忌因它兴起，五花八门的法律因它颁行，以它为题材的笑话更可谓多如牛毛，数都数不清。

　　哪怕是在自由放任的当今社会，勃起的阴茎仍然是最禁忌的视觉形象之一。像开胸手术这么触犯私隐的东西都可以上电视，炸弹袭击之后的残缺肢体也是一样，人类的阴茎却依然是法律禁止的淫秽事物。有个人总结得好："你可以公开展示发射死亡的枪支，却不能公开展示发射生命的阴茎。"

　　为了完成自身的使命，本书必须扫除这个禁忌，必须将阴茎等同于男性身体的其他部位，对它来一次客观的审查。首先，我们来看看阴茎的基本特征。

　　平均说来，充分勃起的人类阴茎长度为 6 英寸（15.2 厘米），周长则是 5 英寸（12.7 厘米）。这些数据来自金赛教授[①]的著名研究，样本则是 3 500 名美国男子。金赛之后的各次调查，结论与此大同小异：根据一项针对 3 000 名男子的调查，阴茎的平均长度和周长分别是 6.3 英寸（16 厘米）和 5.1 英寸（13 厘米）；一家避孕药公司实施的同类调查以 27 个国家的大约 3 000 名男子为样本，所得数字是 6.4 英寸（16.3 厘米）和 5.2 英寸（13.3 厘米）。

未曾勃起的时候，阴茎的长度是 3 到 4 英寸（7.6 厘米到 10.1 厘米），周长也大致是这个数字，由此可见，勃起所导致的尺寸膨胀实在是相当可观。之所以如此，背后的原因是一种不同寻常的机制，具体说就是局部血液循环陷于中断，致使阴茎内部出现了血流"壅堵"的状况。勃起的时候，阴茎内部的血管发生膨胀，导出血流的血管遭到挤压，这样一来，阴茎不仅会变大，还会变得比勃起之前坚硬许多，状态也会从下垂变为上举。就 20% 的男人而言，阴茎勃起时会上举 45 度，更有 10% 的男人会出现阴茎竖直向上的情况。如果主人没有割过包皮，包皮就会在勃起过程当中往后缩，将阴茎前端的敏感龟头暴露出来。

以通常的性接触而论，人类阴茎插入阴道之后，要经过 100 到 500 次穿刺才会射精，次数比其他的灵长类动物多了许多。一般而言，猴子在几次穿刺之后就会射出精液，从配偶身上爬下来。举例来说，短尾猴射精之前只需要穿刺 2 至 8 次，夜猴是 3 至 4 次，吼猴则是 5 至 20 次。

勃起的阴茎可以有三种不同的形状：锤头形、酒瓶形和船头形。锤头形阴茎最为普遍，具体说就是茎干挺直，龟头略粗于茎干。酒瓶形阴茎的茎干比龟头略粗，船头形阴茎则划出一道前高后低的平缓弧线，形状与香蕉相似。

人们对船头形阴茎特别感兴趣，因为它似乎是男性身体的一种适应性改变，为的是刺激女性的 G 点。G 点位于阴道前壁或上壁，是一个小小的性感带，穿刺的阴茎若能对 G 点施加更强的压力，便可使女性格外兴奋。勃起的阴茎在阴道里上下运动的时候，船头形阴茎带给 G 点的压

---

① 金赛（Alfred Charles Kinsey, 1984—1956），美国生物学家，以研究人类的性行为著称，著有《男人的性行为》（*Sexual Behavior in the Human Male*, 1948）和《女人的性行为》（*Sexual Behavior in the Human Female*, 1953）。

力要比另外两种形状大一些，因为它向上弯曲。从演化的角度来看，我们必须承认，船头形阴茎是人类阴茎当中的佼佼者。

因为阴茎拥有足够的**长度**，在男性达到性高潮的时候，射出的精液便可到达阴道远端，直抵宫颈开口附近。这样一来，精子与卵子成功结合的几率得到了大幅度的提高。

因为阴茎拥有特异的**形状**，在性交过程当中，先前残留在阴道里的精液都会被驱逐出境。有人已经指出，人类的阴茎之所以演化出这么一个奇形怪状的龟头，正是为了对抗女性的不贞行为。假使女伴不贞，阴道里留有其他男性的精液，龟头膨大的阴茎就会体现出巨大的价值，因为它可以起到唧筒的作用，将这些不受欢迎的精子排挤出去。龟头像头盔一般罩在阴茎前端，还带有一圈名为"龟头冠"或是"冠状脊"的凸边。阴茎深入阴道的时候，宫颈附近的原有精液都会被挤到冠状脊的后面，等到阴茎后撤，这些精液就会被带出阴道。再往后，阴茎的主人自个儿也会射精，由此便大功告成，用自个儿的精液取代了竞争对手的精液。值得注意的是，就在射精的那个瞬间，人类男性会突然产生停止穿刺的强烈冲动。这一点非常重要，原因在于，如果不就此打住的话，他自个儿的精液也会面临扫地出门的危险。

为了验证上述的"精子置换假说"，美国的一个研究小组用假阳具和人造模型模拟了性交的过程，结果发现假阳具的深入穿刺确实可以清除原有的精液，效率还相当高。与此同时，较短的假阳具就没有这个效果，插得不够深的长阳具也是一样。有趣的是，针对 600 名青年的一项问卷调查显示，在对偶关系当中，女方不忠的嫌疑越是大，男方就越是会往深里插。如果情形发展到了男方公开指责女方不忠的地步，男方的穿刺动作还会更加猛烈。

"精子置换假说"可以解释人类阴茎的非凡尺寸和特异形状，不过，另一种理论也值得我们好好考虑。按照这种理论，人类阴茎的独特构造主要是为了增加快感。前面我们已经讲过，人这个物种之所以采用以对偶关系为基础的繁衍机制，原因是养育子女的负担大幅加重。为了照顾一个接一个的幼崽，人类女性必须得到一个固定男伴的协助和保护。有了固定的男伴，幼崽就可以享受双倍的关爱，存活的几率得到极大的提高。

　　人类两性都可以从时间加长的性交过程获得强烈的快感，这一事实有助于巩固前述的对偶关系。猴子的胯部突刺活动，一般说来只能持续8秒钟左右，人类的胯部突刺过程却平均长达8分钟，换句话说就是猴子的60倍。不止于此，人类性交的持续时间还可以比这长得多，有时甚至可以达到一个钟头。除此而外，相较于其他的灵长类动物，人类的阴茎又长又粗，由此就可以撑抵阴道，大幅度增加女性的快感。还有，龟头上那个肉乎乎的冠状脊采用的是向上而非向下凸起的设计，由此就可以更好地刺激阴道的上壁或前壁，而这正是高度敏感的女性G点所在的位置。换到这个角度来看，人类的阴茎就不再是什么唧筒，而是一种制造快感的装置，可以极大地刺激人类女性，制造其他灵长类动物无从想象的性高潮。

　　通常来说，高潮之后的畅快疲惫会让女性保持水平的姿势，一动不动地待上一段时间。这也是人类性交活动的一个重要特色，原因在于，如果女性迅速恢复直立姿势，精子就难免大量流失。人类是唯一一种双脚行走的灵长类动物，同时又是唯一一种雌性拥有强烈性高潮的灵长类动物，这两种特质集于一身，多半不只是巧合而已。

　　综上所述，人类男性拥有形状独特的硕大阴茎，人类女性又拥有无比强烈的性高潮，两个因素合力缔造了一种繁衍机制，务必将外人的精子驱除干净，只保留配偶的精子。与此同时，这种繁衍机制使得男女双方的性快感大幅增强，时间也大幅延长，有利于巩固和保护人类的对偶关系。迄今我们尚未明了，这种繁衍机制试图达成的两个目标，也就是维持对偶关系和驱除外来精子，二者之间孰为主次。无论如何，前述的两种理论并没有什么实质性的冲突，仅仅是对演化过程的轻重缓急看法不同而已。

再来看射精行为本身，相关的过程分为两个阶段。在第一阶段当中，精液和精液携带的各种成分会从各自的源头出发，赶到等待发射的位置。这些东西就位之后，男性会感到射精已经迫在眉睫，无法避免。接下来是 2 到 3 秒的停顿时间，其间意识已经丧失作用，无力阻止或延迟射精的过程。一旦进入第二阶段，阴茎就会开始进行爆发式的收缩，将精液从前端喷射出去。最初的 2 到 3 次收缩十分强劲，如果阴茎处在阴道之外的话，精液喷射的距离甚至可以远达 24 英寸（61 厘米）。

收缩的过程渐渐停止，勃起的阴茎便恢复到疲软状态，要想在这个时刻再次勃起，压根儿是一件不可能的事情。再次勃起所需的间歇时间因人而异，最重要的决定因素则是年龄。根据马斯特斯及约翰逊性学研究院[①]的观测，重复勃起的最快纪录来自一名年轻男子，此人可以在 10 分钟之内射 3 次精。此人的表现属于特例，过了 30 岁之后，大多数男性都会发现，自己要想再次射精，可不是稍事休息就行。随着年纪日益老迈，男人最终只会剩下射一次精的气力，下一次性高潮得等上一天，甚至是更长的时间。男人步入暮年之后，年轻时那种爆发式的射精过程便会一去不返，取而代之的不过是涓涓滴滴的渗流而已。这样的颓势，背后是这样的一个事实：到 75 岁的时候，男人的睾丸激素水平会下降到 25 岁时的一半。不但如此，年逾古稀之后，70% 到 80% 的男人还会丧失充分勃起的能力。从演化的角度来看，这样的安排可以说合情合理，因为高龄男性已经跟衰朽和死亡近在咫尺，即便制造出了新的后

---

① 马斯特斯及约翰逊性学研究院（Masters and Johnson Institute）是美国学者马斯特斯（William Masters，1915—2001）和约翰逊（Virginia Johnson，1925—2013）于 1978 年创办的一家性学研究机构，1994 年因马斯特斯退休而关闭。

代，也没有养育后代的能力。

体育界人士有一种根深蒂固的观念，那便是射出精子的行为会以某种方式削弱男性的体能，因此应当成为赛事之前的禁忌。为数众多的训练师和教练员强烈主张，大赛之前必须节欲，但马斯特斯和约翰逊撰有一篇关于人类性行为的详尽论文，在文中坦率指出，此种论调并没有生理学上的依据。要说节欲的方法确实管用的话，原因也一定是强制的节欲把运动员们弄得怒气冲天，战胜对手的愿望由此变得更加迫切。

根据美国研究人员的最新发现，携带活态精子的那种液体有一个特别之处。照他们的说法，精液不光能带着精子冲上目的地，还能对女性的身体产生直接的化学作用。他们对一些性事频繁的年轻女性做了一番研究，结论是男伴如果不戴避孕套，女方就会获得一个之前不为人知的好处。看情形，阴道里的精液似乎以某种方式影响到了这些女性的心理状态，结果是总体说来，她们比那些男伴总是戴避孕套的女性开心一些。

研究人员由此得出一个饱受争议的结论，那便是精液含有一些可以改善情绪的荷尔蒙，女性可以通过阴道壁加以吸收。这个结论当然不是无稽之谈，从演化的角度来看也言之成理，因为它意味着或将产生后代的放任行为别有妙用，可以带给人们一种幸福感，这样一来，人们的繁衍欲望自然会加倍增添。只不过，这个结论终归有一个破绽，因为研究所涉的女性个个都心知肚明，自个儿的男伴戴没戴套。这样一来，事情就有了另外一种解释：参与安全性行为的女性明知道自个儿不会有繁殖的机会，所以才下意识地觉得不开心。这倒不是说，这些女性暗地里巴望着怀上孩子，更合情理的说法是，在某个隐藏较深的意识层面，她们对娱乐性的性行为不像对生产性的性行为那么上心。

这项研究衍生了一个有趣的问题，也就是说，同样是采取了安全措施，服用避孕药的情侣会不会比使用安全套的情侣更有快感？不容否认，无论是在哪种情形之下，情侣们都很清楚自个儿的性行为是娱乐性的，只不过服药有个优势，不会留下什么直观的证据。情侣们的身体感觉不到药丸，却可以感觉到避孕套的存在，这样看来，从心理上说，以药物为保障的安全性行为可能会更有满足感。

不同文化对待阴茎的态度，可以说千差万别。就西方社会而言，总体的倾向一直是把它藏匿起来，到了上流社会，大伙儿更得假装它压根儿就不存在。话又说回来，这条规则也有个引人注目的例外：兜裆布（codpiece）。

追根溯源，兜裆布本来是一种低调的衣饰，用途是遮挡男性的外生殖器。14世纪的时候，男装时尚发生了特殊的改变，以至于当时的人们油然觉得，紧身上衣既已变短，那就得使上一个特制的袋子，把胯部遮盖起来。"codpiece"一词当中的"cod"，跟鳕鱼可没有什么关系①，这里的"cod"来自古英语，意思是"口袋"或者"阴囊"。所以呢，"codpiece"说白了就是个"装阴囊的袋子"，用途则是掩住男人的"私处"，使之不至于意外曝光。

没承想，自从问世之后，兜裆布一天比一天突出，一天比一天显眼，最后压根儿就不再是什么低调的遮羞衣饰，反倒变成了男性特征的一则招摇广告。这时的兜裆布加上了衬垫和花饰，缀上了嵌有珠宝的别针，形状也经过了精心的修饰，最终的效果是傲然耸出时髦男士的两腿之间，好似一艘雄伟舰船的船头。就连铠甲都不免俗，同样附有精雕细刻的兜裆布。时日迁延，兜裆布先是变成了新月形，最终则竖直向上，仿佛在为一根永远勃起、屹立不倒的阴茎提供保护。

---

① 现代英语当中的"cod"是"鳕鱼"的意思。

16世纪的法国讽刺作家弗朗索瓦·拉伯雷①大肆挖苦那些样式极端的兜裆布，并以如下文字描绘了其中的一个样板：

它的顶部做成了凯旋门的形状，还缀着两个极其漂亮的珐琅扣钩，每个钩子上都有一枚大如柑橘的巨型翡翠，因为……翡翠可以滋养下体，帮助勃起。兜裆布的突出部分有一码长，打着褶子，扎着眼儿，鼓鼓胀胀，巍然挺立，还跟他的马裤一样，加有蓝色锦缎的衬里……

不过，就某些男人的情况而言，加大的兜裆布可跟壮阳功能没有半点关系。那些身染梅毒的贵族会用它来遮盖敷在下体的药物，以及打在生殖器上的特制绷带。对于他们来说，有机会掩藏一种痛苦万端的凄凉病状，把它打扮成一份潇洒阳刚的时尚宣言，委实是一种幸运。

不用说，教会觉得这种"罪孽的衣饰"令人发指，但兜裆布依然大行其道，流行的势头无可阻遏，到最后才跟所有的时尚衣装一样，遭到了时尚本身的抛弃。在16世纪伊丽莎白一世执政期间，兜裆布进入了过时事物的行列，从那个时候开始，一直到伊丽莎白二世时代②，它再也没能重新登上主流时尚的舞台。当今时代，它只是作为一种奇装异服，在一些比较另类的大众明星身上再次露脸，偶或也得到科幻电影的采用，在片中昙花一现。

20世纪70年代，有人进行了一次中途夭折的尝试，打算帮兜裆布

---

① 弗朗索瓦·拉伯雷（Francois Rabelais, 1494？—1533），法国著名讽刺作家，代表作为《巨人传》（*La vie de Gargantua et de Pantagruel*）。此下引文出自该书第二部分《卡冈都亚》（*Gargantua*）第8章，说的是巨人卡冈都亚的兜裆布。引文原文出自苏格兰翻译家托马斯·阿克哈特（Thomas Urquhart, 1611—1660）和英格兰作家彼得·莫托（Peter Motteux, 1663—1718）合作的英译本，与法文原作及其他译本不尽相同。

② 书出版的时候，伊丽莎白二世（Elizabeth II）是现任的英国君主，这话的实际意思是"一直到现在"。

恢复标准男装的地位，只不过，即便是对那些最为反叛的年轻男性来说，这东西也显得有点儿过于直白。1975年，美国民权运动领袖、"黑豹党"成员厄尔德里奇·克利弗①向社会大力推介一种新款的男式紧身裤，裤子的特色是带有一截他称之为"克利弗之袖"（Cleaver Sleeve）的玩意儿。简单说来，"克利弗之袖"就是一个巨大的袜筒，戳在裤子的正面，给阴茎提供了一个"自由活动、自由伸缩"的空间。匪夷所思的是，按照克利弗的说法，他这种新款时装"将会彻底改变人们的性态度，最终消灭强奸之类的犯罪行为。除此之外，它还可以根除……'不雅暴露'的罪行，以'高雅暴露'取而代之"。

虽然有克利弗的大肆鼓吹，还是没有哪个男的敢于把兜裆布重新带入日常生活，借此展示自个儿的男子气概。话虽如此，现代人对待直白性展示的态度确实是日益宽容，如果这样的势头持续不衰，未来的时装设计师们又陷入了创意枯竭的窘境，兜裆布没准儿还有卷土重来的机会。

回望更为遥远的往昔，古代文明也包含一些十分开放的阶段，以至于人们对阴茎大加赞颂，态度远比今天大胆。举例来说，古希腊人就觉得包皮是一件十分美丽的东西，因此还对腓尼基人、埃及人、埃塞俄比亚人和叙利亚人之类的邻居嗤之以鼻，因为这些邻居都有割包皮的习俗。古希腊人把割礼称为"毁损阴茎的血腥仪式"，拒不接受割礼背后的种种宗教理由，甚至还成功地说服了腓尼基人，让后者放弃了这种残害生殖器的习俗。

古希腊人对包皮十分痴迷，以至于为包皮的各个部分起了专门的名字。他们管包裹龟头的那部分包皮叫做"坡瑟"（posthe），又把龟头往上

---

① 厄尔德里奇·克利弗（Eldridge Cleaver, 1935—1998），美国黑人激进知识分子及作家，民权运动领袖；"黑豹党"（Black Panther Party）是20世纪60年代、70年代活跃于美国的黑人民运组织，主旨是为黑人争取正当防卫的权利。

直至包皮末端开口处的锥形部分命名为"阿克洛坡瑟翁"（*akroposthion*）。看样子，包皮末端的这个部分才是他们关注的焦点，这个部分越长，他们就越是喜欢。

不管是在训练过程之中，还是在奥林匹克赛场之上，古希腊运动员都是一丝不挂的。（这些场合是不允许女人出现的。）在古希腊人看来，展示男性外生殖器的做法并没有任何不妥，只有一种情形是个例外。在摔跤之类的激烈运动当中，参赛者有可能失手掀开对手的包皮，致使对手的龟头暴露人前。因为突然暴露的龟头会让人联想到阴茎的勃起，难免跟性行为扯上关系，又因为古希腊人一直在竭力强调，他们的体育运动与性无关，所以呢，他们采取了一种措施，力图防止这样的不雅展示。措施的具体内容是用一根绳子紧紧地扎住包皮末端，使龟头没有冒出来的机会。更有甚者，他们还为这种绳子起了个"基洛德斯米"（*kynodesme*）的专名，名字的字面意思是"拴狗的带子"。"基洛德斯米"是一根细细的皮绳，人们会把它绕在"阿克洛坡瑟翁"上面，然后打一个蝴蝶结，或者是系到腰间。

这种扎包皮的小绳子，在古希腊的瓶身装饰画里留下了痕迹，其中一幅画的是一名运动员正在系这种绳子，为某项赛事做准备。希腊的一些作家说得非常清楚，系这种绳子的首要目的是保护裸体运动员的尊严，绳子是端庄与节制的象征，并不是什么运动护具。另有一些人指出，长期使用这种绳子的话，包皮就会变长，由此就更加符合古希腊人的审美趣味。

其他一些文化当中，男人也会用这样那样的方法来装扮自个儿的阴茎，有的方法温和适度，还有的相当粗暴。新几内亚岛①有一些固守传统的土著男性，至今仍在佩戴引人注目的阴茎套子。他们遵照古老的风

---

① 新几内亚岛（New Guinea）在太平洋西部，为世界第二大岛，东西两部以东经141度为界分属巴布亚新几内亚和印度尼西亚。

俗，精赤条条地走来走去，全身上下别无长物，只有一个用葫芦制成的金黄色长条套子。

这种葫芦套子名为"霍里姆"（horim），外观如同一根大幅加长的胡萝卜，底部粗，末端细，略呈锥形。霍里姆之所以如此形状，是因为人们做过一番特殊的处理，给生长期内的葫芦坠上了重物，致使它越长越长。佩戴这种套子的时候，人们会把自己的阴茎从套子底部伸进去，直到阴茎完全被套子包住为止，只不过，睾丸仍然是无遮无掩地露在外面。有一些葫芦套子直挺挺的，也有一些向上弯曲，人们会用"比卢姆"① 绳索将这种套子系在腰上。固定好之后，葫芦套子最常见的角度是上翘45度左右，看起来正像一根勃起的阴茎。这种套子在西方人看来相当色情，对新几内亚人来说却只是一个又神气又威风的标志，作用是昭告主人的成年男性身份。不仅如此，人们还给一些葫芦套子加上流苏贝壳之类的装饰，为的是让套子更加显眼。显赫的部落成员个个都拥有一大堆葫芦套子，包括一些为特殊典礼预备的专用品。

针对这种惊世骇俗的土著服饰，巴布亚新几内亚现政府曾经明令禁止，结果是令行而禁不止。迄今为止，他们的禁令只在政府办公室范围之内收到了成效。

同样是装饰阴茎，婆罗洲②达雅克人（Dayak）的传统方法比较让人遭罪。他们会在龟头上钻一个贯通左右的小孔，赶上节庆就把一根磨光的小骨头穿到孔里，平常时候则穿上一根木棍或是一片羽毛。较比晚近的达雅克风尚，据说是在龟头上穿一根铜质、银质或金质的棒子，棒子的一端装饰一枚小石子，或者是一个金属球。这样的棒子大概有2毫米粗，长度则是4厘米左右。棒子穿上龟头之后，他们还会在棒子另一

---

① "比卢姆"（bilum）是新几内亚土著对植物纤维织物的称呼。
② 婆罗洲（Borneo）是马来群岛当中的一个岛屿，为世界第三大岛，分属马来西亚、印度尼西亚和文莱。

端装上小球。这样一来，龟头上就有了两个支在外面的小球，一边一个。通常情况之下，这些东西全都藏在包皮下面，只不过阴茎一旦勃起，它们就会一跃而出。据说，达雅克女性十分看重这一类的阴茎饰品，性交过程当中要是少了这样东西，感觉就跟吃东西没放盐一样。

梵文性爱宝典《爱经》[①] 曾经提及一种与达雅克棒子相似的阴茎饰品，区别在于它选择了贯通上下，而不是横贯左右。这样子的安排，会使棒子成为一种更加有效的催情装置，因为在性交过程当中，龟头上方的小球可以摩擦阴道上壁那个极为敏感的 G 点。

在印度尼西亚的爪哇岛，土著居民改造阴茎的方法与达雅克人略有不同，目的则同样是吸引本族的女性。他们会在龟头上割出一些小小的口子，再把一些小石子嵌到里面。伤口愈合之后，嵌有石子的龟头就会变成疙疙瘩瘩的模样。龟头上的这些疙瘩，据说可以大幅度提高土著女性的性快感。现代的一些避孕套采用了与此相似的设计，效果也差不多，同时还省掉了这一番痛苦的手脚。

以上这些改良阴茎的手段看似极端，但要是相较于另一些残害阴茎的仪式，却只能说是不痛不痒。许多部落都奉行残害阴茎的仪式，尤以澳大利亚土著为甚。他们有一种名为"下切"（subincision）的手术仪式，具体说就是对刚刚成年的男孩施行割礼，之后再在男孩的阴茎上拉一道很深的口子，几乎达到将阴茎一剖两半的地步。

大约 13 岁的时候，部落当中的男孩就得接受割礼。一名年长的男性部落成员会把男孩摁住，不让他哭叫，有时还会给个飞去来器让他咬住。另一名男性部落成员则会拽住男孩的包皮，把包皮拧起来，然后再往上扯。接下来，又一名男性部落成员会用一块非常锋利的火山玻璃割去男孩的包皮，总共需要割两到三下。在这个过程当中，其他的男性部

---

① 《爱经》（*Kama Sutra*）是古印度一部论述人类性行为的经典著作，作者是笈多王朝（公元 4 至 6 世纪）的哲人瓦希雅亚纳（Vatsyayana）。

落成员都在一旁虎视眈眈，监督割礼的施行。一旦掌礼者完不成任务，他们就得把掌礼者杀死。

大约 4 年之后，包皮已遭切除的小伙子就得接受"下切"手术。这一次的手术更不含糊，掌刀的男性部落成员会在小伙子阴茎下侧拉上一刀，剖开他的尿管，切口有可能纵贯整根阴茎，也可能只伤到其中一截。让伤口长回去是不合规矩的，所以呢，按照某个人的精彩描述，挨了刀的阴茎只能就这么"晾着"。挨了这一刀之后，裂开的阴茎会比原来宽得多。经过如此改造的阴茎，据说可以大幅度增加女性的快感，然而，接受这种手术的男性若是赶上了最糟糕的情形，便只能像女人一样蹲着撒尿，因为尿液会从阴茎根部往下流，流不到阴茎前端的尿道口。有一些男的会随身携带一些小管子，为的是提高尿流的准度，逃脱蹲下撒尿的屈辱，另一些男人则会把自个儿的阴囊往上拽，使之尽量贴紧阴茎的底部，以便让尿流射向前方，达到正常男人的标准。撒尿不方便之外，这种手术还会影响阴茎输送精子的效率。话又说回来，一目了然的事实是，终归还是有一些精子到达了目的地，原因在于，奉行这种仪式的土著部落依然存在，并没有就此消亡。

以上所说的这种成年礼，具有十分重大的社会意义。小伙子要是没有经历过这种仪式，就不能进入他父亲所属的长老团，也不能参加各种宗教典礼。更糟糕的是，他没有堂而皇之娶妻立室的资格，地位与社会弃儿无异。一句话，小伙子在自己部落里的前途，完全取决于这种残害阴茎的古怪仪式。

我们禁不住好奇，通过剖开阴茎来赢取社会地位，这么个新奇主意是从哪儿冒出来的呢？有人说，剖开阴茎的做法是为了使阴茎更像阴户，伤口流血的情状则是为了模仿女性的月经。不过，这样的说法似乎有点儿牵强。

还有人说，土著人之所以施行"下切"手术，目的是模仿袋鼠的叉状阴茎。果真如此的话，他们就模仿得很不到家，因为袋鼠的阴茎仅仅是顶端分叉，"下切"手术却产生不了同样的效果。这种手术只能把阴茎剖成相连的两片，并不能把阴茎的顶端变成叉形。

另一种解释比较符合情理，也就是说，"下切"手术植根于土著神话。按照澳大利亚土著的传说，"下切"手术起源于"幻梦时代"①，是他们的祖先从一只人形蜥蜴那里学来的。早期土著既然觉得蜥蜴是一种意义非凡的动物，多半会注意到雄蜥蜴的交配工具非比寻常，似乎是一根双管的阴茎。雄蜥蜴的交配器官由一对半阴茎②组成，所以呢，人类的第一例阴茎剖分手术，很可能是为了仿效蜥蜴的样板。鉴于神话里的人形蜥蜴拥有强大的力量，当初的土著没准儿是心生遐想，感觉自己应该模仿蜥蜴的交配行为，借此获取同样的力量。

无独有偶，割礼的起源似乎也跟爬行动物脱不了干系，这种残害阴茎的仪式起源于古埃及，传播范围比"下切"手术广远得多。据推测，割礼之所以肇端发源，是因为古埃及人对长生之术的痴迷。按照这种解释，古埃及人瞧见了蛇蜕皮的情形，由此认定这种动物正在重生：陈旧的躯壳在地面干枯崩裂，取而代之的是一个流光溢彩的新身体。既然蛇可以拿一块皮去兑换不朽的生命，可想而知，人类也可以这么干。阴茎的形状与蛇相似，前端又耷拉着一点儿松松垮垮的皮，这么一盘算，具体的干法便可谓一目了然：只需要割掉包皮，人就可以像蛇一样重生。当然喽，太着急是不行的，因为人类的重生是来世的事情，要到死了以后才会发生。

早期的埃及人是古代世界的精英，他们既然带了头，中东地区的其

---

① "幻梦时代"（dreamtime）是澳大利亚土著的专有词汇，指传说中那个天地开辟的时代。

② 半阴茎（hemipenis）是一个专有名词，指蛇、蜥蜴等有鳞动物的雄性交配器官，通常藏在泄殖腔里面，交配的时候才会翻出来。

他文化自然要迅速效尤，所以说没过多久，绝大多数的中东小伙儿就不得不接受割礼，支付这种向埃及人看齐的痛苦代价。膜拜蛇的那段历史很快就被人遗忘，后来的人们只记得一个理由，那便是上帝偏爱割过包皮的阴茎，尽管谁也没说清楚，上帝干吗要偏爱这种摧残儿童的古怪方法。就这样，割礼蜕变为一种根深蒂固的宗教习俗，得到了人们的普遍接纳。古怪归古怪，这种仪式终归延续了许多个世纪，到今天依然与我们相伴不离。据估计，时至今日，每年还是有大约 1 500 万名男童接受割礼，这么着，割礼变成了人类所知最普遍也最赚钱的一项外科手术。

近年来，随着发达国家教育水平的提高，人们开始追根究底，这一种顶着神圣之名的性器官雕琢活动，究竟能有什么意义。与此同时，割包皮的师傅们已经提高警惕，生怕客观的常识日益强势，压倒他们奉行的古老仪式。为了守住自个儿的阵地，他们替处境微妙的包皮切除术找出了一个比较现代的借口，坚称它可以让男性获得一些医学上的好处。他们完成了一个又一个科研项目，不放过任何一个或有或无的益处。许多人原本心存疑虑，却没能顶住这一轮全新的宣传攻势，于是便继续让自家的孩子接受割礼，任由他们的阳具遭人荼毒。

男性割礼的利弊之争，至今依然十分激烈，很少有人平心静气，尝试拿出一种公允之论。反对派一口咬定，支持割礼的医学论据全都是精心编造的不实之辞，同时指出，要不是割礼业已变成一种根深蒂固的宗教仪式，现代医学怎么也不会催生这样的一种手术。通过手术来切除一个天然存在、完全健康的人体组织，割礼是绝无仅有的孤例。包皮既然是演化历程的产物，为什么要进行人为的干预？要是有哪个成年男性基于个人理由想割包皮，只管由他去割，要美观不要身体的事情反正已经比比皆是，多这一种也不嫌多。可要是把割礼强加给健康的婴儿或孩子，那就得说是罪无可赦。

20 世纪 80、90 年代，反对派创立了几个抵制割礼的倡导组织。这些组织认为，医疗行业正在遭受贪婪和宗教压力的侵蚀，于是就展开行动，决意扭转这股不正之风。

按照这些组织的说法，循例为之的割礼实际上是残害阳具的一种方式，对健康没有任何短期或长期裨益。认真追究的话，割礼还会造成一些或轻微或严重的负面生理效应，使婴儿和孩子产生巨大的痛苦和恐惧，在他们的大脑当中刻下暴力的印记。长远看来，割礼会造成自杀和抑郁之类的后遗症，更有一些治疗专家宣称，没有包皮的男人会产生失落的感觉，无法抹去暴力的记忆，不再是"完整的"人，阴茎的尺码也会变小。这些组织还说，没有了包皮当中的性敏感组织，男人的性快感免不了打折缩水。

有人指出，割包皮会加大新生男婴感染葡萄球菌的风险。葡萄球菌在许多地区达到了普遍流行的程度，业已成为一个世界性的问题。还有人说，包皮是唯一一个可以活动的阴茎部件，一旦割掉包皮，性交过程中的摩擦强度就会增加，致使人体组织出现微小的伤口，更容易感染艾滋病病毒。在美国，男性切除包皮的比率比较高，艾滋病病毒的感染率也比较高；反观斯堪的纳维亚半岛，男性切除包皮的比率比较低，艾滋病病毒的感染率也是如此。

反对割礼的游说团体宣称，经科学验证，男人切除包皮的种种医学好处，比如说降低膀胱感染、阴茎癌和女伴宫颈癌的发病几率，要么是微乎其微，要么就是子虚乌有。从医生的立场来看，切除男童包皮的做法侵犯了对方保持身体完整的合法权益，并且与欧盟《人权公约》（*European Convention on Human Rights*）的精神背道而驰。最后，这些团体还对一些医生提出了批评，指责他们之所以提倡给婴儿割包皮，首先是因为金钱的引诱，其次是因为他们自个儿也经历过包皮被割的痛苦，如今打算寻求报复。

最极端的反割礼人士成立了一个名为"UNCIRC"的组织，组织的创建者还出了一本名字惊人的书：《逆向割礼之乐》（*The Joy of Uncircumcizing*）。① 他们的理论依据在于，既然某些部落可以靠长期拉扯的方法抻长耳垂，同样的方法想必适用于割了包皮的阴茎。按照他们的宣传，人们可以借各式各样的手段抻长包皮，使它在很大程度上恢复往日的荣光。他们指出，阴茎上的皮肤极具弹性，人们可以给它坠上重物，或者借捆扎的方法把它往下拽，实在不行还可以接受重铸包皮的外科手术，总而言之，阴茎是可以重归完好的。

　　既然男人急于找回包皮，不惜采取如此极端的措施，我们就可以清楚地看出，至少是对一部分人来说，割包皮是一场挥之不去的梦魇，理应遭到未来社会的全面禁绝。这边厢，支持割礼的游说团体奋起回击，一方面提出反论，说割包皮可以带来重大的医学利益，一方面指斥对手所言不实，称并无证据显示，割包皮会造成心理创伤或性快感减少的后遗症。

　　显而易见，在心理学、性学和医学这三个关键层面，正反两派的观点都可谓水火不容。两派都有广泛的医学研究作为后盾，得出的结论却截然相反。一目了然的事实是，这场论战掺杂了太多的感情因素，必须得假以时日，我们才能看到一个不偏不倚、客观公正的最终结论。

　　"下切"和割礼之外，还有两种残害阴茎的方式值得我们说上几句。其中之一是损害最轻的包皮切口，另一种则是创伤至重的阴茎剥皮。

　　包皮切口是割礼的温和版本，具体说就是在包皮上拉一道口子，让一部分龟头暴露出来，同时又不需要切除哪怕一丁点儿皮肤。这种做法

---

　　① "UNCIRC"是"UN Circumcising Information and Resource Centers"（逆向割礼信息及资源中心）的缩写。该组织于1990年由美国心理学教授吉姆·毕吉罗（Jim Bigelow，？—2019）创立，后并入全国男性光复组织（NORM, National Organization of Restoring Men）。"逆向割礼"的意思大致是"让割掉的包皮重新长出来"。

见于非洲东部的滨海地区，以及亚洲和大洋洲的一些岛屿。当地人之所以发明这种仪式，多半是为了给割礼找一个象征性的替代品，一方面可以维系成年礼的传统，一方面又把手术伤害减到了最小。

最为酷烈的阴茎残损行为是所谓的"剥皮"仪式，曾经流行于阿拉伯半岛的一些地区，这种仪式十分野蛮，要求把阴茎上的皮肤整个儿扒掉。照那些地方的规矩，小伙子要想成为受人尊敬的成年男性，那就得忍受这种摧残阳具的极端酷刑，连喊痛都不可以。

现代避孕套问世之前，非洲的一些部落居民有时会对自个儿的阴茎动一点儿小小的手脚，以便消除产生后代的风险，尽情享受交配的乐趣。他们的做法非常简单，不过是给自个儿的尿管扎个小孔，扎在阴茎下侧靠近阴囊的地方。这样一来，射出的精液就会从阴茎根部流走，到不了阴茎前端，无法将精子送进阴道。想生孩子的时候，他们会在射精的一刹那采取行动，用手指堵住这个小孔。借助同样的方法，他们还可以控制尿液的流向。

不容忽视的是，现代社会孕育了一种装饰性的阴茎改造时尚，也就是阴茎穿刺。正当公共舆论形成一股大潮，开始席卷割礼之类残损阴茎的古老仪式，社会上就涌起了一股与之背道而驰的逆流，表现为装饰阴茎的风气。

现代的阴茎穿刺没有任何部族、宗教或神话渊源，完全是为了寻求快感，要么是性交过程中的触觉快感，要么就是前戏过程中的视觉快感。用一名专业穿刺师的话来说："快感之所以增加，是因为穿刺的疤痕和嵌入的珠宝可以带来额外的触感。除此之外，许多人都发现，穿刺的视觉效果跟实际的触感一样刺激。穿刺给人的感觉，既奇异又色情。经过穿刺的部位会比以前更加敏感，这样的说法有一个坚实的生理学依据，原因是嵌在穿刺部位的珠宝深入人体，可以触及那些平常碰不到也刺激不到的神经末梢。"

今时今日，穿刺迷使用的阴茎饰品居然有多达 8 种不同的风格，对于那些将一切装饰性自残视为洪水猛兽的人来说，这想必是一个不小的震撼。最传统的一种风格叫做"阿尔伯特亲王式"（Prince Albert），名字来自维多利亚女王的丈夫阿尔伯特。阿尔伯特亲王在自个儿的阴茎上安了个所谓的"装束环"（dressing ring），还用一根带子把这个环绑到了大腿上。他这么做是为了让胯部的线条保持平整，因为当时流行的裤子非常紧身。无独有偶，意大利独裁者本尼托·墨索里尼也戴了个"阿尔伯特亲王式"阴茎环，并且在裤子口袋上剪了个洞，一旦他感觉焦虑不安，就可以伸手进去把玩一番。

　　阿尔伯特亲王并不是阴茎穿刺的始作俑者。在日耳曼战士当中，这种做法早已经蔚然成风，目的则是把阴茎紧紧束缚在两腿之间，免得战场上刀剑无眼，伤到这个重要的部位。到了 20 世纪晚期，私处穿刺的现代风尚开始流行，人们就参考日耳曼战士的做法，推出了装饰阴茎的第一种方式。具体做法是在阴茎下侧靠近前端的地方钻一个通往尿管的孔，由于尿管跟阴茎下侧的皮肤贴得很近，需要钻通的不过是薄薄的一层皮膜而已。接下来的一步是穿环，也就是把一个金属环从天然的尿道口穿进去，再从这个人工制造的孔洞穿出来。不管是割没割过包皮，所有的男人都可以这么干，之后再等上大概 4 个星期，伤口就会痊愈。现代人的裤子比较宽松，所以呢，现代的阴茎环一般不会被人绑上大腿，跟 19 世纪的前辈不同。

　　"海豚式穿刺"（Dolphin piercing）与"阿尔伯特亲王式"大同小异，区别只是得多钻一个孔洞，后一个孔洞离阴茎的前端比较远，跟"阿尔伯特亲王式"孔洞隔着 1.6 厘米（0.62 英寸）的距离。做完"海豚式穿刺"之后，你就可以把一根弯曲的金属棒从"阿尔伯特亲王式"孔洞穿进去，再从这个新钻的孔洞穿出来。接下来，你还可以在金属棒的两端各加一个光滑的金属小球，最终的成果是尿道里多了一根弯曲的金属棒，阴茎下侧多了两个金属球。

"安帕朗式穿刺"（Ampallang piercing）得名于婆罗洲的达雅克部落，因为这个部落的男孩一旦成年，就得往自个儿龟头上穿一根水平的棒子，"安帕朗"便是这种棒子的达雅克称谓。现代版的"安帕朗"选择的是同样的位置，也是在龟头上钻一个贯通左右的孔，好把一根金属棒子穿过去，再在棒子两端加上小球。由此而来的视觉效果有个名堂，叫做"乳房两边长了眼睛"①。这种穿刺对身体的伤害比较大，伤口要几个月的时间才能长好。

"阿帕德拉雅式穿刺"（Apadravya piercing）与"安帕朗"相似，只是把棒子的方向从水平变成了竖直。相关的最早记载见于《爱经》，书中对这种棒子的称谓就是"阿帕德拉雅"。

"系带穿刺"（Frenum piercing）以阴茎下侧的表层组织为落脚点，范围可以延伸到靠近阴茎根部的地方。② 有些男人的阴茎下侧排列着多个"系带穿刺"，合在一起就有了"减速带"的流行称谓。

"下系带穿刺"（Lorum piercing）是指位置靠下的"系带穿刺"，落脚点是阴茎与阴囊之间的连接组织。

"戴窦穿刺"（Dydoe piercing）③ 以龟头的冠状脊为目标，往往会成对出现，通常只适合那些冠状脊相当明显的男人。

最后一种是"阴部穿刺"（Pubic piercing），孔洞钻在阴茎上侧，躯干正面与阴茎根部交会的位置。据说，如果性交时用的是男上女下的所谓"传教士式体位"，这种穿刺就可以带来额外的快感。

我们只能祈祷，这些个搞了穿刺的时尚新男人，千万别有谁让闪电

---

① 根据相关图片，这种说法的理由是龟头形似乳房，穿在龟头两边的小球则形似眼睛。
② 系带（frenum）本来是指阴茎下侧正中连接龟头与茎干的皮褶，用在这里则泛指阴茎下侧的表层组织。
③ "Dydoe"这个词可能是由"doodad"一词演变而来，后者的意思是"小摆设"。

给打中了。

本章结束之前,我们来看看英国的脱衣舞男弗兰基·杰克曼(Frankie Jakeman)。传言说他给自个儿的阴茎买了 160 万美元的保险,把他的各位女伴逗得开心不已。对他的舞台表演活动来说,这个器官无疑是一个不可或缺的角色,可我们还是闹不明白,让他担心的究竟是什么样的风险。

说不定,他买保险的时候想的是那个臭名昭著的事件,事件的主角是一个名叫约翰·韦恩·博比特(John Wayne Bobbitt)的美国人。1993年,博比特的妻子洛伦娜(Lorena)利用丈夫睡觉的机会,用一把餐刀割掉了丈夫的阴茎。据洛伦娜所说,当时她非常生气,因为丈夫没法让她达到性高潮。割掉这个烦人的赘物之后,洛伦娜开着车出了门,把割下来的东西从车窗里扔了出去。好一番搜索之后,这东西被警方找了回来,后来又通过手术接了回去。为了支付高昂的手术费用,博比特出演了好几部色情电影,其中一部名为《科学怪阳》(*Frankenpenis*)①。再往后,博比特去内华达州的一家妓院上过班,还在拉斯维加斯的一个教堂当过牧师。看情形,他的阴茎应该可以正常工作,因为他后来又结了两次婚。

当然喽,博比特通过手术接回去的是他自个儿的阴茎,跟他的情况不同,中国有过一例更加惊人的类似手术,用的居然是别人的阴茎。一名男子遭遇一场诡异的事故,不幸失去了自个儿的阴茎,于是就接受了全世界第一例阴茎移植手术。广州军区总医院的外科医生一丝不苟地完成了长达 15 个小时的显微手术,成功地给他接上了别人捐献的一根阴茎。他的身体接纳了新的阴茎,不幸的是,他的妻子却选择了**不接纳**,

---

① 这部电影的英文名字是"Frankenstein"和"penis"两个词的组合,"penis"意为"阴茎","*Frankenstein*"是英国女作家玛丽·雪莱(Mary Shelley, 1797—1851)于1818年出版的一本著名小说的标题,中译名通常作"科学怪人"。

因为她没法跟一个陌生人的性器官亲近。带着巨大的遗憾，医生们被迫把嫁接的阴茎割了下来，他们这个令人赞叹的医学成就，就这样付之流水。①

---

① 这次手术的时间是 2005 年 9 月，阴茎的捐献者是一名因车祸死亡的年轻男子。重新割除的消息于 2006 年见诸媒体。

第二十章　睾　丸

　　贤哲之士经常在冥思苦想，人类的不朽灵魂究竟躲在哪个地方。它是在脑子里吗？还是在心脏里呢？错，正确的答案是在睾丸里，因为睾丸是男性制造精子的地方，只有精子能带给他们一个真实不虚的希望，让他们借由传宗接代的途径，实现遗传意义的不朽。

　　睾丸既然是如此重要的一个人体器官，我们就有理由问个问题，也就是说，它干吗被安排在了一个如此糟糕的位置。就这样让它暴露在身体外面，任由它在两腿之间晃来晃去，演化历程似乎有点儿太不小心。要是有人冲你的两腿之间痛下杀手，无遮无掩的睾丸很容易遭受重创。现在想来，原始时期的各位猎手简直是命悬一线，因为他们得跟带伤挣扎的猎物厮打，猎物又会用骨头坚硬的腿脚四处乱蹬。现代的各位运动员，同样是清楚得不能再清楚，这个地方要是挨了一下，感觉会是多么的痛苦。

　　另一个事实没这么吓人，招人烦的程度却可谓不相上下，那便是赤条条的男人一旦拔腿飞奔，睾丸必定会东甩西甩，感觉很不舒服。十有八九，正是因为男人身体上这个显而易见的设计失误，人类才发明了有史以来的第一种衣装，也就是雏形状态的护裆①。可是呢，用这种方法固定住睾丸之后，新的问题又接踵而至——松松垮垮的阴囊皮肤会跟护裆发生摩擦，弄得人又痛又痒。

　　现实的逻辑不容规避：许多动物的睾丸都在肚子里面，对于尚未演化完全、刚刚开始直立行走的人类男性来说，睾丸内置也会是一个更加安全、更加舒适的选择。这样一来，我们不得不问：男人的睾丸为什么露在外面？

依照流传多年的传统答案，睾丸之所以留在肚子外面，好处是温度可以低一点点，虽然只低了一点点，却也有利于精子的生产。为了证明这一理论，人们完成了为数众多的研究项目。

一位权威人士宣布，精子生产的理想温度，比正常体温低 3 摄氏度左右。另一位权威人士声称，实验已经证明，如果你每天洗 10 分钟桑拿浴，连洗 10 天，精子的产量就会急剧下降，10 个星期之后也只有原来的 50%。

其他的一些日常活动和生活习惯，据说也会提高睾丸的温度，损害男人的身体，其中包括把笔记本电脑搁在膝头使用，开着卡车跑长途，在加热的水床上睡觉，从事大运动量的体育锻炼，以及穿非常紧的内裤或裤子。

以上这些说法可不是信口开河，全都是认真研究的结果。举例来说，关于笔记本电脑的说法就是以一项科学实验为依据，实验对象是 29 名年轻男子。研究人员让他们采取坐姿，把笔记本电脑搁到自个儿的膝头，然后在电脑上工作 1 个小时。结果呢，阴囊的温度提高了 2.8 摄氏度之多。换句话说，这种情形之下的睾丸温度，已经跟处于假想内置状态的时候差不多了。只不过，笔记本电脑本身的热量仅仅是温度升高的因素之一。研究人员试过让这些人并紧双腿坐好，但不把笔记本电脑搁到膝头，这时候温度依然会显著升高，升幅高达 2.1 摄氏度。由此可知，用膝盖来支撑笔记本电脑，这样的姿势本身就会导致升温，作用甚至超过笔记本电脑产生的热量。

---

① 护裆（jockstrap）是运动员用来固定和保护裆部的一种护具，通常由一根弹力腰带、一块兜裆布和绕在臀下的两根弹力带子组成。

换句话说，睾丸温度之所以升高，罪魁祸首是被人紧夹在两腿之间的处境，不管这种处境是身体姿势使然，还是紧身衣物所致。工作也好，游戏也好，任何活动都可能降低精子的产量，只要它要求男人长期保持并腿而坐的姿势。如果睾丸拥有较大的活动空间，控制睾丸高度的肌肉会根据温度进行实时的调节。一旦温度上升，这条肌肉就会把阴囊往下降，以此改善通风条件。温度降下来之后，这条肌肉又会收紧，让睾丸上升到一个较比温暖的位置。这样一来，在没有外来束缚的条件下，睾丸会始终保持在最适合精子生产的温度。

　　男人面临心理压力的时候，上面说的这条肌肉同样会把睾丸往上提，情形跟身体发冷的时候毫无二致。原因在于，对原始时期的男人来说，突然升高的心理压力往往意味着身体上的危险，致使他们不得不采取措施，防止睾丸受到伤害。

　　奇怪的是，在男人即将射精的那个瞬间，这条肌肉也会收缩，把睾丸提到靠近身体的位置。关于这种情形，目前只有一种解释：如果男女双方同时达到性高潮，肢体的痉挛有可能相当猛烈，男方的睾丸要是还在两腿之间随意晃荡，安全没准儿会受到威胁。

　　睾丸面临的问题之一，是如何在男人的两腿之间落户安家，因为这里并没有太多的空间，倘若主人的大腿像运动员一般强壮，这里的空间还会更加促狭。针对这个问题，演化历程给出的解决方案是让两个睾丸错落排布，处于一高一低的位置。有了这样的安排，睾丸需要的空间就小了一些。两个睾丸形状对称，如果高度也完全一样，自然是更占地方。

　　就大多数男人的情况而言，睾丸的位置都是左低右高。一项针对386个男人的调查显示，以两个睾丸的高度而论，65%的男人左低右高，22%的男人左高右低，剩下的13%高度相同。金赛性学研究所①做

---

① 金赛性学研究所（Kinsey Institute for Sex Research）是成立于1947年的一家美国研究机构，创始人是前文提及的金赛教授。

过一次类似的调查，规模比前述的一次大得多，接受调查的男人足有6 544个。这次调查得到的数据更加惊人：90%的男人左低右高，左高右低和高度相同的男人都只占5%。

似乎没有人知道，为什么只有10%的男人不具备睾丸左低右高的特征，情形正如我们迄未明了，为什么只有10%的男人惯用左手。只不过，有人已经指出，这两类男人之间存在某种关联。可是呢，这种关联非常微妙，绝不像大家简单设想的那样，占总数90%的右撇子男人刚好兼具睾丸左低右高的特征。这里所说的关联，无非是一个较比费解的事实，也就是右撇子男人睾丸左低右高的几率，确实要比左撇子男人高那么一丁点儿。这样的关联实在是太没有说服力，所以呢，左右睾丸这种一边倒的高度安排，我们只能暂且阙疑。

对于热衷健美、大腿壮硕的男性来说，睾丸没地方待的问题可能会变得相当严重，所幸解决方案不假外求，就在他们自个儿身边。从事健美运动的男性，通常会使用各式各样的合成代谢类固醇（anabolic steroid），这些东西不光会大幅度增加肌肉的尺码，还会把睾丸的尺码减到正常的一半左右。这样一来，在从事健美运动的过程当中，肌肉虽然日益膨胀，睾丸却会渐渐缩小，不会面临没地方待的问题。之所以会有这种情形，是因为睾丸是睾丸激素的主要来源，而这些类固醇的效果又与睾丸激素相似，它们进入人体之后，睾丸就会感觉激素够用，自己没必要继续生产。从事健美运动的男人一旦停用类固醇，睾丸就会迅速恢复原来的尺码。

人类的睾丸呈卵形，长度是2英寸，在没出故障的情况下，每24小时可以制造大约2亿个精子。睾丸里面有许多狭窄的管道，精子就诞生在这些管道的内部。管道周围是一些细胞，这些细胞负责制造一种雄性荷尔蒙，也就是所谓的睾丸激素。精子的尺码微不足道，五百个精子首尾相连，长度也不过区区1英寸而已。生产完成之后，睾丸会把精子储存在合适的位置，为射精做好准备。男性达到性高潮的时候，精子就会跟几条腺体分泌的液体混合在一起，沿着阴茎内部的尿管喷射出去。

前戏过程当中，业已充分勃起的男性若是竭力自控，一再延迟自个儿的性高潮，最终就会把精子蓄势待发的阶段拖长到违逆自然的地步，致使睾丸隐隐作痛。这样的情形司空见惯，所以就有了一个俚俗的专门说法——蛋都憋青了（blue balls）。

男性如果缺乏性生活，精子就会积聚起来，造成梦遗的现象，也就是通常所说的"湿梦"。这种情形之下，男性会在睡梦之中自发射精，由此缓解精子的库存压力。一直不射精的话，没派上用场的精子最终会被吸收回去。只不过，回收精子的活动并不能改善生殖系统的运行状况，恰恰相反，相关研究已经证明，经常射精倒是可以提高精子的产量。由此可知，男的要是暂时没有性生活，尽可以借手淫来维持系统的上佳状态。

一次射精所释放的精子数目可以有很大的差别，从 200 万到 2 亿不等。按照通常的估算，要达到成功授精的目的，最少也需要 6 000 万个精子，虽然说其中只有一个会进入女性的卵子，完成授精的任务。之所以需要数目如此庞大的精子，是为了营造一个完美的化学环境，给那个最后的成功者做好铺垫，帮助它走完漫长的旅途。

林林总总的研究，不约而同地得出了一个铁板钉钉的结论，也就是睾丸温度略有下降的时候，精子生产的效率将会提高。正因如此，人们难免想当然地认为，这个结论足可圆满解决前文中的问题：男人的睾丸，为什么要长在危机四伏的身体外面？显而易见，演化历程让睾丸承担风险，为的是让它们更有效率。所有的教科书都在不断重复这样的理论，最终把它变成了一个公认的常识，可惜的是，它与真实的演化历程并不吻合。作为一个完整的解释，这种理论有两个重大的缺陷。

首先，在气候非常炎热的地区，比如哺育了人类先祖的热带非洲，气温常常会高得离谱，以至于彻底抹杀睾丸外置的实际意义。事实上，在气候最为炎热的一些地区，气温可以高达 58 摄氏度（136 华氏度），赶上这样的情形，睾丸倒不如待在身体里面，没准儿还能凉快一些。其次，针对其他哺乳动物的研究业已表明，一方面，拥有阴囊和外置睾丸的物种确实是数目庞大，另一方面，睾丸内置的物种同样是在在多有。

　　既然有这么多的物种能在气候炎热或睾丸内置的条件下成功繁衍，一些物种选择让睾丸出外冒险，一定得有点儿降温之外的好处。迄今为止，人们只提出了一种相关的解释，那就是"迈克尔·强斯震荡理论"（Michael Chance Concussive Theory)①。这一理论问世的契机是牛津剑桥划艇对抗赛②，由头则是理论的同名创立者读到了参赛选手的尿检报告。跟其他许多体育比赛一样，划艇赛的尿检也是为了防止选手使用违禁药物，只不过迈克尔·强斯从报告里读到的东西，跟禁药没有半点关系。报告显示，选手们比赛之后的尿样含有前列腺液，比赛之前的尿样却不含这种成分。

　　换句话说，在这项以艰苦著称的划艇赛事当中，由于划桨动作带来的巨大肌肉压力，选手们身上的一条腺体发生了泄漏，这条腺体跟其他几条体内腺体一样，肩负着为携带精子的液体供应原料的任务。③ 选手们每划一下桨，腹腔就会遭受一次突如其来的震荡。男性的生殖道跟膀胱不一样，里面没有括约肌，所以呢，前列腺因剧烈的划桨动作反复受压的时候，里面的液体就被挤进尿管，最终出现在了比赛之后的尿样里。

---

① 迈克尔·强斯（Michael Chance, 1915—2000），英国动物行为学家，于 1996 年提出这一理论。
② 牛津剑桥划艇对抗赛是牛津大学和剑桥大学之间的一项传统赛事，也是世界上历史最悠久的校际划艇比赛，每年举行一次。
③ 精液包含的各种成分当中，精子来自腹腔外的睾丸，其余成分来自腹腔内的前列腺、精囊和尿道球腺。

强斯由此意识到，人类男性的睾丸若是处于内置状态，一旦遇上突如其来的高强度压力，免不了也会遭到推挤，导致精子大量流失。在原始的狩猎活动当中，人类男性必须上蹿下跳，跟体型庞大的猎物进行搏斗，这样一来，前述的高强度压力自然是无法避免的东西。假使睾丸内置，腹部肌肉的反复挤压必然会同时造成精子和精液的流失。不过呢，因为人类男性的睾丸长在外面，这样的压力就不能把精子挤进尿道，不会造成不必要的浪费。

　　以这个论点为基础，我们可以进一步推断，无论外部环境温度如何，生活闲适的哺乳动物都应该拥有内置的睾丸；反过来，如果某种哺乳动物的生活当中充满了突如其来的震荡性压力，它的睾丸就应该长在外面。换句话说，那些个慢条斯理、钻穴打洞的种类，睾丸都应该长在里面，而那些狂奔猛扑、势若雷霆的种类，则应该拥有外置的睾丸。强斯对种类繁多的哺乳动物进行了研究，结果完全符合他的预想。这样一来，强斯不光验证了自个儿的理论，还把外置睾丸的降温机制贬到了后生适应①的位置。

　　仅举两例，所有的雄性食蚁兽和犰狳都享受着一种波澜不惊的生活，因此就全部拥有内置的睾丸，连那些生活在酷热地区的品种也不例外。与此同时，所有的雄性有角动物——牛、山羊、羚羊、鹿，如此等等——都得承受相当不小的震荡性压力，尤其是在脑袋撞脑袋狂野角力的发情时期，所以呢，它们的睾丸全部长在外面，无论它们生活在哪里。

　　睾丸外置的演化选择带来了一些不幸的后果，其中之一便是为阉割人类男性的活动提供了方便。如果睾丸长在身体里面，割掉它就需要特

---

① 后生适应（secondary adaptation）是指生物体在已有适应性改变的基础上衍生的适应性改变。这里的意思是说，睾丸外置是哺乳动物为避免震荡而作的一种适应性改变，降温机制则是从睾丸外置衍生的一种适应性改变。

殊的手术，技术粗糙的话还会导致死亡。可是，既然睾丸长在外面，阉割就不过是"喀嚓"一剪子的事情而已。结果呢，过去的岁月里出现了两种与众不同的人类男性，一种是阉人歌手（castrato），另一种是太监。

阉人歌手之所以遭灾受罪，是因为16世纪的罗马天主教会不让女性进入唱诗班。神甫们喜欢唱诗班小男孩那种清澈高亢的嗓音，希望他们一直这样唱下去，越久越好。可惜的是，男孩一到青春期就会变声，不再拥有清脆悦耳的音色。神甫们的解决方案是挑选一些年纪幼小的男孩，赶在他们进入青春期之前割掉他们的睾丸。睾丸激素的来源既已消灭，男孩就不会发育出成年男性的种种特征，年岁增长也依然保有神甫们无比钟爱的那种特质，嗓音依然纯净嘹亮。不仅如此，因为身材日益高大的缘故，成年的阉人歌手还会发展出一种更加雄浑的独特嗓音，与小男孩、成年男性和成年女性都不相同。就是因为这样的嗓音，神魂颠倒的神甫们才这么乐此不疲地大割睾丸，一直割了3个多世纪。

这些小男孩的命运，可以说极度悲惨，原因是成年之后，只有大约1%的阉割男童能跻身成功歌手的行列。只不过一旦成功，随之而来的就是一世荣华。成功的阉人歌手个个都是往昔时代的大众偶像，舞台从唱诗班延伸到歌剧院，随处享受显赫名流的礼遇，会有大队的随从为他们提供无微不至的照料，还会有大群的歌迷，向他们奉上由衷的赞美。

一直到维多利亚时代，罗马天主教会才最终禁止这种性虐儿童的野蛮做法。最后一例阉割手术出现在1870年的意大利，1902年，教皇颁下了永远禁止的命令。即便到了这个时候，一些年长的阉人歌手仍然在继续歌唱。1913年，最后一个唱诗班阉人歌手离开了教堂。①

太监的产生另有原因，历史也比阉人歌手长得多。见诸记载的第一批实例出现在4 000多年前的苏美尔文明，同样的做法至今仍在世界上

---

① 这里说的是罗马西斯廷教堂的最后一个阉人歌手亚历桑德罗·莫雷斯契（Alessandro Moreschi, 1858—1922），他于1913年正式退休。

某些地区延续。古往今来，这种做法的主要目的一直是制造一类特殊的成年男性，这类男性没有生育能力，由此就不会对那些地位显赫的男性竞争对手构成威胁。

残暴的君主一旦掌握巨大的威权，有机会将大批繁殖期女性揽入后宫，那就得设法看住这些女性，不让其他那些性致勃勃的男性沾上她们的边儿。要达到这个目的，他们必须用上身体健壮的男性看守。可是，这些看守自个儿又靠不靠得住呢？答案当然是靠不住，所以呢，唯一的办法就是剥夺他们的生育能力。

出于这种考虑，暴君对一些小伙子实行阉割，然后再强迫他们为自己服务。小伙子们的阳具受了损伤，补偿则是他们从此变成了主子的宝贵财富，工作无忧，生活也可谓不一般地舒服。他们的首要职责是保证后宫里的女人忠贞不贰，所以才有了那个特殊的头衔：英文里的"eunuch"（太监）一词来自希腊语，本义就是"床上看守"。

根据传说，以前有一些未遭阉割的小伙子，投入了一种艰苦的习练，竭力把睾丸缩进自个儿的肚子。一旦完成了这件非同小可的壮举，他们就可以冒充太监前往公共浴室，混进只限深闺贵妇入浴的专场。入场之后的事情虽然不见记载，推想起来倒也并不困难。

除了充当后庭看守之外，太监还可以承担仆役之责，广受强悍君主和古代宫廷的青睐。他们比普通的男仆更受主子的信赖，原因是他们没有家族忠诚，也没有雄心壮志。在中国的明朝，皇宫里的太监仆役达到了7万之众。那时候，太监的位置十分让人艳羡，油水也十分肥厚，自宫以求入宫的现象由此变得十分普遍，以至于迫使朝廷颁下禁令。此后的几个世纪当中，宫里的太监逐渐减少。完全是因为巧合，中国的太监制度在1912年宣告终结，时间跟意大利废止阉人歌手差不多。到这个时候，宫里的太监已经不足500之数。

中国废除阉割制度之后，残存的太监只好在一个不再看重他们的世界里勉力维生。到 20 世纪 60 年代，残存太监的人数已经不到 30。1996年，最后一个前清太监以 93 岁的高龄去世。

今时今日，世上只有一个地方还有数目庞大的阉人，那就是印度。以目前情况而论，印度有大约 100 万名阉人。这些人名为"黑吉拉"（hijra），通过几种方法来维持生活，其中之一是强行乞讨。她们①会在城市的街道上四处转悠，追着人们讨要东西，不给就采取威胁的手段，声称要向对方展示自个儿的手术疤痕。为了避免尴尬，人们往往会花钱买个安宁。

除此之外，"黑吉拉"还为自个儿安排了一项社会职能，那便是出席各种特殊典礼，比如说庆祝孩子降生的仪式，或者是婚礼。她们会不由分说地为典礼送上祝福，压根儿不管人家想不想要她们的服务。"黑吉拉"聚居在一些特定的区域，耳目则遍及各处，随时都可以知道哪家快要生孩子，哪家快要办喜事。日子一到，她们就会拥到现场，歌舞一番，然后向主人索取数目庞大的祝福费。主人要是不给钱，祝福就立刻变成诅咒。迷信一点儿的人家都害怕这种东西，往往就架不住她们的游说，只好把自个儿的血汗钱拱手送人，为新生儿或者婚事求个平安。

说到阉割的过程，印度"黑吉拉"的遭遇比大多数阉人都要惨烈，因为受害人不仅会失去睾丸，还会失去阴茎。人们会用鸦片麻醉即将遭受阉割的男孩，然后用一根绳子紧紧缠住他的阳具，再使上一柄锋利的刀子，一刀割掉他的阴茎和睾丸。伤口愈合之后，人们会把孩子送到一名导师门下，由导师负责照管孩子，直到他完全成年为止。接下来，他会得到一个终生有效的女性名字，别人提到他的时候，用的代词也是"她"。除了乞讨和"祝福"之外，他/她多半还得靠出卖肉体的方法来赚外快，顾客是那些同性恋的男人，或者是那些负担不起召妓费用的异

---

① 之所以说是"她们"，是因为"黑吉拉"使用女性身份，见后文。

性恋男人。

这些现代阉人自称为印度的"第三性",外国人却很难理解,男孩子或小伙子为什么愿意付出重度伤残的代价,就为了跻身这样的一个群体。看情形,问题的答案得归结于这个群体"倚多为胜"的策略。大多数"黑吉拉"都是生来就有同性恋倾向,由此发现自己不为社会所容。既然承担不了娶妻成家的社会责任,他们只剩下两个选择,要么继续做一个饱受孤立和轻蔑的社会弃儿,要么加入人多势众、同病相怜的阉人群体。这么着,阉割不啻一种真真正正的入门仪式,使他们一举成为这个特异群体的终身成员,一劳永逸,无可逆转。

近年来,印度社会的宽容程度有所增进,人们做了些尝试来提高阉人群体的地位,甚至为"黑吉拉"举办了专门的选美活动和时装表演。看样子,"黑吉拉"的前景比以前光明了一些。这样的趋势若能持续,兴许就会有那么一天,印度的男同性恋可以自然而然地找到群体归属感,不用再付出割掉睾丸的代价了。

接下来我们换个话题,说说世上的一种流行认识。很多人都相信,英文中的"testament"一词脱胎于"testicle",这样的一种看法,把一些虔诚的《圣经》学者弄得很是烦心。[1] 实际呢,这两个词都源自拉丁文词汇"*testis*",后者的意思则是"证词"。"*testis*"这个根词衍生了一大堆现代英文单词,除了"testament"和"testicle"之外,还有"testify""contest""testimony"和"attest"[2],如此等等。所有这些衍生词汇,全都跟"作证"的概念脱不了干系。

我们知道,在《圣经》尚未问世的远古时代,男人有时会把一只手放在别人的睾丸上,以这样的一种方式立誓作证。其中的道理在于,睾

---

① 英文词汇"testicle"意为"睾丸",而"testament"原本指上帝和人订立的契约,如今则可以指《圣经》当中的《新约全书》或是《旧约全书》,故有此说。
② 这四个英文单词的意思依次为"作证""竞赛/辩驳""证词"和"证明"。

丸可以证明男人的阳刚气概。关于这种古风，《圣经·旧约·创世记》有一段遮遮掩掩的记述："仆人把手放到主子亚伯拉罕的大腿下面，为这件事情向他起誓。"这之后，古罗马有一个众所周知的习俗，男人先得用右手摸着自个儿的睾丸起誓，然后才可以在法庭上作证。之所以如此，是因为古罗马时代的阉人和女人都没有上庭作证的资格，既然有这样的门槛，作证的男人就必须证明自个儿"完整无缺"。按照古罗马的法律，两个睾丸都在的男人才有资格充当证人。起诉人可以要求证人提供这样的资格证明，由此就有了一条古老的拉丁法律格言："*Testis Unus，Testis Nullus*"，意思是"少个睾丸，证词不算"。直到今天，法律界依然在使用这条格言，只是把它的意思改成了"孤证等于无证"。

说到睾丸，我们不能不提一提关于教皇睾丸的一段流行故事。两千年来，罗马天主教会一直有一条严格的规定，绝不允许阉人或女人登上教皇的宝座。教皇不光是必须拥有两个睾丸，还得为这件事情提供确切无疑的证明。我们并不清楚，独身禁欲的教皇要两个睾丸来做什么，只不过可想而知，规定的背后应该是罗马天主教会那种男性至上的偏见。为了证明这一对必不可少的圣物的确存在，选举教皇的过程纳入了一个专门的程序，要求候任的新教皇坐上一把中间有洞的椅子，也就是特备的"验睾椅"。"验睾椅"可以是一把古罗马时代的接生椅①，也可以是一把专门定制的椅子，总之可以满足要求，让这位伟大人物把尊臀降到很低的位置。

新教皇在"验睾椅"上就座之后，人们会对他的睾丸进行郑重其事的检验。关于具体的检验过程，说法之一是各位枢机主教将会从教皇身边鱼贯而过，每人都往教皇的下身臀上一眼，以便确定他果真是个"完人"；按照另一种说法，教会会指派一位枢机主教来完成此项检验任务，

---

① 接生椅（birthing chair）是以前的人用来帮助妇女生产的一种椅子，一般说来比较矮，使人的坐姿接近于蹲踞，有一些款式的椅面中间有洞，形似马蹄。

让他把手伸到椅子下面，摸一摸教皇的睾丸。一旦发现睾丸的数目确为两个，这位枢机主教就会大喊一声："*Testiculos habet*"（他有两个睾丸），其他神职人员则齐声答道："*Deo gratias*"（感谢上帝）。有一些作家认为，准确地说，这位枢机主教喊出的话语应该是"*Testiculos habet et bene pendentes*"，意思是"他有两个睾丸，挂得稳稳当当"。验睾仪式据说已有一千多年的历史，来由则是"摩西律法"[①]有载，不能让阉人进入圣所。

多半是为了对教皇制度加以嘲讽，有人又给验睾仪式的来由添油加醋，附上了一段教皇约安（Pope Joan）的传奇。据说，约安生活在 9 世纪，是一名年轻的英格兰女子。她女扮男装去了罗马，最终成功地选上了教皇。到后来，身为教皇的约安上街巡游，在这个很不方便的场合生了孩子，把戏于是被人拆穿。愤怒的人群用石头砸死了约安，连刚刚降生的孩子也没放过。约安的正式称号是教皇约翰八世（Pope John VIII），她的统治只持续了 2 年 4 个月零 8 天，从公元 855 年到公元 858 年。约安刚刚死去，教会就从档案里删去了这段丑闻，并且决定自今而后，各位枢机主教绝不能再存一丝侥幸。就这样，"验睾椅"应运而生。时至今日，人们普遍认为约安的传奇纯属虚构，与此同时，人们似乎普遍相信，涉及教皇私隐的验睾仪式基本上确有其事。

最后，由于装饰性自残的风尚日益流行，社会上新近兴起了两种阴囊穿刺。第一种名为"哈法达穿刺"（Hafada piercing），具体形式是在阴囊上穿一个或一对环，通常是穿在阴囊侧边，也可以穿在中线上。至于说"哈法达"这个名字，据说是源自阿拉伯人为青春期男孩举办的一种成年礼。

[①] "摩西律法"（Laws of Moses）是指传说中上帝通过以色列先知摩西（Moses）向以色列人颁布的各种诫命，包括"十诫"和"摩西五经"。"摩西五经"之一是《圣经·旧约·申命记》，其中有云："睾丸伤损或阳具被割者，不得进入耶和华的会堂。"

第二种是"居切穿刺"（Guiche piercing），名字来自南太平洋某些地区的一种成年礼。"居切"是一种水平方向的穿刺，穿在阴囊底部与会阴相连的位置。搞了"居切穿刺"的人士声称，戴在这个部位的金属饰品可以带来性快感，尽管如此，有那么一些男性，比如说环法自行车赛的参赛选手，似乎不适合佩戴这样的东西。

第二十一章　臀　部

　　所有动物当中，唯独人类长着两扇肌肉发达的半球形屁股。要是我们想给自个儿取一个特殊的名号，以便跟其他所有的灵长类动物划清界限，那我们的选择不光是"裸猿"（Naked Ape）之外，还包括"圆屁股猿"（Round-bottomed Ape）。我们有资格使用这样的名号，多亏了我们大伙儿的屁股别具一格，都长了两块强劲有力的臀大肌（*gluteus maximus*）。

　　这样的臀部是我们针对全新直立姿势所作的一种适应性改变，有了它，我们才能够长时间屹立不倒。既然如此，我们理应视之为自身独特形态的一个高贵构件，现实呢，臀部不但没得到应有的尊敬，反倒是经常成为挖苦的对象。如果肛门选在别处落脚的话，我们兴许会对臀部客气一点，只可惜事实并非如此，结果是臀部变成了我们的笑柄，承受着无穷无尽的奚落。

　　话又说回来，研究人员曾经对一些女性展开调查，让她们指出男人身上最撩人的部位，大多数调查对象不得不实话实说，最让人兴奋的就是臀部，堪与匹敌的只有眼睛。若是有身材健美的男人从女人身旁走过，有意无意地展示紧绷绷的屁股，女人的目光就会在这个部位聚焦，尽管她多半不愿意承认这一点。

　　有一位年轻女士曾经不畏讥嘲，勇敢地为男人的臀部唱起赞歌，她就是加利福尼亚的女演员克里斯蒂·简金斯（Christie Jenkins）。1980

年，简金斯出版了《盯着男人屁股看的女人》（*A Woman Looks at Men's Bums*）一书，书中附有一系列由她本人拍摄的照片，照片里全都是男人的屁股。在男人看来，这些照片似乎普普通通，不过是一大堆男性的臀部而已；但要是让女人来看，这些东西的吸引力显然是大得惊人，如果她们肯从实招来的话。

按照简金斯的说法，她已经变成了鉴赏男人的专家，一眼就可以看出对方是运动健将，是偶然跑跑步的健身爱好者，还是围着桌子转圈的行政人员，判断的依据不是别的，恰恰是男人的屁股。她认为，男人让女人觉得性感，完全是因为肌肉强健的紧绷臀部，臀部越是强健，她给的分数就越高。这样的标准，蕴含着两个十分原始的依据：第一，强健的臀部意味着主人是个健康强壮的成功猎手，跑得快，跳得高，善于追逐，有本事把猎物带回家养活妻儿；第二，强健的臀部意味着主人能够做出力道十足、令人惊叹的胯部突刺动作，足以满足女人的性需求。那些个屁股绵软松弛的男人，纵然拥有非凡的才智，终归跟这种原始的魅力沾不上边。

跟男人身体的其他部位一样，屁股也可以在当今社会找到唾手可得的帮助，改进自个儿的形状和坚实程度。整形手术医生推出了又名"臀部扩增"的臀部塑形服务，具体说就是把一些特殊的植入体往屁股里塞，借此弥补体积不足的自然缺陷。他们坚称，主人根本感觉不到这些植入体的存在，运动的时候不会受到任何干扰，坐着的时候也不会有任何异样的感觉。这种手术还有个好处，植入的切口都在两扇屁股之间的股沟里，不至于让人看见疤痕。

这些臀部植入体的材质可以是固态硅胶，据说是较比坚固耐久，也可以是装在硅胶袋里的黏稠液态硅胶。后一种材质相对柔软，感觉比较自然，缺点是压力一大就有破裂之虞。

如果你不乐意借手术改进自个儿的后臀，总还有一种不那么激烈的办法可供使用，那便是选择合适的穿着打扮。这样的打扮历史悠久，源头可以追溯到 14 世纪。按照时尚史专家的描述："这一时期，贵族男子放弃了传统的长袍，公众场合都改穿紧身的短上衣，或者是加有衬垫的紧身短外套，再配上凸显大腿和臀部线条的紧身裤子。"

现代的一种打扮可以产生类似的效果，也就是穿上紧身裤或者牛仔裤，同时不让上身的衣服盖住臀部。更有甚者，为了增大臀部的尺码，时尚行业还推出过一种名为"假臀"的垫片。只不过，这种东西似乎更得女性的青睐，并不怎么受男人的待见。

屁股是人类的专利，所以古人据此推断，魔王撒旦应该没长这样东西。这样一来，在古人的笔下，撒旦的臀部有时就没有屁股，取而代之的是他的另一张脸。极度迷信的人们相信，如果撒旦控制的各种邪灵对自己造成了威胁，最有效的御敌之策就是向撒旦展示自己的圆浑臀部，以便一针见血地戳到撒旦的伤疤，使之痛不欲生。按照他们的想法，此举会让撒旦妒火中烧，不得不移开视线，因为他根本无法面对这个人类独有的身体部位。有了这样的招数，这些迷信的"露臀狂"就可以逃脱撒旦"凶眼"的可怕威胁。

上述这种早期的露臀表演正经得不能再正经，一点儿也不带开玩笑的成分。据说，就连马丁·路德①都曾经使上这种方法，借此抵御撒旦制造的种种幻象。除此之外，一些古老的基督教堂也曾把刻有光屁股人形的石雕用作装潢，目的则是让教堂建筑免受"凶眼"的伤害。赶上雷电交加、暴雨肆虐的可怕夜晚，一些男人会冲到自个儿的家门口，向着暴风雨耸起光溜溜的屁股，因为他们相信，雷电产生于撒旦的怒火，光屁股可以驱走它。

现代的露臀狂完全是另一码事，我们甚至怀疑，他们压根儿就不知

---

① 马丁·路德（Martin Luther, 1483—1546），德国神学家，西欧宗教改革运动领袖。他领导的改革运动导致了基督教新教的创生。

道，先辈们有过更加严肃的同类活动。以他们的情形而论，冲着或震惊或开心的观众脱裤子耷屁股，不过是嘲弄或羞辱他人的一种方法，相当于一种不彻底的裸奔。这样的行为并没有什么性意味，因为他们总是会把生殖器捂得严严实实，不让它暴露人前。他们的真实意图，更像是要往受害人身上拉屎，或是摆出拉屎的架势，对受害人实施恐吓。

现代版的露臀表演兴起于 1968 年，那时候，美国的一些大学生开始在窗口展示自个儿的屁股，目的是惊吓路人。从那以后，露臀的风气就开始四处蔓延，并且衍生了一套专门的术语。举例来说，将屁股紧贴在车窗上的露臀方式叫做"模压火腿"（pressed ham），大冷天露臀则名为"寒月青光"（blue mooning）。

露臀表演的法律地位，经常遭到人们的质疑。一些禁止露阴的国家展开了多次尝试，打算将露臀一并禁止，但露臀者从不曾亮出自个儿的生殖器，由此使法律界人士感到相当头疼。不久之前，美国马里兰州某法庭裁定，"露臀是一种受美国宪定言论自由权保护的表达方式"，虽然说我们并不清楚，受到该法庭保护的那些屁股，究竟发表了一些什么样的言论。

露臀取乐的现代风尚虽然由美国学生发起，露臀表演却不是美国的专利。在新西兰，毛利人也会用露臀的方法羞辱他人。毛利人视屁股为一个禁忌部位，露给别人看就等于羞辱对方。有一次，英国女王伊丽莎白二世到新西兰进行访问，一名毛利族男子趁机向她发起了露臀抗议。此人当场遭到拘捕，并且被官方控以不雅暴露的罪名，但他在辩词中说，他摆的姿势不但是一个传统的抗议讯号，而且是毛利文化的一个组成部分。

2000 年，女王又在自己国家的首都受到了类似的礼遇。一群反对君主制度的人士组织了一场名为"露屁股、反君主"的活动，地点就在白金汉宫外面。大队警察奉命赶到现场，力图阻止这场非同寻常的大规模屁股展览，以免女王陛下的御目受到冲击。许多准备露臀的示威者都吓得打了退堂鼓，另一些则照露不误，最后就遭到了拘捕。

在体育圈，露臀的代价可能会相当惨重。2005 年，美国的一名橄榄球运动员在达阵得分①之后向对方球迷露臀示威，后来又为此进行辩解，说他这只是礼尚往来，因为在他的球队和其他敌对球队乘大巴离开体育场的时候，那些球迷也干过同样的事情。尽管如此，他还是得缴纳 1 万美元的罚款。

马龙·白兰度也曾经突发奇想，把自个儿的屁股亮了出来，换来的却既不是逮捕也不是罚款，而是摄制组的一片掌声。在臭名昭著的《巴黎的最后探戈》② 一片当中，接近尾声的一个场景是马龙·白兰度正在离开一个闹哄哄的舞厅，舞厅里有一对又一对的中老年男女，正在一板一眼地跳探戈。导演对白兰度退场的方式不太满意，叫他加一点儿特别的戏码。下一次拍摄的时候，白兰度二话不说，一上来就脱掉自个儿的裤子，把光光的屁股伸到了主管舞厅的那位庄重女士脸上。

由于臀大肌十分肥厚，屁股经常被施行体罚的人选中，成为再合适不过的下手地点。原因在于，你尽可以对臀部的皮肉痛下杀手，用不着担心重创其他的器官，或者是皮肉下面的骨头。打屁股是早期欧洲学校的标准体罚措施，更为严厉的笞臀则是一种法定的刑罚，普遍流行于往昔时代。直到今天，一些国家依然在使用这种刑罚。就在不久之前，新加坡官方宣布，一名美国少年的屁股将会吃到 6 记藤杖，因为他以乱涂乱画的方式毁损他人财物。

---

① 橄榄球运动员如果持球越过对方球门线，或是在对方球门线之后接到球或取得控球权，都可以得 6 分，名为达阵得分或触地得分（touchdown）。

② 《巴黎的最后探戈》（Last Tango in Paris）是 1972 年的一部意大利电影，由马龙·白兰度主演，意大利著名导演贝尔托鲁奇（Bernardo Bertolucci）执导。该片包括许多十分色情的场面，因此曾在许多国家遭到不同程度的禁演。这里说到的场景是白兰度和女主角在一个正在举行探戈比赛的舞厅里捣乱，于是被人赶了出去。

在少年的故乡美国，愤怒的人们群起声讨这种残忍的惩罚形式，克林顿总统也出面干预，希望新加坡方面高抬贵手，放这个年轻人一马。新加坡政府首脑的回应是将 6 记藤杖减为 4 记，为的是给美国总统一点面子。这样的结果当然不能满足克林顿的期望，可他也只能就此罢休。

回头来看新加坡，狱方把少年带进笞刑室，扒光他的衣服，又用带子把他的四肢绑在一个支架上。接下来，刑吏拿起一根 13 毫米粗的藤杖，使出全身的力气，打向少年的屁股。在此之前，狱方已经把藤杖浸了一个晚上，为的是防止藤杖破裂。藤杖击打的时间间隔大约是半分钟，最后一记打完之后，少年跟刑吏握了握手，自个儿走回了监房。①

上面这个屁股受罪的故事，引出了一段令人惊异的下文：美国至少有 7 个州提出了与新加坡相仿的法案，个个都要求对乱涂乱画的年轻人实施体罚。加利福尼亚州试图通过一条法律，以便用木头板子来收拾这些涂鸦艺术家的屁股。田纳西州也进行了相关的立法尝试，打算严惩本州的破坏分子，让他们尝尝在法院台阶上当众挨板子的滋味。所有这些法案都没能变成法律，只不过，在其中一些法案的表决过程当中，正反双方的票数已经非常地接近了。

除了新加坡之外，还有 15 个国家至今坚持以笞刑惩罚罪犯，其中包括马来西亚、巴基斯坦和文莱。其他的地方之所以反对笞刑，主要理由是暴力惩罚只会导致更多的暴力。人要是挨了打，总有一天会以牙还牙，所以呢，暴力惩罚不光不能防止犯罪，反而会使犯罪现象变本加厉。拿美国的高犯罪率和新加坡的低犯罪率作个对比，我们会感觉这种说法站不住脚。话又说回来，这件事情并不是那么简单，原因是其他一些废除了肉刑的国家，并没有因此摊上犯罪率上升的恶果。

考虑到另外一个因素，这件事情就显得更加复杂。皮肉之苦固然会

---

① 这件事情发生在 1994 年 6 月。

滋生一种铭心刻骨的怨恨情绪，最终导致报复社会的暴力行为，同时也可能产生截然相反的效果，让那些受虐狂得到无比的快乐。在施虐受虐狂的诡异世界里，与拍打、杖击、鞭笞屁股有关的痛苦仪式可以说司空见惯。大多数的大都市都拥有专门的施虐受虐俱乐部，为施虐受虐狂提供了一条获得性快感的特殊途径。除此之外，情形似乎是，恰恰是在杖责学童的做法十分普遍的时代，这一类的俱乐部最是受人青睐。此种情形不光突显了各种屁股刑罚的性意味，兴许还可以解释这样的一个事实：即便是在新加坡和马来西亚，女罪犯也不会遭受打屁股的刑罚。

一名自认不讳的挨板子受虐狂坦白承认，他在青春期体验到的第一次性快感，正是出现在挨打的过程当中。照他的感觉，他臀部的皮肉似乎通过某种方式跟大脑搭上了线，用的正是连接大脑和生殖器的那些神经通路。臀部的每一次疼痛，对他来说都意味着同时到来的性快感。

心理分析学者认为，屁股遭受的击打有一定的节奏，阴茎在性交过程中的穿刺动作也有一定的节奏，两者之间存在一种下意识的联系。说到打屁股的动作为什么会比其他形式的性接触猛烈得多，学者们的解释是："臀部的性快感神经深埋在一层脂肪之下，因此就需要更加强力的刺激。"不管真相如何，反正我们不得不承认，臀部的痛苦没法跟性撇清关系。除此而外，心理分析学者还把打屁股的举动形容为一种象征性的强奸，这样的说法虽然有点儿过甚其辞，却不容彻底置之不理。

最后，我们来看一件让人难以置信的事情。根据不久前的一则报道，波兰一家医院的医生以一种前所未见的方式，为一个小伙子的屁股开辟了全新的用途。这个小伙子患了舌癌，医生就切除他的舌头，然后又给他做了个新的，新舌头的材料则是从他臀部取来的皮肤、脂肪和神经组织。主刀的医生如是宣称："新的舌头生机勃勃，供血充分，患者的状况也非常不错。"报道中没有提到，小伙子用这条新舌头说了些什么样的开场白，只不过可想而知，就因为这件事情，各媒体的标题写手把"talking through his backside"和"tongue in cheek"① 之类的英文短语用了个满天飞。

---

① "talking through his backside"的字面意义是"用屁股说话"，实际意义则是"说蠢话"；"tongue in cheek"的字面意义可以是"舌头在屁股上"，实际意义则是"不当真地、半开玩笑地"（但从本原上说，这个短语的字面意义应该解释为"舌头在脸颊上"，"cheek"这个词兼"脸颊"与"屁股"二意）。

第二十二章　腿

　　人类的双腿，可以说独一无二。必须牢记的是，我们拿自个儿的腿说事的时候，实际上是在说自个儿的后腿。我们经常忘记这件事情，因为我们跟鸟儿一样，已经让前腿派上了别的用场，不再用来走路。留存至今的 4 000 种哺乳动物当中，只有我们人类才会在整个成年时期一以贯之，坚持用后腿走路和奔跑。其他的一些哺乳动物，时不时也会来一次后腿走路的短暂尝试，但这从来不会是它们基本的运动方式。举例来说，长臂猿如果下到地面，确实会笨头笨脑地试一试双足行走，话又说回来，它们几乎是一辈子待在树上。诸如黑猩猩和熊之类的动物偶尔会立起来，磕磕绊绊地走那么几步，然后才捡起惯常的四脚行走策略。还有呢，宠物犬也能学会跟它们一样的招数，然而归根结底，只有人类才称得上真正的"双足行者"。当然喽，袋鼠和沙袋鼠①也无愧于"双足"的称号，可它们都是"跳跃者"，跟"行者"扯不上关系。只有我们人类才会挺直了身子阔步向前，或者是发足狂奔，以此为基本的运动方式。

　　这一种独特的生活方式，对我们的下肢提出了非常高的要求。远古时代，我们的祖先用的还是四脚着地的姿势，东奔西跑的时候，后腿只需要承受一半的负担。直立行走之后，后腿不得不把身体的重担全数包揽，结果是演化历程不得不让它们越长越壮，越长越长。人的腿又长又直，长度达到了身高的一半。勾勒人体轮廓的时候，艺术家们总是会把它分成四个大致相等的部分：脚底到膝盖底部是一部分、膝盖到阴部是一部分、阴部到乳头是一部分，乳头到头顶又是一部分。这里说的是成年人的情况，儿童的身体比例则与此略有不同，他们的双腿要比上半身短一些。

支撑我们强健双腿的是以下四根骨头：体量庞大的股骨，它是我们体内最长的一根骨头；髌骨，它负责为股骨下端的膝关节提供正面的保护；通过膝关节与股骨相连的胫骨；以及与胫骨并列的腓骨。

借助肌肉发达的双腿，人类男性可以跳到将近 8 英尺的高处，还曾经跳出将近 30 英尺的距离。[②] 顶尖的短跑选手可以跑出每小时 27 英里的速度，长跑选手则可以用 2 小时左右的时间跑完 26 英里的路程。在马拉松舞蹈比赛当中，几近筋疲力尽的选手一周接一周地跳个没完没了，最长的竟然一口气跳了 214 天[③]。这些彰显力量与韧性的丰功伟绩是一份了不起的证言，我们由此可以看到，在长达一百万年的追猎过程当中，人类的双腿取得了多么辉煌的演化成就。不足为奇的是，在我们的心目当中，双腿成为坚定、强大与高贵的象征。

为了让双腿表现更佳，一些男运动员牺牲了一点点男子气概，刮掉了自个儿的腿毛。他们这么做，原因是据信在某些情形之下，毛茸茸的腿不如光溜溜的腿动作快。这样的说法似乎不太可靠，只不过，跟可能的时间优势相比，刮刮腿毛不过是一个小小的代价而已。考虑到胜负之间的差距往往只是一眨眼的工夫，这么做就更加值得了。

有两项运动的选手最喜欢刮腿毛，那就是自行车和游泳。有一些自

---

① 沙袋鼠（wallaby）是分布在澳大利亚及邻近岛屿的一些有袋类动物的通称，这些动物与袋鼠有亲缘关系，体型则一般比袋鼠小，身上经常有彩色的斑纹。

② 原文如此，但 8 英尺还不到 2.44 米，而男子跳高世界纪录是 2.45 米。男子跳远的世界纪录则是 8.95 米，接近 30 英尺（约合 9.14 米）。

③ 这件事情见于《吉尼斯世界纪录大全》，纪录保持者是美国人迈克·里托夫（Mike Ritof）和伊迪丝·鲍德雷克斯（Edith Boudreaux），他俩从 1930 年 8 月 29 日一直跳到了 1931 年 4 月 1 日。

行车手说，他们刮腿毛是为了提高腿部擦伤的愈合速度。另一些车手则坦率承认，刮腿毛完全是为了美观。还有些车手说，腿上光溜之后，骑行的时候就不再有风刮腿毛的阻滞感，感觉上会快一些。游泳选手不光会刮腿毛，还会刮掉其他部位的体毛，目的同样是得到一种想象之中的好处，也就是减少游泳过程当中的摩擦力。

出了竞技场之后，双腿又会在情色场合大显身手。成人的双腿比儿童长，按比例来说是如此，按绝对长度来说也是如此。这样一来，人们难免要把修长的双腿跟性感划上等号。大伙儿普遍觉得，腿长的男人比腿短的男人性感。男人要是双腿短得离谱，常常会得到"倭瓜"之类的侮辱性绰号，有时还不得不采取一些极端的措施，好让自己显得高一点儿。短腿的男影星往往会用增高鞋或高跟鞋来增添一点高度，极端情况之下还会站上暗藏的盒子，或是让并肩拍戏的女影星在暗藏的沟槽里走路。

除了长度之外，男人双腿的性感指数还取决于躯干和腿的比例。研究人员曾经让为数众多的调查对象观看一些男人的照片，这些男人的躯干/腿比例各不相同。他们让调查对象评价这些男人的性感程度，结果发现，就男人而言，理想的躯干/腿比例应该是 1∶1。在人们看来，躯干和腿一般长的男人体格更佳，因此就更有魅力。所以呢，完美的男人应该拥有修长的双腿，同时还得拥有与之相配的修长躯干。短腿的男人如果躯干也短，同样会给大家留下性感的印象，必不可少的前提则是他周围没有别人。一旦站到一个身材较高的女人旁边，他的魅力就会立刻打折。

在热带地区过部落生活的时候，男人通常把双腿露在外面，目的则仅仅是抵抗高温。不过呢，随着人口逐渐增长，社会也趋于复杂，新的情况便应运而生。从古代的文明社会，一直到今时今日，大多数男人都穿着这样那样的腿罩。如果不考虑所有那些细枝末节的短暂时尚，我们可以把这些罩子大致分为以下几类：

长而不开衩的腿罩：各个古代文明的大多数男性成员，穿的都是这样的腿罩，今天还在穿的则包括伊斯兰教长、教皇、阿拉伯人和僧侣，以及独身禁欲的神职人员。

长而开衩的腿罩：远古时代，这样的腿罩是某些游牧人和骑手的衣饰。及至16世纪，这样的腿罩演变成了紧身裤，后来又换成了紧身的马裤。等到法国大革命之后，此类腿罩的形式又变成了宽松的农夫裤。今时今日，几乎所有的成年男性都在穿用这样的腿罩，具体形式则是长裤或牛仔裤。

短而不开衩的腿罩：此类腿罩的早期形式是希腊人穿用的短氅①，如今则有方格短裙和短裙两种形式，分别属于苏格兰男人和节庆日子里的阿尔巴尼亚男人。

短而开衩的腿罩：这样的腿罩包括两种形式，一种是传统的皮短裤（lederhosen），属于阿尔卑斯山区的男人，另一种是普通短裤，属于其他许多社会的男性成员，通常出现在他们参加体育运动的时候，或者是度假期间。

如果想展示色情，男人的腿部服饰只有两个选择，要么是变得非常紧，要么就变得非常短。紧身裤或者紧身马裤，作用是凸显腿部的线条，非常短的腿部服饰，则可以让赤条条的小腿暴露出来。各式各样又长又宽松的衣物，能够把男人的双腿彻底遮住，正因如此，各个拘谨时代都对这类衣物格外青睐。

紧身裤的雏形是长筒袜，最初出现在14世纪，令当时的教会大为光火。到了15世纪，两只长筒袜的背面连到了一起。再往后，袜子的正面也连到了一起，由此就有了我们今天所说的紧身裤。紧身裤问世的时候，紧身上衣也变得越来越短，最终使得男人的阳具遭遇了暴露的风

---

① 短氅（chlamys）是古希腊人穿用的一种系在肩上的短斗篷，可以部分地遮盖腿部。

险。就是在这个时候，兜裆布应运而生，起初是一件单独的衣饰，后来又跟紧身裤融为一体。说到这种加了兜裆布的新款紧身裤，当时的人们通常使用"马裤"一词。

正当欧洲各国的贵族对马裤痴迷不已的时候，法国大革命骤然降临，将所有往昔时尚横扫一空。时势呼唤一种贴近农夫的新面貌，原本属于农夫的宽松工作裤于是粉墨登场。宽松裤子的时尚从此持续不衰，今时今日，绝大多数高视阔步的男人，穿的依然是舒适的长裤或牛仔裤。这样的裤子兴许不能展示男人的健美双腿，也不能将性感多毛的膝盖呈现人前，却似乎的的确确适合大多数的男人，原因是他们似乎已经换了心态，不再急于向女伴夸示自个儿的匀称下肢。现今社会，只有运动员才会穿上薄如蝉翼的短裤，随时准备将腿部的皮肉送到女性的眼皮底下。有了汽车、办公桌和电脑，大多数其他男性的身体都已经变得空前怠惰，从这个事实来看，宽松的裤子倒是个不错的选择。

21世纪，一些同性恋设计师推出了种种火爆大胆的新风格，试图引领男性的腿部时尚，成果却非常有限。他们的设计兴许曾在时装表演台上展现迷人风采，却始终没能走上大街。皱巴巴的长裤，还有邋里邋遢的牛仔裤，依然主宰着阳刚男人的世界。尽管如此，设计师们照样迎难而上，对男人的偏好置之不理。一位评论人士总结得好："越来越多的设计师采取了全无厚道可言的策略，服务对象只限那些瘦骨伶仃的青少年：他们设计的都是些又窄又紧、标致花哨的服装，只有那些双腿跟熟面条差不多的男童才能穿。这样的一种阴柔时尚，注定会让许多年过三十的男人敬而远之。"[1]

短裤的历史十分有趣。它产生于20世纪初的童子军运动，原本是

---

[1] 引文出自澳大利亚《世纪报》（*The Age*）2006年7月15日刊载的文章《从男人到男童》（*From Men to Boys*），作者是澳大利亚时尚评论专家简尼斯·布林·伯恩斯（Janice Breen Burns）。

童子军成员的一种标准服饰。以此为开端，短裤开始沿两条路线传播，一条通往体坛，一条通往男童学校。男童学校以短裤为基础，创制了一种全新的成年礼，童年时期一直穿短裤的学童，会在这个典礼上领到平生第一条长裤。长裤可以遮盖他们即将毛发丛生的双腿，让他们跻身性成熟男子的行列。只不过时至今日，随着时装风格的日益多元，少年时代的短裤和成年时期的长裤，两者之间已不再有清晰的界限。

当今的体育世界不曾见证古代奥运会全裸竞技的复兴，却允许男运动员充分暴露自个儿的双腿，几乎没有尺度方面的限制。19世纪的时候，相关的规则要比这严格得多。在那个年代，足球运动员上场时必须穿一双厚厚的毛织长袜，同时还得穿上一条七分裤，裤脚必须够到袜子的上沿，或者是扎到袜子里面。到了19世纪末，球裤的下端比膝盖高了一点点，球袜的上沿则比膝盖低了一点点，骨骼嶙峋的双膝，由此得到了大胆暴露的机会。进入20世纪之后，球裤变得越来越短。及至70年代的某个时刻，球裤终于短到了相当的程度，以至于足球运动员们的强健大腿，基本上完全露在了外面。

网球之类的其他运动也经历了同样的变化，美式橄榄球却选择了一条与众不同的发展道路。这项运动捡起了以前的老办法，用紧身的长裤来展示球员的健美双腿。如今只有一些慢节奏的运动，比如说板球，依然在坚守宽松长裤的古老传统。

回头去看维多利亚时代，那时的人们认为，不管是男人还是男孩，裸露腿部的行为都属于一种太过露骨的挑逗，不能不予以禁止。腿部春光遭到了严厉彻底的压制，就连"腿"这个字眼儿都成了上流社会的禁忌。当时的美国人把腿叫做"肢体"，其他的委婉说法则包括"末梢""弯曲部位""支柱"和"你我都知道的东西"①。好端端的鸡腿，上了

---

① 这四种说法的英文依次是"extremities""benders""underpinners"和"understandings"，都可以指"双腿"。

餐桌就得改名叫"黑肉"（dark meat）。

当时的某个洞房花烛夜，新郎官穿着睡衣出现在新娘子面前，新娘子被丈夫的光腿吓得灵魂出窍，整个蜜月期间都忙着为他缝制长长的睡袍，以便彻底遮盖他令人恶心的肉体。今天的我们很难理解，当时究竟是怎样的一种社会气候，居然能孕育如此极端的假正经，但事实不容否认，我们的双腿的确有过长期遭禁的历史，由此看来，它们的确拥有色情方面的潜质。

最后，完全靠双腿吃饭的人们往往生活在恐惧之中，生怕碰上了什么事故。不用说，断腿的事情放在谁身上都是噩梦，可要是同样的事情落到了他们头上，后果却可能是奢华生活的突然终结。为了防范这样的灾难，他们中的一些人选择了保单。弗雷德·阿斯泰尔[①]为自个儿的双腿各买了 7.5 万美元的保险，这在今天看来不过是个区区之数，跟迈克尔·弗拉特利[②]更是比都没法比：要是有人把这位《舞王》明星弄成了瘸子的话，保险公司就得赔他 2 500 万英镑。舞蹈演员之外，足球运动员的双腿一样是价值连城：巴西球星罗纳尔多为自个儿的双腿买了保险，保额高达 2 600 万美元。

[①] 弗雷德·阿斯泰尔（Fred Astaire, 1899—1987），美国电影及舞台剧舞蹈演员及编导。
[②] 迈克尔·弗拉特利（Michael Flatley, 1958— ），爱尔兰裔美国舞蹈演员，《舞王》（the Lord of the Dance）是他创作、编排并主演的一部歌舞名剧。

第二十三章　脚

　　有人说，人之所以孑孑独立，是因为独有他能够站立。[①]换句话说，人类发展的第一个大步不是别的，正是我们的远祖只靠双脚走出的第一步。远古时代的某个瞬间，我们开始靠后腿行走，由此解放了我们的前腿，把它们变成了善于抓握、巧于操控、工于制作的双手。就在那个瞬间，我们做好了征服世界的准备。

　　这样的一个瞬间，到底出现在多久之前？根据 2006 年公布的一项新发现，科学家们在埃塞俄比亚找到了一具 330 万年前的儿童骸骨化石，骸骨的主人只有 3 岁，却已经具备直立行走的能力。这一发现表明，我们直立行走的历史至少也有 330 万年。奇怪的是，这个被发现者命名为"瑟兰"（Selam）[②]的小女孩长得非常特别，人们对她的大致形容是下半身像人，上半身则像猿猴。换句话说，她虽然可以双足行走，双手却跟黑猩猩差不多。由此可见，她有些时候会依照人类的做派，在地面直立行走，碰到危险的时候又会像猿猴一样，靠自个儿的双臂上树逃生。

　　"瑟兰"的身体构造说明，300 万年之前，我们祖先的双脚要比双手演化得好一些。换言之，在彻底转变成人类的演化历程当中，我们的双脚处在潮流的最前沿，并没有落在后面。我们之所以开始用双脚走路，并不是因为我们的双手业已变成精准有力的专业钳具。应该说，当时的情形与此恰恰相反，幸亏我们的后脚揽下了地面运动的全副重担，我们的前脚才有机会演化成灵巧的双手。直立行走之后，我们要谱写演化历程的新篇章，需要做的事情不过是改掉以前的习惯、不要一受惊吓就上树而已。这样一来，我们就可以用操控的双手取代攀爬的双手，最终靠双手换来先进的工具和武器，以及成色十足的人类身份。

知道了这些之后，那个重大的谜题还是没有解开：其他猿猴都还是四脚着地，小"瑟兰"为什么要别出心裁，开始用后腿直立行走呢？这可是真真正正的特立独行，"瑟兰"之所以这么做，一定是因为某种极不寻常的环境压力。压力的具体表现形式有可能永远不得而知，可我们还是要感谢"瑟兰"，因为她确切无疑地告诉我们，我们的双脚在演化历程当中发挥了至关重要的作用。

且不论正确与否，有一种猜测是我们之所以会靠后腿站起来，原因是我们的祖先碰上了一个到处都是水洼的林地环境，由此就不得不变成了"涉猿"（wading ape）。跟我们沾亲带故的那些大型猿类，全部都不会游泳，因为它们的身体比例不对，平衡性也不行。很有可能，"瑟兰"也不会游泳。不过呢，她所属的种群找到了另一种越过水面的方法，那便是下到地面，双臂高举，从水浅的地方蹚过去，然后再爬上另一棵树。除了这种理论之外，我们实在是很难设想，"瑟兰"这种下身像人、上身像猿的奇异身体结构，还可以作何解释。

不管前述说法能不能反映 300 万年前的真实图景，显而易见的是，我们欠了自个儿的双脚一个天大的人情，理当把它们尊为数一数二的重要身体部件。可是呢，我们压根儿没有知恩图报，反倒对双脚实施了令人发指的虐待。因为我们的判决，它们一辈子有 2/3 的时间在狭小的皮

---

① 这句话原文是 "man stands alone because he alone stands"，出自美国人类学家韦斯顿·拉巴雷（Weston La Barre，1911—1996）的著作《人这种动物》（*The Human Animal*，1954）。

② "selam" 在埃塞俄比亚语当中是 "和平" 的意思。

制囚牢里服苦刑。这都不算完，我们还强迫它们在各种伤神费力的坚硬表面行走，完全漠视它们的健康和福利，直到它们落下了严重的毛病，向我们发出不容漠视的疼痛讯号为止。

双脚之所以会遭受我们比喻意义上的俯视，是因为从生理意义上说，我们本来就在俯视它们。它们跟我们那些专业感官之间的距离，确实是太过遥远。要是我们能像看手那样仔细看脚的话，没准儿会多给它们一点儿关心，只可惜它们处在身体的远端，大多数时候都引不起我们哪怕一瞬间的注意。

大家都觉得脚上的伤损不会致命，于是就更加不把自个儿的脚当回事。无可否认，我们的脚确实没有心脏、肺脏和肝脏那么要紧，话又说回来，惨遭虐待的脚相当于心脏病，同样是必然导致寿命缩短的恶果。要想弄明白其中的道理，我们就得对老年人的行走方式做一点儿实地考察。有的人麻痹大意，几十年里一直在虐待自个儿的双脚。对于他们来说，老年注定是一个步履蹒跚、速度慢如蜗牛的人生阶段。与此同时，另一些老人保有步伐稳健的双脚，依然可以进行长距离的保健散步。人到老年，长距离散步是延年益寿的最佳方法之一。有人对一些年过 90 的高寿老人进行了一次调查，结果发现，他们中有相当大的一部分热衷于散步，往往会每天走几英里的路，天天如此。放松的散步是一种锻炼全身的理想方式，值得大书特书。另一方面，时下流行的慢跑锻炼却会造成各种各样的毛病，不受影响的只有那些相对年轻的成年人。我们的双脚喜欢温和的运动，最讨厌剧烈的颠簸。

走路的时候，脚每次触地都会受到震荡，步子再轻也是一样。如果我们活到平均岁数，身体活动不多不少，双脚就会跟地面发生几百万次的接触。脚触地的过程当中，后跟的肉垫会在第一时间砸到地面，起到减震器的作用。我们总是对这个关键的步骤毫不在意，只不过，一旦在黑暗的楼梯上一脚踏空，我们马上就会认识到，要是在毫无准备的情况下换一种触及地面的方式，结果会让人多么难受。

　　脚跟触地之后，我们的脚会瞬间转换角色，从一台减震器变成一块承载身体动态重量的坚实底板。再往后，凭借脚趾的作用，我们的脚又会担起推进器的职责，把我们的身体推向前方。每走一步，我们都会把前述的三个步骤重复一遍。

　　前述种种之所以能够实现，是因为我们的脚拥有异常复杂的结构，包含 26 根骨头、33 个关节、114 根韧带和 20 块肌肉。达·芬奇称它为一件工程学杰作，我们呢，不妨想想它得拿出多么高超的技艺，才能平衡我们那独一无二的直立身体，这么一想，我们就不得不同意达·芬奇的看法。打个比方，我们可以想象一下，要是做一个实心的直立假人，尺寸和重量分布都跟真人一样，然后再轻轻地推它一把，结果会怎么样呢？它将会重心上移，立刻倒下。再试试把这个假人放上山坡，或者是倾斜的地面，结果又会怎么样呢？它也会瞬间倒下。反过来，我们要是碰上了前述情形，身手依然会十分敏捷，原因是在运动过程当中，我们的双脚每秒钟都要发送并接收无数条讯息，在此基础上实施几千次细微的肌肉调整，以便让我们眼中的世界保持平衡稳定的状态。即便我们原地站立，看起来简直纹丝不动，我们的双脚仍然在以各种细小微妙、难以察觉的方式，不断调整我们的姿势，忙得不亦乐乎。

　　为了获得上述的平衡绝技，我们不得不在演化过程中做出一点特殊的牺牲。正如一位解剖学者的形象总结，我们不得不让双脚长成了蹼足。他这么说，意思是我们不得不把大脚趾跟其余的脚趾焊在同一个平面上，没法再让它跟其余的脚趾对起来。用专业术语来说呢，情形就是我们不得不让跖横韧带①覆盖了所有的五根脚趾，而不是仅仅覆盖其中的四根。与此相反，猿猴的大趾跖骨就没有跟其余的跖骨连在一起，所

---

　　① 跖横韧带（transverse metatarsal ligament）是位于跖骨前端、将五根跖骨连在一起的一条横向韧带。

以说它们的大趾比人长得多，抓东西的能力也更强。人类的五根脚趾都比猿猴短，脚趾之间的连接也更紧密。我们依然能扭动自个儿的脚趾，但已经失去了用脚趾抓握东西的天赋能力。

有一种能力我们没有失去，那便是用双脚留下气味信号的能力。澳大利亚的土著，据称能在路人走过的一段时间之内，通过闻嗅足迹的方法来判断路人的身份。不用说，这里讲的路人一定得是光着脚才行。另一方面，即便我们穿上了厚厚的鞋子，狗儿照样能追踪我们的足迹。之所以如此，是因为脚掌上的汗腺比其他任何部位都要丰富，除了手掌以外——当然喽，我们可不能忘了，手掌以前也是脚掌。这些汗腺对心理压力非常敏感，一旦我们心情焦虑，它们就会大幅度提高汗液的产量。赶上这样的情形，我们能够意识到自己掌心冒汗，但却往往意识不到自己的脚也在这么干。脚汗的气味十分浓烈，足以穿透袜子和鞋，在我们身后留下一道气味的足迹。这样一来，即便时隔两个星期，猎犬也可以轻而易举地嗅出这道足迹。远古时期，脚掌留下的气味信号很可能发挥着巨大的作用，方便我们随时掌握朋友或敌人的动向，原因是大地之上人烟稀少，我们又都在光脚走路。

今时今日，双脚制造气味的能力再没有别的意义，不过是让人讨厌而已。从中受益的没有别人，只有那些生产洗漱用品的厂家。这是因为汗液虽然有天然的芬芳，但却被我们关进了鞋袜的囚牢，以至于迅速成为细菌活动的牺牲品，发出腐臭的气味。

除了气味以外，我们的双脚还保留着一样基本上属于过时无用的东西，那就是脚掌上的脊线。我们的脚趾纹路跟指纹一样独特，也可以用来识别身份。这些纹路原本起着防滑的作用，但在以穿鞋为常态的各个社会当中，这项功能几乎已经毫无意义。

脚掌和手掌上这种带脊线的皮肤，名字叫做"掌面皮肤"（volar skin），它具有一种非常奇异的特性，怎么晒也晒不黑。听了这个说法，人们很可能出言反驳，一般来讲，脚掌和手掌本来就是太阳晒不到的地方。但是，晒不到并不是真正的原因，哪怕你刻意把自个儿的脚掌和手掌晾在阳光底下，它们还是不会变黑。人体里的某种物质专门跟脚掌和手掌作对，不让它们产生额外的黑色素，结果呢，它们的颜色就比那些会晒黑的身体部位浅一些。鉴于那些肤色很深的种族也拥有浅色的脚掌和手掌，可见这种特质是全人类共有的一份演化遗产。做过相关研究的科学家们指出，这样的设计是为了让手脚的姿势变得更加显眼。就手势而言，这种解释很容易让人接受，可是呢，脚底的姿势竟然会跟手势一样重要，听起来就显得很是牵强。稍后我们可以去看一看，内心挣扎的人会有些什么样的脚部动作，看过之后，大家理解起来就会容易一些。

在那些至今习惯打赤脚的部落社会当中，我们可以看到，人体底端的这个部位经过训练，能够具备多么巨大的力量。萨摩亚①人福阿泰·梭罗（Fuatai Solo）爬椰子树的情景，没亲眼见过的人绝对没法相信。众所周知，他可以在5秒钟之内赤脚爬上一段30英尺高（约合9米）的树干。跟他比起来，衣冠楚楚的城市居民无一例外，全都是以前那些西部牛仔常说的"软脚蟹"。

福阿泰·梭罗的光脚爬树纪录是1980年在斐济创下的，同样是在斐济，我们至今可以看到一项比爬树还要惊人的脚掌成就：渡火（fire-walking）。渡火仪式以长时间的平躺放松为开端，准备参加晚间表演的渡火者会聚到一起，平静地躺上几个小时。天黑之后，他们会点燃火塘里的木柴，把紧密排列在木柴下面的卵石烧热。这些卵石又大又光滑，全都是从海滩上捡来的。卵石烧得发红的时候，渡火者会着手扫除木柴的余烬，直到火塘里只剩卵石为止。这时候，无遮无掩的卵石依然烫得要命，扔条手绢上去都会燃起来，这些非同一般的男人却会光着

---

① 萨摩亚（Samoa）是南太平洋上的一个群岛，为波利尼西亚群岛的一个组成部分。

脚踏过炙热的卵石，跟踩着垫脚石过河一样若无其事。

按常理说，他们的脚掌应该会被烫出无数水泡，脚上的肉也会被卵石烤熟，奇怪的是，他们居然毫发无伤。我曾经亲身检查这些人的脚掌，而且是在他们刚刚结束表演的时候。出乎我意料的是，他们的脚掌特别柔软，特别富于弹性，表面看没有坚硬的老茧，背地里也没有做过什么特殊处理。我还检查了火塘里的卵石，发现它们**到第二天早上仍然烫得要命**。面对这种无比惊人的脚掌成就，我实在拿不出任何解释。其他的调查者同样是一头雾水，虽然说提出了种种解释，听上去却都显得苍白无力。按照最像那么回事的一种说法，渡火的奥秘在于，当皮肤接触高热表面的时候，人体本身包含的水分蒸发得非常之快，这样一来，水汽就在皮肤和卵石之间形成了一个保护层。听了这种说法，我们勉强可以想象它描述的那种情景，想象急速膨胀的水汽形成一张薄薄的垫子，垫子上方行驶着一艘人形的气垫船。可是，一旦你想起自己上一次摸到滚热火炉的经历，想起自己大声呼痛、满手是泡的惨状，这种说法就难免不攻自破。到目前为止，我们只能说，男人脚掌的渡火本事，依然是一个引人入胜的谜题。

刚出生的时候，我们的小脚丫又松又软，长度也只有成年时的 1/3 左右。它们的生长过程又漫长又缓慢，足足要花 20 年的时间，只不过，拔苗助长也是不行的。如果父母不等时机成熟就急着让孩子走路，没准儿会对孩子的双脚造成实实在在的伤害。要是被褥把孩子的双脚限制得太死的话，伤害还会更大。那样的被褥兴许能让孩子温暖，可是，在孩子睡觉的时候，如果小腿被箍得太紧，柔软的脚丫就可能扭曲变形。除此而外，又硬又紧的鞋子，还有紧裹皮肤的袜子，也会对幼儿的双脚造成挤压。赶上极端的情形，前述的种种强硬手段都可能使幼弱的韧带出现变形，使柔软的骨骼发生错位。

孩子上学之后，如果父母没有及时让孩子换穿合脚的鞋，成长之中的双脚还会遭受进一步的摧残。太紧的鞋子或靴子会碾压孩子的脚趾，最终造成永久性的伤损。鞋子是人类双脚的大敌，已经跟我们缠斗了若干世纪，到现在也没有什么善罢甘休的意思，尽管我们已经对它的弊害有所认识。

人类男性应该额手称庆，因为脚板的尺码存在显著的性别差异：男人的脚板比女人长，也比女人宽。这样一来，在人们设法夸大脚部性别差异的时候，男人脚板所受的伤害就会比女人小。既然最有女人味的脚都应该娇小玲珑，变形到可怕的程度，最有男人味的脚自然该又大又宽，气势磅礴。所以呢，在大多数社会当中，人们都会用增加尺码的无害方式来夸饰男人的脚板和鞋子，不会选择减小尺码的有害办法。更何况人们普遍相信，脚板特别大的男人，阴茎也小不了，这样的观念虽然荒诞不经，却可以让男人的脚板过得更加舒服。

以上这个观念兴许可以解释，中世纪欧洲的男鞋，为什么会长到让人举步维艰的地步。早在 12 世纪，脚趾部位特别长的鞋子就已在欧洲西部登台亮相。跟其他许多男性新时尚一样，这样的鞋子最初也是一位显赫男子的蔽体之物。具体到这件事情来说呢，引领潮流的是安茹的富尔克伯爵①。据说这位伯爵长了双畸形的脚板，所以才不得不穿超长的鞋子。

这样的尖头鞋子名为"皮卡什"（pigache），前端比人的脚趾长了足足 2 英寸。为了防止尖头软塌，人们就在鞋子里面塞上了羊毛、苔藓或是头发。有一些鞋子的尖头还经过特殊的装饰，做成了鱼尾、蛇或是蝎子的形状，只不过诸如此类的奢华点缀，只属于那些最为尊贵的脚板。

到了 14 世纪，西欧的商人在波兰找到一种比"皮卡什"还要长的

---

① 指法国贵族安茹的富尔克五世伯爵（Count Fulk V of Anjou，1089/1092—1143），此人后来参加十字军东征，成为耶路撒冷的国王。

鞋子，于是就把它带回了西边。这种鞋子的尖头部分，由此获得了"玻兰"①的称号。这种鞋子又名"长枪鞋"（pike），因为它的鞋尖已经比人的脚趾长了至少4英寸。

这一类鞋子极度夸张，其中的一些更是麻烦透顶，必须靠一根从鞋尖连到膝盖的绳索或链条来支撑。按照一本早期《伦敦概览》的相关记述，在以前，伦敦的时髦男士经常穿用一种"'长枪'，用丝带把鞋子连到膝头，要不就用银质或镀金的链子……"②，这样的鞋子让人根本没法快速行走，有时候还会变成一个包袱。至少是在一个事关重大的场合，尖头鞋子造成了主人的死亡。奥地利公爵利奥波德二世（Duke Leopold II of Austria）之所以死在刺客手上，就是因为他的"玻兰"不让他逃走。战场上的骑士如果要下马步战，往往会预先砍掉鞋子的尖头。

14世纪，这样的时尚实实在在达到了可笑的程度，此时的"玻兰鞋"拥有"末端弯曲的尖头……长度从6英寸到2英尺不等，就看主人是平民百姓还是王公贵族"。这样的风气蔓延不止，贵族们就生起气来，因为下层社会的成员也开始学他们的样，而且还越学越起劲。到最后，爱德华三世③不得不颁布一条新法，以便阻止这股堕落的风气。具体条文如下："绅士、从骑士、地位低于勋爵的骑士，以及其他一切人等，均不得穿用尖端长度超过2英寸的鞋子或靴子，违者将被处以40便士的罚款。"④

---

① "玻兰"原文为"poulaine"，指文中所说的尖头鞋，也指这种鞋子的尖头，这个英文词汇源自法文，本义是"波兰的"。

② 引文出自英国历史学家约翰·斯窦（John Stow, 1525? —1605）于1598年编辑出版的《伦敦概览》（*A Survey of London*）。作者上文说"早期的《伦敦概览》"，可能是因为英国还有从20世纪初开始出版的同名丛书。

③ 爱德华三世（Edward III, 1312—1377），英格兰国王，1327至1377年在位。

④ 引文是爱德华三世于1336年颁布的法令，法令中的"绅士"（gentleman）、"从骑士"（esquire）和"骑士"（knight）是英格兰士绅阶层（gentry）中三个由低到高的等级。1463年，英王爱德华四世（Edward IV, 1442—1483）也曾颁布类似法令。

看看这些荒唐可笑的鞋子，它们的尖头都有填料的支撑，通常还会往上翘，外观很像阴茎，用意也显然是炫耀男性的特征。其中一些鞋子甚至绘有阳具的图案，色情意味由此一目了然。另有一些鞋子漆的是肉红的颜色，意在让挺直鞋尖的性意味得到进一步的彰显。还有些鞋子带有软毛做的衬里，用的还是特意弄成阴毛模样的软毛。只需要动一动脚，挺直的鞋尖就会以一种意味深长的方式上下抖动，与此同时，桌子底下的脚尖挑逗也获得了前所未有的力度。当时的社会甚至有了一条穿着"玻兰鞋"的规矩：如果某个男人有了心仪的对象，就会在鞋尖缀上小小的铃铛，以此表明自己的意向。除此而外，小伙子们往往会站在街角，冲过路的女子晃动脚上的鞋子。

看到这样的潮流，教会的戒心与日俱增。到后来，时髦的小伙子们受了鞋子的限制，参加祈祷的时候无法跪拜如仪，终于使得梵蒂冈忍无可忍，决定采取行动。于是乎，教廷公开宣布，这一类的时尚男鞋不仅是一种邪恶的物品，而且是男性社会道德败坏的一个令人作呕的标志。

可想而知，教会的声讨使这种鞋子更加流行，风靡的势头迟迟不肯衰退。直到 15 世纪晚期，这样的鞋子才终于销声匿迹。不过，它们的消失跟教会没有半点关系，仅仅是因为它们在突然之间不再流行，把舞台让给了名为"牛嘴鞋""鸭嘴鞋"或"熊掌鞋"的钝头鞋子。钝头鞋同样是对男人大脚的一种夸饰，只不过是从宽度入手，不再追求长度。据说，尺寸最夸张的钝头鞋足有 12 英寸（30 厘米）宽，一旦穿上这种鞋子，走路必然摇摇摆摆，步态古怪。

跟形如阴茎的尖头鞋一样，宽鞋子的问世也是因为一位显赫男人的身体残疾。法兰西国王查理八世①患有多趾病，每只脚都长了六个脚趾，所以说需要一双特别宽的鞋子。

① 查理八世（Charles VIII, 1470—1498），法兰西国王，1483 至 1498 年在位。

晚近时代，男鞋的款式总体上趋于实用，对极端风尚的抵抗能力也有了大幅度的提高，例外之一是所谓的"剔螺鞋"（winklepicker shoe），流行于 20 世纪 50 年代晚期和 60 年代早期。这种鞋子和早期的尖头鞋差不多，前端也是又长又尖，特别之处在于它们的尖头十分锋锐，以至于不怎么像是阴茎，更像是一柄尖头武器。事实上，最喜欢这种鞋子的正是那些年轻的黑帮成员，他们会用它来踢业已倒地的敌人。在帮派打斗的过程当中，一旦有人轰然倒地，很可能就会被又准又狠的尖头"剔螺鞋"踢成重伤，尤其容易倒霉的部位则是眼睛和睾丸。

　　极端风尚通常其寿不永，"剔螺鞋"也是一样。进入 60 年代之后，"剔螺鞋"渐渐被平头鞋取而代之，因为它的尖头最终长到了妨碍行走的地步。到了今天，"剔螺鞋"又在"哥特摇滚"圈子里实现了小规模的复苏，并且用上了"长枪鞋"的复古名号。

　　当今时代另有一股趋向极端的男鞋风尚，那便是穿着十分沉重的鞋子，有些人称这种鞋子为"踩地鞋"（stomping shoe）。穿这种鞋子的都是些好斗的年轻人，总想着要对敌人用上又踢又踩的手段。20 世纪 50 年代，"踩地鞋"以绉胶底"碾虫靴"（beetle crusher）的形式出现在了英国小流氓的脚上，后来又有了 60 年代的"沙漠靴"，70 年代的"天伯伦"靴子，以及 90 年代那种异常结实的"马腾斯博士"①。这些靴子不仅是街头打斗当中的宝贵武器，还可以充当视觉信号，向外界传达一种脚下无情的雄性敌意。它们在今天的拥趸是那些年轻的黑帮分子和足球流氓，源头却可以追溯到古代的埃及。古埃及的一些小伙子有一个好玩的习惯，不光喜欢穿沉重的凉鞋，还会把敌人的形象画在鞋底。

　　往古时代，男人的鞋子有时会附带一层特殊的意义。今天的我们觉得不好理解，是因为穿鞋子已经变成一种再平常不过的事情。但在早期

---

① "天伯伦"（Timberland）和"马腾斯博士"（Doc Martens）分别是美国和德国的鞋子品牌。

的一些文明社会当中，鞋子可以是自由的代名词，因为奴隶们都是打赤脚的。推想起来，某些礼拜场所之所以有脱鞋的规定，有可能因为做礼拜的人全都是侍奉神明的自愿奴仆，这样做是为了向神明表示谦卑。

说到双脚本身，古人经常视之为灵魂栖居的地点。有人曾经指出，在希腊传说当中，跛脚意味着一个人的灵魂有残疾，要不然就是德行有亏。按照更为古老的一种象征说法，双脚代表着太阳的光线，"卐"这个记号问世之时，摹拟的正是长了脚的日轮①。

从双脚的象征意义转到足部的肢体语言，我们就看到一个有趣的事实：双脚是整个人体当中最诚实的部件，这一点绝对不容否认。通过观察双脚的细微动作和姿势变换，我们可以准确判断一个人的心情。之所以如此，是因为我们很少会去关心自个儿的脚在干什么。跟别人碰面的时候，我们总是会把注意力集中在对方的脸部，同时又心知肚明，对方也在关注我们的脸。这样一来，我们就变成了用笑容和苦脸撒谎的行家，脸上堆的都是自己想让对方看的表情。不过呢，如果我们离开脸部，顺着身体往下捋，越是往下，肢体语言就越是真诚。我们的双手大致是在往下捋到一半的地方，态度也就是一半虚伪一半真诚。我们只能隐约意识到自个儿手上的动作，但在一定程度上还是可以用它们来撒谎。可是，我们的双脚处在身体的另一端，跟至关重要的面部相隔遥远，因此就只能自行其是。它们之所以值得我们好好研究，道理就在这里。

眼前有一个坐在椅子上接受面试的人，看上去无比平静，无比放松。他脸上带着微微的笑容，肩膀没有端起来，手势也文雅平和，似乎是一点儿也不紧张。不过，我们还是来看看他的脚吧。他的两只脚紧紧地纠缠在一起，就跟想去彼此那里寻求庇护似的。这之后，他把两只脚

---

① 这里的"卐"不是纳粹标志，而是古希腊的一种象征符号，旋转方向可以是逆时针，也可以是顺时针。

分了开来，开始用一只脚轻轻点地，轻得让人难以察觉。看情形，他似乎打算一边原地不动，一边逃离现场。到最后，他跷起了二郎腿，悬在空中的那只脚开始上下扑腾，又一次尝试原地逃离。纽约有一个著名的访谈节目主持人，脚板扑腾的频率实在是太高，以至于他的电视台同事刨根问底，对这件事情做了一番认真的研究。他们发现，只有在受访嘉宾让他紧张的时候，他才会扑腾自个儿的脚板。同事们据此提出建议，叫他在自个儿鞋底写上"**救命**"的字样，好让全国的观众都读懂他用脚板发出的信号。

以足点地的动作是一种不耐烦的表示，昭示着逃离现场的迫切心情。有些时候，这样的信号会缩减为一种扭动脚趾的动作，表现不过是脚指头轻轻地抬起放下，轻得让人几乎看不出来。跟所有的换脚和晃脚动作一样，这些动作也代表一种受到压制的欲望，意味着主人希望摆脱眼前的处境。上台演讲的人经常产生甩开听众的冲动，因此会做出一整套透露内心真实情绪的足部动作。会要是开得很长的话，观察发言人的足部动作往往会很有意思，胜过听他们讲话。不幸的是，现今的会议组织者总是会用讲台之类的障碍物遮住发言人的身体，使我们无法直接观察他们那不会说谎的下肢。要是能看见的话，那你准保会发现，演讲者的专长包括提后跟、抬脚尖、左右晃脚、踱步以及脚点地等一系列赏心悦目的动作，让人觉得他的双脚正在尝试一切可能的办法，务必逃离台下那千百双恶狠狠的眼睛。

跷着二郎腿的时候，男人往往会有一个暴露厌烦情绪的附加动作，也就是用悬空的那只脚踢来踢去。跟扑腾脚板的动作比起来，这种动作的敌意稍微浓一些，就跟主人想冲招自己烦的人来上一脚似的。跨在上面的那条腿反复地踢向前方的空气，每次却都迅速地回到原位，只踢出去很短的一段距离。这样的动作一旦出现，暴跳如雷的跺脚表演便已经近在咫尺。

磨脚尖和磨鞋尖的动作，反映的是一种与上述种种略有不同的心情，这类动作的典型代表，莫过于正在因某件坏事受到盘问的小男孩。跟反复踢腿或以足点地的人不一样，男孩的足部动作缺少那种急不可耐的节奏感。他的双脚并没有发出赤裸裸的威胁，也没有飞离现场的意思，甚至不敢趾高气扬地走向远处。它们东扭西扭，换来换去，动作毫无规律可言，足见它们的真实意愿，不过是悄无声息地偷偷溜走而已。

跟双脚有关的人际交流少之又少，用得多一些的只有手足病医生和按摩师之类的专业人士。正在探索彼此身体的情侣，兴许会亲吻对方的脚和脚趾，但对大多数人来说，这样的举动仅仅是性生活当中的一个细枝末节。吻脚之举的另一个表现形式是卑微者匍匐在地，以便亲吻高贵者身体上最靠下的部位。到了今天，这样的举动已经变得十分罕见，因为它代表着彻底的顺从和臣服，跟现在的社会格格不入。在古代，统治者的地位要比现在尊崇一些，所以呢，卑微者的嘴唇和高贵者的双脚就会在很多场合发生接触。古罗马皇帝戴克里先①是一位拥有绝对权力的君主，所以就坚持原则，要求前来觐见的元老院议员和其他显贵吻他的脚，离开的时候还要再吻一次。即便你身为罗马皇帝的亲属，也不能免去亲吻御足的礼节。今时今日，这样的举动已经在很大程度上变成恋足癖们的专利，这些人会将为数不菲的钞票付给专做脚下生意的娼妓，以此换得在她们脚边爬来爬去的权利。

有一种做派与匍匐在别人脚边的举动恰恰相反，那便是把自己的脚伸到别人的身上。这种昭示主宰地位的举动业已变成一个固定的程序，适用于许多不同的场合，至于说我们最熟悉的例子，莫过于这样的一幅场景：勇敢的猎手刚刚放倒一头无辜的野兽，于是便傲然屹立在猎物旁边，猎枪在手，一只脚坚定地踏在动物尸体的背部。按照波兰犹太人的

---

① 戴克里先（Diocletian, 245? —313?），古罗马皇帝，284 至 305 年在位。

一种古老风俗，新婚夫妻会在自个儿的婚礼上相互踩脚。哪一个先踩到对方的脚，哪一个就注定成为未来的一家之主，原因在于脚法高超的人，手段也一样高超。

诸如此类的古老习俗，有许多已经销声匿迹，苏格兰的"第一脚"仪式（First Foot）却流传不衰，到今天依然存在。按照仪式的规矩，新的一年能不能有好的运气，全得看踏进你家大门的"新年第一脚"。这只脚应该在午夜过后几分钟之内来临，那时候，12 月 31 日刚刚变成了1 月 1 日。来的人必须携带礼物，除此而外，你这家人要想在未来的 12个月当中兴旺发达的话，来的人就得是个深色皮肤的陌生男性，而且不能有扁平足的毛病。至关重要的事情是，此人进门的时候必须先迈右脚，因为左脚是一件极度不祥的东西。

往古时代，所有人进门的时候都必须慎之又慎，务必让自己的右脚率先迈过门槛。大户人家往往会雇请专责的仆役，务必保证没有人破坏规矩。他们之所以对脚的左右如此在意，道理跟其他的左右之分一样，是因为大伙儿觉得上帝也是右脚先行，只有撒旦才用左脚。要想把自己最高明的一只脚①亮在前面，就得用右脚开步走。右脚正派仁慈，左脚则邪恶阴险，心怀敌意。顺便说一句，士兵行军的时候通常是用左脚开步走，也是基于同样的考虑。典型的行军口令是："齐步——走！左、右、左、右。"行军的男人刻意让气势汹汹的左脚先行一步，目的恰恰是展示自个儿不善的来意，只不过我们很难确定，现今的许多士兵，究竟还记不记得迷信军事史当中的这个小小章节。

最后，我们来说说英文里的"football"（足球）这个名称。人们总是理所当然地认为，这项最受世人喜爱的运动之所以会叫这个名字，原因在于它的具体形式是用"foot"（脚、足）去踢"ball"（球）。这当中

---

① "最高明的一只脚"原文是"best foot"，这个英文短语的实际意思是"拿手绝活"，字面意义则是"最好的一只脚"。

的逻辑太过一目了然，从来都没有人提出什么疑问。不巧的是，这样的看法并不符合事实。英国的"football"已经有了将近 1 000 年的历史，大部分时间都跟男人的双脚没多大关系。早期的民间"football"是一种没规没矩的运动，无非是大群大群的人争抢一只球，抢到之后就竭尽全力，务必把球留在自个儿手里。要是你把球踢进汹涌人群的话，它也就不归你了。这种主要靠手的运动极其野蛮，所以说一再遭到禁止。尽管如此，这种运动始终不肯销声匿迹，到今天都还有几个据点。在德比郡的阿什本镇①，人们依然在从事这项中世纪的运动，时间则是每年的"忏悔星期二"和"尘土星期三"②。参加比赛的选手多达 2 000 名，全都聚集在镇子中央。下午两点钟，主持人会启动开球仪式，将球抛入人群。接下来，大队人马就会抢做一团，尽力把球送进对方的球门，两个球门之间隔着几英里的距离。要是到将近入夜之时还是没有分出胜负，比赛就会宣告中止。

　　上面说的这种"football"延续了很长的时间，一直到 19 世纪，英国一些顶尖的公学③才开始用脚踢球，不再像以前那样抱着球跑。1863年，人们为用脚踢球的新运动制定了明确的规则，禁止选手用手触球，现代足球运动由此诞生。与此同时，用手抢球的运动以英式橄榄球的形式继续存在，后来又传到英国之外，衍生了澳式橄榄球和美式橄榄球。不过，最终还是"只限脚踢"的足球大行其道，成为全世界最流行的球类运动。

　　说到这里，问题还是没有解决：这种运动本来的玩法是把球抓在手

---

① 德比郡（Derbyshire）是英格兰中部偏北的一个郡，阿什本镇（Ashbourne）位于该郡西南部。
② "尘土星期三"（Ash Wednesday）是指从复活节倒数回去的第 7 个星期三，这一天，许多基督徒都会用尘土在自己的额上做个象征忏悔和谦卑的标记，故名；"忏悔星期二"（Shrove Tuesday）则是"尘土星期三"前面的那一天。
③ 公学（public school）是指英国的一些私立贵族学校，比如伊顿公学和哈罗公学。"公"的意思不是"公立"，而是"公开招生"。

里，并不是用脚踢，但却早早地获得了"football"的名称，时间比它真正变成脚下运动的那一天提前了几个世纪，这当中的原因，究竟是在哪里？答案是这样的：这种早期运动之所以名为"football"，不是因为选手要**用脚踢球**，而是因为选手要**靠脚走路**。这种徒步运动属于普通民众，因为他们玩不起那些费用高昂的马上运动。

到了今天，足球明星的脚已经是男人身上的一件昂贵物品，各家大牌俱乐部都愿意为它支付数以百万计的巨额金钱。为了得到法国球员齐达内，西班牙的皇家马德里队给了意大利的尤文图斯队 4 400 万英镑。与此同时，球员自个儿也经常会为宝贵的双脚买个保险，以此防范严重受伤的情况。多年之前，一位巴西球员给自个儿的左脚上了 100 万英镑的保险，只不过，他这个保额早已经被人超越。如果葡萄牙球员路易斯·菲戈在效力皇家马德里队期间双脚遭受重创、职业生涯由此告终的话，英国的一家保险公司就得赔他一笔数额惊人的款项：4 000 万英镑。如此看来，男人的脚板虽然是身体上位置最低下的部件，对有些人来说却具有至高无上的意义。

同样是对待体育明星的宝贵双脚，一位体育官员却采取了一种与此截然不同的态度。这位官员不是别人，正是萨达姆·侯赛因的宝贝儿子乌代。他把自个儿选为伊拉克奥委会主席兼足协主席，并且发出威胁，任何人胆敢令他失望，必将严惩不贷。他有一张闻名遐迩的私人记分卡，上面写得清清楚楚，一旦球队表现不好，每个队员的脚板心该挨多少下板子。由于某种古怪的原因，这种不同凡响的球队激励机制遭遇了十分不光彩的失败。

第二十四章　性取向

近些年，人类男性的性取向已经成为一个众人激辩的话题。有鉴于此，本书绝不能就此打住，必须得就这个话题说上几句。行走尘世的短暂一生当中，男人要安排自个儿的身体，可选的生活方式共有四种：异性恋、双性恋、同性恋、独身。

单纯从演化的角度来看，人类男性只有一种合乎生物学要求的生活方式，那就是异性恋。跟所有的高等生物一样，人这个物种得靠有性繁殖来逃脱绝灭的厄运。再怎么说，男人一辈子总归得用自个儿的精子给卵子授那么一次精，如其不然，他不但没法把自己的基因传给下一代，还会殃及引领他来到世上的遗传链条，使这根长达几亿年的链条戛然中断。

我们这个物种尚在幼年的时候，地球上的人非常少。那时节，出生率一定是一个至关重要的问题，任何一种妨碍我们成功繁殖的东西，都会对我们造成极其沉重的打击。不过，随着我们的数量越来越多，形势渐渐发生了变化。等我们走到人口过剩边缘的时候，高速度繁殖不仅是不再像以往那么重要，甚至还变成了一件危险的事情。过去 40 年中，地球上的人口从 30 亿增加到了超过 60 亿。按这种速度增长下去的话，用不了几个世纪，极度的人口过剩就会让我们这个物种走到尽头。到了那一天，我们会让这个星球归于毁灭，效果好比一场规模巨大的人类蝗灾。

由此可见，今时今日，成年男子但凡选择了拒绝繁殖，那就是对减缓人口增长速度作出了贡献。换句话说，和尚也好，神甫也好，太监也好，独身主义者也好，其他禁欲人士也好，同性恋也罢，个个都是拒不助长人口爆炸的济世良材。要是放在很久以前，我们只能说他们是白白浪费的繁殖单位，到了今天，他们却变成了弥足珍贵的无后功臣。大多数发达国家都对人口过剩的问题有了普遍的认识，这些国家之所以会在近些年里放松或废除各种反男同性恋的法律，道理很可能就在这里。要是两个男人喜欢像夫妻一样生活在一起，由此当不成父亲，放弃了遗传意义的自我实现，人类就欠了他们的恩情。对于他们的所作所为，西方社会已经越来越喜闻乐见。

　　当然喽，官方可不是这么说的，他们给出的原因是人权啦，隐私保护法啦，性解放啦，如此等等。只不过，事情的真相是，在涉及人类基本行为方式的问题上，只要社会态度发生了什么重大变化，通常都离不开某种潜藏的因素，某种与生命的生物学准则相关的因素。

　　必须说明的是，针对同性恋生活方式的态度变化，远远算不上一种全球趋势。至少有 74 个国家仍然保留着反同性恋的法律，相关处罚从一年监禁直至死刑。在阿富汗、伊朗、伊拉克、毛里塔尼亚、沙特阿拉伯、苏丹和也门，再加上尼日利亚的部分地区，搞同性恋的成年男子一旦被人拿获，结局就是被处极刑。

　　当今时代，如果你一方面想对人类的性行为采取一种不那么顽固的立场，一方面又觉得自己必须追随某种主要宗教的规条，那你就会陷入一种极端的两难状态。面对所属教派发表的种种不留余地的观点，你必须得说上一大堆模棱两可的废话，再加上一大堆不知所云的胡话，才能让常识理性跟严苛的宗教信仰达成和解。

　　回到生物学的角度来看人类的性取向，事情可以说一目了然：只要我们并不是火急火燎地需要更多愿意繁殖的男性，男同性恋的存在对现代人类社会来说就不是什么坏事。在这个科学思维主导的时代，将他们打入另册是一种没有道理的做法。所以呢，人们的普遍意见正如一名爱德华时代女演员的著名总结，只要他们不"在大街上干，吓着街上的马匹"①，那么，两个你情我愿的成年人在自个儿家里要干些什么，大家谁也管不着。

对于男同性恋之间的那种性行为，异性伴侣也不会感到陌生。既然如此，抛开宗教偏执不谈，我们就很难理解，过去的人为什么会对同性恋那么敌视。再说了，同性恋又不是什么趋向暴力的群体。即便是最为狂热的同性恋拥趸，表现也从来不像反对他们的宗教狂热分子那么坏，后者倒可谓劣迹斑斑，干出了从迫害女巫、烧死寡妇、残害阴茎到自杀式爆炸的一系列恶行。

说到这里，我们还是没弄明白，为什么会有一小部分的成年男性，非得把同性当成富于魅力的性伙伴，不管能不能得到社会上多数人的认可。演化历程费尽了九牛二虎之力，务必保证人类异性相吸，既然如此，为什么还是有这么多的男人，莫名其妙地丧失了这种最基本的反应？

有人问起的时候，许多男同性恋都会说，他们的同性恋倾向肇端于少年时代，因为他们从那时就对其他的男性产生了强烈的兴趣，同时又从来不曾对年轻的女性心生爱慕。这样一来，他们就跟其他的一些少年有了区别，那些少年倒是经常跟男性朋友玩同性恋游戏，之后却会进入一个新的阶段，把注意力转到女孩身上。反过来，终生的同性恋从来也不会经历这样的转变。要知道其中的原委，我们就得去看一看，在生命的前 20 年当中，人类男性会经历一些什么样的典型事件。

---

① 爱德华时代即英王爱德华七世（Edward VII, 1841—1910）统治的时代，亦即 1901 至 1910 年。引文是英国女演员帕特里克·坎贝尔太太（Mrs Patrick Campbell, 1865—1940）的话。

人生的头几年当中，蹒跚学步的孩子对男女朋友一视同仁。接下来，长到四五岁的时候，男孩和女孩就会在突然之间一刀两断。对于小男孩来说，小女孩成了必须躲避的对象，哪怕在短短几个星期之前，她们都还是他的朋友。到了这个时候，他只能跟其他的男孩一起玩。谁也没有教他这么做，可他就是这么做了。他从此变成了某个群体或团伙的成员，成天跟别的男孩混在一起。这个阶段会持续大约 10 年的时间，其间他得接受高强度的教育，给自个儿脑袋里那台令人惊叹的电脑编好程序。在这个阶段当中，即便男孩女孩在同一所学校里上学，彼此之间也不会有什么来往。实际上，不管现代教育理论是怎么说的，在这个成长阶段实行男女同校并没有什么好处，没准儿还会让学生心烦意乱。

　　其他的灵长类动物，可不会经历这么一个长达 10 年的学习阶段，它们要达到性成熟，只需要一半左右的时间。当然喽，它们的大脑比我们小，需要学习的东西也比我们少得多。这个"男孩扎堆"的学习阶段是一种特殊的安排，专属于人类的生命周期。到了这一阶段的末期，也就是十三四岁的年纪，男孩女孩体内都会涌出大量的性荷尔蒙，突然之间，异性又一次变成了值得倾慕的对象。在之前那个为期 10 年的疏远阶段当中，异性不光是一种生分的东西，经常还会惹人讨厌。到这会儿，由于第二性征开始发育，男孩女孩便脱胎换骨，以全新的面貌出现在了彼此眼前。

　　由此可知，10 年的疏远阶段已经把异性变成了一件新奇事物、一个谜题、一种值得探索的东西。（当然，就男孩的情况而论，这样的好奇心并不适用于他们的姐妹，因为兄弟姐妹一直被共同的家庭紧紧地绑在一起。这样的事实有助于防止乱伦。）这一阶段既已结束，"男孩邂逅女孩"自然变成了主宰少年生活的一个强劲主题，如饥似渴的性探索活动，很快就会全面展开。其间有一个短暂的冲突时期，冲突的一方是原有的男孩团伙，另一方则是男孩倾慕女孩的新生兴趣。刚开始的时候，每个男孩都得回头去找以前的老友，向他们汇报自己跟某个女孩的交往进度；后来的某一天，男孩会紧紧地咬住牙关，再不肯透露任何细节。赶上这样的情形，老友们马上就会明白过来，自己所属的这个团伙，又失去了一个成员。

现在我们不妨回过头去，看看那些没能走进这个异性恋阶段的男孩。不知道什么原因，他们就是走不出那个疏远阶段，结果是原地停留，一辈子陷在里面。他们无法理解，别的少年短短几个月之前还在跟自己一起玩各种性游戏，如今为什么换了口味，只喜欢追逐女孩。他们觉得"男孩扎堆"的阶段非常完美，性成熟之后也不想放弃这种只有男性的社交生活。性荷尔蒙催动了他们的性欲，男性却依然是他们关注的焦点。就是以这样的方式，终生的男同性恋展开了自己的性爱旅程。可是，大多数男孩都可以轻松转入异性恋的阶段，做不到的只有一小部分男孩，这又是为什么呢？

看样子，问题的根源就是这种专属于人类的特性，就是这个漫漫十年的学习阶段。在这个阶段当中，男性之间的纽带十分牢固，彼此依恋的感觉也十分强烈。要想打破这种男孩对男孩的依恋，只能靠青春期性荷尔蒙的强烈冲击，但在这个节骨眼儿上，一旦有什么特殊的社会因子为这种依恋增添了分量，打破它的计划就会流产。这里所说的特殊社会因子，可以有几种不同的类型。如果在疏远阶段跟女孩相处得特别地不愉快，男孩没准儿就会发现，即便受到了性荷尔蒙的冲击，自己还是进入不了状态，没法对她们产生好感。另一种可能是，男孩之间的性游戏虽然是疏远阶段的一个普遍现象，但却对某个男孩产生了格外强烈的刺激。这样一来，这个男孩就会锁定自个儿的兴趣，只能把其他的男性当成性对象。他无法割舍曾经拥有的美妙感受，因此就无法完成青春期的转变。

还有许多社会因子也会对青春期之前的男性造成冲击，使他对同性产生强烈的依恋。这样的事情只会落到青春期之前的人类男性头上，不会把年轻的黑猩猩或是猴子扯进来，之所以如此，原因是其他物种都不会经历这个至关重要的疏远阶段，都不用面临从"男孩扎堆"到"男女搭配"的重大转变。

　　动物学家克里夫·布罗姆霍著有《永恒赤子》一书①，在书中提出了一个观点，也就是我们这个物种正在经历一个全方位的婴幼化（infantilising）进程，加长的儿童时代只是这个进程的后果之一。照他的看法，婴幼化进程是我们成功演化的基础。此前大约 100 万年的时间里，演化历程让人类变得越来越像儿童，目的则是让人类的玩耍天性和好奇心发展到极致。婴幼化进程一方面提高了我们的创造力，让我们拥有了足可自矜的科技，一方面也产生了一些副作用。为了阐明自己的理论，布罗姆霍把人类男性分成了四种类型。

　　首先是首领型（Alphatype），也就是最不像孩童的男性。这样的男性好比居于首领地位的雄猿，特征是冷酷无情、意志坚定、野心勃勃、身体强壮、缺乏宽容。其次是官僚型（Bureautype），这样的男性也喜欢往上爬，合作精神却比首领型好得多，因此是最理想的商业伙伴。第三种是幼儿型（Neotype），这样的男性比前两种更像孩童，特征是活力四射、贪玩好动、关心家庭。最后一种是婴儿型（Ultratype），这样的男性一方面富于想象力，一方面又缺乏安全感，始终走不出儿童时代那个"男孩扎堆"的阶段。

　　按照布罗姆霍的看法，涵盖同性恋群体的最后一种男性，不过是人类婴幼化进程的一个副产品而已。换句话说，演化历程一方面给了我们这个物种一种全新的求生方法，让我们越来越喜欢玩耍，越来越富于创

---

　　① 克里夫·布罗姆霍（Clive Bromhall）为英国当代动物学家，《永恒赤子》（*The Eternal Child*）是他 2003 年的著作。

意，一方面又笨手笨脚，没能把过程当中的尺度拿捏得十分精准。婴幼化进程的目的本来是制造一个理想的物种，由可靠的组织者（官僚型）和富于创意的玩乐者（幼儿型）按合适的比例搭配而成。可惜的是，这个目的并没有得到完满的实现。人类社会的一端依然残留着一些旧式的首领型男性，这些个铮铮铁汉虽然说擅长战斗，合作精神却着实乏善可陈；另一端则冒出了一些新式的婴儿型男性，他们在婴幼化的道路上走得太远，最后就卡在了"男孩扎堆"的阶段。

婴幼化进程虽然让婴儿型男性意外地变成了"繁衍残疾"，同时也给了他们异乎寻常的想象力和求知欲。布罗姆霍指出，这类男性的学业成就，远远超过了平均水平。男同性恋考上大学的几率是普通男性的 6 倍，取得博士学位的几率则是 16 倍。

即便如此，他们的未来到底会怎么样呢？实事求是地说，我们应该把每一个同性恋看成独立的个体，尊重他们的个体价值，不该把他们视为某个群体的成员，因为他们并没有主动加入某个群体，是社会把群体成员的身份扣在了他们头上。我们绝不能对同性恋采取孤立政策，不能把他们赶进某个不许外人加入的俱乐部，这样的做法对他们没有任何好处，只能助长顽固分子攻击他们的气焰。同性恋没有理由遭到人们的攻击，道理就跟左撇子和红头发不犯法一样。

这样的一条宽容准则，普遍适用于男性身体的所有部位。纵观本书，我们始终都能看见，每个人身体的基本设计图纸，从许多方面来说都是千差万别，男人也确曾展开一而再再而三的尝试，想改动自个儿领到的那张图纸。高烟囱想变矮，矮冬瓜想变高，大胖子想苗条，豆芽菜想丰满，直头发想波浪，卷卷头想直发，如此等等，不一而足。但这些差异并无害处，不过是演化历程维系我们生存的一种方法而已。有这些差异作为保障，一旦环境发生剧烈的变动，世上就总会有某个地方存在某个特别的人，比其他人更有能力应对新环境的挑战。我们应该珍视彼此之间的差异，绝不能怀有消灭差异的打算。除此之外，我们还应该彻底弃绝种种统一思想、统一看法、统一行为的荒谬主张，跟这些僵化的信条和古老的偏执一刀两断。多样性不单是调剂生命的佐料，更是维系生命的食粮。

参考文献

演化历程

Morris, Desmond. 1997. *The Human Sexes*. Network Books, London.

头发

Aurand, A. Monroe. 1938. *Little Known Facts about the Witches in our Hair. Curious Lore about the Uses and Abuses of Hair Throughout the World in all Ages.* Aurand Press, Harrisburg, PA.

Berg, Charles. 1951. *The Unconscious Significance of Hair.* Allen & Unwin, London.

Cooper, Wendy. 1971. *Hair: Sex, Society, Symbolism.* Aldus Books, London.

Freddi, Cris. 2003. *Footballers' Haircuts.* Weidenfeld & Nicolson, London.

Macfadden, Bernarr. 1939. *Hair Culture.* Macfadden, New York.

Segrave, Kerry. 1996. *Baldness. A Social History.* McFarland, Jefferson, NC.

Severn, Bill. 1971. *The Long and Short of it. Five Thousand Years of Fun and Fury Over Hair.* David McKay, New York.

Sieber, Roy. 2000. *Hair in African Art and Culture: Status, Symbol and Style.* Prestel Publishing, New York.

Trasko, Mary. 1994. *Daring Do's. A History of Extraordinary Hair.* Flammerion, Paris.

Woodforde, John. 1971. *The Strange Story of False Hair.* Routledge & Kegan Paul, London.

Yates, Paula. 1984. *Blondes. A History From Their Earliest Roots.* Delilah, New York.

Zemler, Charles De. 1939. *Once Over Lightly, the Story of Man and his Hair.* Author.

额头

Cosio, Robyn, and Robin, Cynthia. 2000. *The Eyebrow.* Regan Books, New York.

Lavater, J. C. 1789. *Essays on Physiognomy.* John Murray, London.

耳朵

Mascetti, Daniela, and Triossi, Amanda. 1999. *Earrings from Antiquity to the Present.* Thames & Hudson, London.

眼睛

Argyle, Michael, and Cook, Mark. 1976. *Gaze and Mutual Gaze*. Cambridge University Press, Cambridge.

Coss, Richard. 1965. *Mood Provoking Visual Stimuli*. UCLA.

Eden, John. 1978. *The Eye Book*. David & Charles, Newton Abbot.

Elworthy, Frederick Thomas. 1895. *The Evil Eye*. John Murray, London.

Hess, Eckhard H. 1972. *The Tell-Tale Eye*. Van Nostrand Reinhold, New York.

Gifford, Edward S. 1958. *The Evil Eye*. Macmillan, New York.

Maloney, Clarence. 1976. *The Evil Eye*. Colombia University Press, New York.

Potts, Albert M. 1982. *The World's Eye*. University Press of Kentucky, Lexington.

Walls, Gordon Lynn. 1967. *The Vertebrate Eye*. Hafner, New York.

鼻子

Glaser, Gabrielle. 2002. *The Nose: A Profile of Sex, Beauty and Survival*. Simon & Schuster, New York.

Gilman, Sander L. 1999. *Making the Body Beautiful. A Cultural History of Aesthetic Surgery*. Princeton University Press, New Jersey.

Stoddard, Michael D. 1990. *The Scented Ape. The Biology and Culture of Human Odour*. Cambridge University Press, Cambridge.

嘴巴

Anon. 2000. *Lips in Art*. MQ Publications, London.

Beadnell, C. M. 1942. *The Origin of the Kiss*. Watts & Co., London.

Blue, Adrianne. 1996. *On Kissing: From the Metaphysical to the Erotic*. Gollancz, London.

Garfield, Sydney. 1971. *Teeth, Teeth, Teeth*. Arlington Books, London.

Huber, Ernst. 1931. *Evolution of Facial Musculature and Facial Expression*. Johns Hopkins Press, Baltimore.

Morris, Hugh. 1977. *The Art of Kissing*. Pan, London.

Perella, Nicholas James. 1969. *The Kiss, Sacred and Profane*. University of California Press, Berkeley.

Phillips, Adam. 1993. *On Kissing, Tickling and Being Bored*. Faber & Faber, London.

Ragas, Meg Cohen, and Kozlowski, Karen. 1978. *Read My Lips: A Cultural History of Lipstick*. Chronicle, San Francisco.

Tabori, Lena. 1991. *Kisses*. Virgin, London.

胡子

Adams, Russell B. 1978. *King C. Gillette, the Man and His Wonderful Shaving Device*. Little, Brown, New York.

Berg, Stephen. 1998. *Shaving*. Four Ways Books, New York.

Bunkin, Helen. 2000. *Beards, Beards, Beards!* Green Street Press, Montgomery, AL.

Dunkling, Leslie, and John Foley. 1990. *The Guinness Book of Beards and Moustaches*. Guinness Publishing, London.

Goldschmidt, E. Ph. 1935. *Apologia De Barbis. A Twelfth-Century Treatise on Beards and Their Moral and Mystical Significance*. University Press, Cambridge.

Krumholz, Phillip. 1987. *History of Shaving and Razors*. Adlibs Pub. Co.

Mitchell, Edwin Valentine. 1930. *Concerning Beards*. Dodd & Mead, New York.

Peterkin, Alan. 2001. *One Thousand Beards: A Cultural History of Facial Hair*. Arsenal Pulp Press, Vancouver.

Pinfold, Wallace G. 1999. *A Closer Shave: Man's Daily Search for Perfection*. Artisan, New York.

Reynolds, Reginald. 1950. *Beards. An Omnium Gatherum*. Allen & Unwin, London.

Reynolds, Reginald. 1976. *Beards: Their Social Standing, Religious Involvements, Decorative Possibilities, and Value Offence and Defence Through the Age*. Doubleday, New York.

脖子

Dubin, Lois Sherr. 1995. *The History of Beads*. Thames & Hudson, London.

胳膊

Comfort, Alex. 1972. *The Joy of Sex*. Crown, New York.

Friedel, Ricky. 1998. *The Complete Book of Hugs*. Evans, New York.

Hotten, Jon. 2004. *Muscle*. Yellow Jersey Press, London.

Stoddart, Michael D. 1990. *The Scented Ape*. Cambridge University Press, Cambridge.

Watson, Lyall. 2000. *Jacobson's Organ*. Penguin Books, London.

手

Gröning, Hans. 1999. *Hände; berühren, begreifen, formen*. Frederking & Thaler, Munich.

Harrison, Ted. 1994. *Stigmata. A Medieval Mystery in a Modern Age*. Penguin Books, London.

Lee, Linda, and Charlton, James. 1980. *The Hand Book*. Prentice-Hall, New Jersey.

Morris, Desmond. 1997. *The Human Sexes*. Network Books, London.

Napier, John. 1980. *Hands*. Allen & Unwin, London.

Sorrell, Walter. 1967. *The Story of the Human Hand*. Weidenfeld & Nicolson, London.

Ward, Anne et al. 1981. *The Ring, from Antiquity to the Twentieth Century*. Thames & Hudson, London.

Wilson, Frank R. 1999. *The Hand*. Vintage Books, New York.

胸膛

Darwin, Charles. 1871. *The Descent of Man.* John Murray, London.

肚子

Flugel, J. C. 1930. *The Psychology of Clothes.* Hogarth Press, London.
Fryer, Peter. 1963. *Mrs Grundy. Studies in English Prudery.* Dobson, London.
Laver, James. 1964. *Modesty in Dress.* Heinemann, London.

脊背

Draspa, Jenny. 1996. *Bad Backs & Painful Parts.* Whitefriars, Chester.
Inglis, Brian. 1978. *The Book of the Back.* Ebury Press, London.

髋部

Bulwer, John. 1654. *A View of the People of the Whole World.* William Hunt, London.

阴毛

Kiefer, Otto. 1934. *Sexual Life in Ancient Rome.* Routledge & Kegan Paul, London.
Licht, Hans. 1932. *Sexual Life in Ancient Greece.* Routledge & Kegan Paul, London.
Manniche, Lise. 1987. *Sexual Life in Ancient Egypt.* Routledge & Kegan Paul, London.

阴茎和睾丸

Allen, M. R. 1967. *Male Cults and Secret Initiations in Melanesia.* Melbourne University Press, Melbourne.
Berkeley, Bud. 1993. *Foreskin: A Closer Look.* Alyson Publications, Los Angeles.
Bertschi. H. 1994. *Die Kondom Story.* VGS, Cologne.
Bigelow, Jim. 1992. *The Joy of Uncircumcizing.* Hourglass Publishing, CA.
Bosch, Vernon. 1970. *Sexual Dimensions: The Fact and Fiction of Genital Size.* Ax Productions, Dayton, OH.
Bryk, Felix. 1934. *Circumcision in Man and Woman: Its History, Psychology and Ethnology.* American Ethnological Press, New York.
Bryk, Felix. 1967. *Sex & Circumcision.* Brandon House, North Hollywood, CA.
Chance, Michael. 1996. 'Reason for the externalization of the testes in mammals.' In *Journal of Zoology* 239, Part 4, pp. 691 – 5. Zoological Society, London.
Cohen, Joseph. 2004. *The Penis Book.* Broadway Books, New York.
Constans, Gabriel. 2004. *The Penis Dialogues: Handle with Care.* Asian Publishing, Fairfield, CT.
Costa, Caroline de. 2003. *Dick— A Guide to the Penis for Men and Women.* Allen & Unwin, London.

Danielou, Alain. 1995. *The Phallus: Sacred Symbol of Male Creative Power.* Inner Traditions, Rochester, NY.

Denniston, George C., and Milos, Marilyn Jayne. 1997. *Sexual Mutilations: A Human Tragedy.* Plenum Press, New York.

Driel, Mels Van. 2001. *The Secret Part: The Natural History of the Penis.* Mandrake, Oxford.

Elgin, Kathleen. 1977. *The Human Body: The Male Reproductive System.* Franklin Watts, London.

Friedman, David M. 2003. *A Mind of Its Own: A Cultural History of the Penis.* Penguin Books, London.

Gore, Margaret. 1997. *The Penis Book: An Owner's Manual for Use, Maintenance, and Repair.* Allen & Unwin, London.

Heiser, Charles B. Jr. 1973. *The Penis Gourd of New Guinea.* S. A. Ann. of the Association of American Geographers, Vol. 63, No. 3.

Kinsey, Alfred, et al. 1948. *Sexual Behavior in the Human Male.* Saunders, Philadelphia.

Knight, Richard Payne, and Wright, Thomas. 1957. *Sexual Symbolism. A History of Phallic Worship.* Comprising: Knight's 1786 *Worship of Priapus*, and Wright's 1866 *Worship of the Generative Powers.* Julian Press, New York.

Masters, William, and Johnson, Virginia. 1966. *Human Sexual Response.* Churchill, London.

Nankin, Philip, and Howard, R. (eds). 1977. *The Testis in Normal and Infertile Men.* Raven Press, New York.

Paley, Maggie. 1999. *The Book of the Penis.* Grove Press, New York.

Paola, Angelo S. 1998. *Under the Fig Leaf: A Comprehensive Guide to the Care and Maintenance of the Penis, Prostate and Related Organs.* Health Information Press, Los Angeles.

Parsons, Alexandra. 1989. *Facts & Phalluses: Hard Facts that Stand Up for Themselves.* Souvenir Press, London.

Payne, Richard. 1894. *A discourse on the worship of Priapus, and its connection with the mystic theology of the ancients. (a new edition) to which is added an essay on the worship of the generative powers during the Middle Ages of Western Europe.* Privately printed, 1865. Reprinted London, 1894.

Purvis, Kenneth. 1992. *The Male Sexual Machine: An Owner's Manual.* St Martin's Press, New York.

Rancour-Laferriere, D. 1979. *Some Semiotic Aspects of the Human Penis.* Bompiani, Milan.

Richards, Dick. 1992. *The Penis.* BabyShoe Publications, Kent.

Ryce-Menuhin, Joel. 1996. *Naked and Erect: Male Sexuality and Feeling.* Chiron Publishers, Wilmette, IL.

Schwartz, Kit. 1985. *The Male Member: Being a Compendium of Facts, Figures, Foibles, and*

Anecdotes About the Loving Organ. St Martin's Press, New York.

Scott, George Ryley. 1966. *Phallic Worship.* Luxor Press, London.

Strage, Mark. 1980. *The Durable Fig Leaf: A Historical, Cultural, Medical, Social, Literary and Iconographic Account of Man's Relations with His Penis.* William Morrow, New York.

Templer, Donald 1. 2002. *Is Size Important?* Ceshore Publishing Co., Pittsburg.

Thorn, Mark. 1990. *Taboo No More: The Phallus in Fact, Fantasy and Fiction.* Shapolsky Publishers, New York.

Vanggaard, Thorkil. 1969. *Phallos. A Symbol and its History in the Male World.* Cape, London.

Watters, Greg, and Carroll, Stephen. 2002. *Your Penis: A User's Guide.* Urology Publications.

Wright, Richard, and Wright, Thomas. 1962. *Sexual Symbolism: A History of Phallic Worship.* Julian Press, New York.

臀部

Aubel, Virginia (ed.). 1984. *More Rear Views.* Putnam, New York.

Hennig, Jean-Luc. 1995. *The Rear View.* Souvenir Press, London.

Jenkins, Christie. 1983. *A Woman Looks at Men's Bums.* Piatkus, Loughton.

Tosches, Nick. 1981. *Rear Views.* Putnam, New York.

腿

Karan, Donna, et al. 1998. *The Leg.* Thames & Hudson, London.

Platinum. 1990. *Footwork.* Star Distributors, New York. (Described as 'A magazine for foot and leg worshippers'.)

Yarwood, Doreen. 1978. *The Encyclopaedia of World Costume.* Batsford, London.

脚

Anon. 1989. *Foot Steps.* Holly Publications, North Hollywood, CA.

Arnot, Michelle. 1982. *Foot Notes.* Sphere Books, London.

Gaines, Doug (ed.). 1995. *Kiss Foot, Lick Boot: Foot, Sox, Sneaker & Boot Worship.* Leyland Publications, San Francisco.

Vanderlinden, Kathy. 2003. *Foot: A Playful Biography.* Mainstream Publishing, Edinburgh.

其他

Baron-Cohen, Simon. 2003. *The Essential Difference.* Allen Lane, London.

Broby-Johansen, R. 1968. *Body and Clothes.* Faber & Faber, London.

Campbell, Anne (ed.). 1989. *The Opposite Sex: The Complete Guide to the Differences Between the Sexes.* Doubleday & Co., Sydney.

Caplan, Jane (ed.). 2000. *Written on the Body. The Tattoo in European and American History*. Reaktion Books, London.

Cherfas, Jeremy, and John Gribbon. 1985. *The Redundant Male*. Pantheon, New York.

Cole, Shaun. 2000. '*Don We Now Our Gay Apparel*'. *Gay Men's Dress in the Twentieth Century*. Berg, Oxford.

Comfort, Alex. 1967. *The Anxiety Makers*. Nelson, London.

Comfort, Alex. 1972. *The Joy of Sex*. Crown, New York.

Devine, Elizabeth. 1982. *Appearances. A Complete Guide to Cosmetic Surgery*. Piatkus, Loughton.

Dickinson, Robert Latou. 1949. *Human Sex Anatomy*. Williams & Wilkins, Baltimore.

Ford, Clellan S., and Beach, Frank A. 1952. *Patterns of Sexual Behaviour*. Eyre & Spottiswoode, London.

Fryer, Peter. 1963. *Mrs Grundy. Studies in English Prudery*. Dobson, London.

Ghesquiere, J., et al. 1985 *Human Sexual Dimorphism*. Taylor & Francis, London.

Greenstein, Ben. 1993. *The Fragile Male*. Boxtree, London.

Gröning, Karl. 1997. *Decorated Skin*. Thames & Hudson, London.

Guthrie, R. Dale. 1976. *Body Hot Spots*. Van Nostrand Reinhold, New York.

Katchadourian, Herant A., and Lunde, Donald T. 1975. *Biological Aspects of Human Sexuality*. Holt, Rinehart, Winston, New York.

Kiefer, Otto. 1956. *Sexual Life in Ancient Rome*. Routledge & Kegan Paul, London.

Krafft-Ebing, Richard von. 1946. *Psychopathia Sexualis*. Pioneer, New York.

Lang, Theo. 1971. *The Difference Between a Man and a Woman*. Michael Joseph, London.

Licht, Hans. 1963. *Sexual Life in Ancient Greece*. Routledge & Kegan Paul, London.

Lloyd, Barbara, and Archer, John (eds). 1976. *Exploring Sex Differences*. Academic Press, London.

Lloyd, Charles W. 1964. *Human Reproduction and Sexual Behaviour*. Kimpton, London.

Maccoby, Eleanor, et al. 1967. *The Development of Sex Differences*. Tavistock, London.

Markun, Leo. n. d. *The Mental Differences Between Men and Women: Neither of the Sexes is to an Important Extent Superior to the Other*. Haldeman-Julius Publications, Girard, KS.

Masters, William. H., and Johnson, Virginia. E. 1966. *Human Sexual Response*. Churchill, London.

Masters, William. H., Johnson, Virginia. E. and Kolodny, Robert C. 1985. *Sex and Human Loving*. Little, Brown, Boston.

Morris, Desmond. 1967. *The Naked Ape*. Cape, London.

Morris, Desmond. 1969. *The Human Zoo*. Cape, London.

Morris, Desmond. 1971. *Intimate Behaviour*. Cape, London.

Morris, Desmond. 1977. *Manwatching*. Cape, London.

Morris, Desmond, et al. 1979. *Gestures*. Cape, London.

Morris, Desmond. 1983. *The Book of Ages*. Cape, London.

Morris, Desmond. 1987. *Bodywatching*. Cape, London.

Morris, Desmond. 1994. *Bodytalk*. Cape, London.

Morris, Desmond. 1994. *The Human Animal*. BBC Books, London.

Morris, Desmond. 1997. *The Human Sexes*. Network Books, London.

Morris, Desmond. 1999. *Body Guards*. Element Books, Shaftesbury.

Morris, Desmond. 2001. *Peoplewatching*. Vintage, London.

Morris, Desmond. 2004. *The Naked Woman*. Cape, London.

Nicholson, John. 1993. *Men and Women. How Different are They?* Oxford University Press, Oxford.

Rilly, Cheryl. 1999. *Great Moments in Sex*. Three Rivers Press, New York.

Robinson, Julian. 1988. *Body Packaging: A Guide to Human Sexual Display*. Elysium, Los Angeles.

Short, R. V., and Balaban E. (eds). 1994. *The Differences Between the Sexes*. Cambridge University Press, Cambridge.

Temple, G., and Darkwood, V. 2002. *The Chap Almanac*. Fourth Estate, London.

Thomas, David. 1993. *Not Guilty: In Defence of the Modern Man*. Weidenfeld & Nicolson, London.

Turner, E. S. 1954. *A History of Courting*. Michael Joseph, London.

Wildebood, Joan. 1973. *The Polite World*. Davis-Poynter, London.

Woodforde, John. 1995. *The History of Vanity*. Alan Sutton, Stroud.

Wykes-Joyce, Max. 1961. *Cosmetics and Adornment: Ancient and Contemporary Usage*. Philosophical Library, New York.

Zack, Richard. 1997. *An Underground Education*. Doubleday, New York.

THE NAKED MAN: A STUDY OF THE MALE BODY

by DESMOND MORRIS

Copyright © Desmond Morris, 2008

This edition arranged with Random House UK

through Big Apple Agency, Inc., Labuan, Malaysia.

Simplified Chinese edition copyright:

2022 SHANGHAI TRANSLATION PUBLISHING HOUSE (STPH)

All rights reserved.

图字:09‑2020‑392 号

图书在版编目(CIP)数据

裸男/(英)德斯蒙德·莫利斯(Desmond Morris)
著;李家真译. —上海:上海译文出版社,2023.8
(译文科学)
书名原文:THE NAKED MAN:A STUDY OF THE
MALE BODY
ISBN 978‑7‑5327‑9224‑5

Ⅰ.①裸… Ⅱ.①德… ②李… Ⅲ.①男性‑体质人
类学‑研究‑世界 Ⅳ.①Q983

中国国家版本馆 CIP 数据核字(2023)第 117179 号

裸男
———男性身体研究
〔英〕德斯蒙德·莫利斯 著 李家真 译
责任编辑/刘宇婷 装帧设计/柴昊洲 插画/张宇轩

上海译文出版社有限公司出版、发行
网址:www. yiwen. com. cn
201101 上海市闵行区号景路 159 弄 B 座
上海盛通时代印刷有限公司印刷

开本 890×1240 1/32 印张 9.75 插页 14 字数 226,000
2023 年 10 月第 1 版 2023 年 10 月第 1 次印刷
印数:0,001—8,000 册

ISBN 978‑7‑5327‑9224‑5/G·245
定价:65.00 元